GOLDEN ROUTE

大学入試問題集
ゴールデンルート

化学
[化学基礎・化学]

標準編

問題編

1 » 80

この別冊は本体との接触部分が糊付けされて
いますので、この表紙を引っ張って、本体から
ていねいに引き抜いてください。なお、この別
冊抜き取りの際に損傷が生じた場合、お取り
替えはお控えください。

目次

化学 ［化学基礎・化学］

標準編

GOLDEN ROUTE

CHEMISTRY

CONTENTS

理論化学

1 原子の構造

解答目標時間：12分

問　原子は，正の電荷をもつ原子核とその周りを運動する負の電荷をもつ電子からなる。原子核は正の電荷をもついくつかの　ア　と，電荷をもたないいくつかの　イ　で構成される。1個の原子には　ア　と同じ数の電子が含まれているため，原子全体では電気的に　ウ　である。

原子核に含まれる　ア　の数は，元素によって異なり，これをその原子の　エ　という。　エ　は同じでも質量数の異なる原子が存在するものがあり，これを互いに　オ　という。　オ　の中には放射線を放って他の原子にかわるものがあり，これを　カ　という。天然に存在する炭素には，^{12}C と ^{13}C の他に，　カ　である ^{14}C がごくわずかに含まれる。宇宙からの放射線によって大気中では ^{14}C が絶えず生じている。生じた ^{14}C は一定の割合で壊変する。大気中では ^{14}C の生じる量と壊れる量がつり合っているため ^{14}C の割合は一定である。植物は光合成において，^{14}C を含む二酸化炭素を取り込むため ^{14}C の割合は一定である。しかし，植物が枯れると外界からの ^{14}C の取り込みがなくなるため ^{14}C の割合は減少する。

問1　文中の　ア　～　カ　に適切な語句を記せ。

問2　カリウムイオンと塩化物イオンについて，次の(1), (2)に答えよ。

(1) 二つのイオンは同じ電子配置となる。カリウムイオンについて，K殻，L殻，M殻の各電子殻がもつ電子数を例にならって記せ。

　　例：Cの電子配置，$C：K^2L^4$

(2) 二つのイオンの大きさを比べたとき，より大きいのはどちらか。

問3　塩素には，天然に質量数35と37の2種類の原子が存在し，原子量は35.5である。次の(1)と(2)に答えよ。ただし，各原子の相対質量は，その質量数と等しいとする。

(1) 質量数35の塩素原子は，塩素原子全体の何%か，有効数字2桁で求めよ。

(2) 異なる分子量をもつ塩素分子は何種類できるか，答えよ。また，その中で最も小さい分子量をもつ塩素分子は，塩素分子全体の何%か，有効数字2桁で求めよ。

問4 文中の下線部に関して，以下の問いに答えよ。

(1) ^{14}C 原子が他の元素の原子に変化する際には，原子核の中性子の1つが放射線を放出して陽子に変化する。この変化によって新たに生成した原子を「^{14}C」にならって記せ。なお，生成した原子は中性の原子とせよ。

(2) 木が生命活動を停止したときの木片中の ^{14}C の存在比を A_0 とすると，t 年後の木片中の ^{14}C の存在比 A_t は下の図のように年々減少する。この図から，^{14}C の存在比は 5730 年間で半分になることがわかる。t 年後の木片中の ^{14}C の存在比 A_t を，A_0 と t を用いた式で記せ。

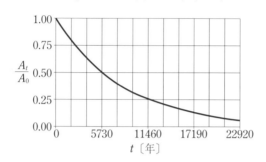

〈熊本大，金沢大，東北大〉

★ ★ ★

合格へのゴールデンルート

GR❶ 原子は電気的に中性だから，（　　）の数＝（　　）の数。

GR❷ 電子は原子核に近いほうから入る。安定な電子配置は（　　）。

GR❸ 放射性同位体の（　　）は，数によらず一定。

---

2 │ 周期表，周期律

解答目標時間：**10** 分

問 1869 年，メンデレーエフは「原子量と元素の性質の間に周期的な関係が成り立つ」ことを発見した。その規則性を元素の ▢A▢ といい，これに基づいて性質の類似した元素が縦に並ぶように配列した表を元素の ▢B▢ という。現在の ▢B▢ は， ▢C▢ の順に配列されており，横の行を周期といい，縦

の列を族という。族は 18 種類に分類されている。18 族元素を除く B の全体的な傾向は，表の左下側に向かうにしたがい D 性が増し，右上に向かうにしたがい E 性が増す。また，3 〜 11 族の元素は F 元素とよばれ，すべて D 元素である。

18 族元素は G 元素とよばれ，その原子は最外殻に電子の満たされた安定な電子配置をもつ。このような電子配置を閉殻構造という。18 族以外の原子ではその最外殻電子を H とよぶ。原子から最外殻電子 1 個を取り去るのに必要なエネルギーを，その原子の I という。その I が ア ほど陽イオンになりやすい。同じ周期の元素を比較すると，1 族の原子の I は最も イ 値を示す。一方，原子が最外殻に 1 個の電子を取り込んで 1 価の陰イオンになるときに放出されるエネルギーを J という。 J が ウ ほど陰イオンになりやすい。 I の小さい原子と J の大きい原子は K 結合をつくりやすい。また，2 個の原子が結合するとき，それぞれの H を共有することにより， G 原子と同じ電子配置をとることがある。このようにしてできた結合を L 結合という。

問1 文中の A 〜 L ， ア 〜 ウ に当てはまる語句をそれぞれ記せ。

問2 18 族元素を除いた第 2 周期および第 3 周期の元素に関する(1)〜(3)の記述に対して該当するものを(a)〜(d)からそれぞれ 1 つ選べ。同じものを何度用いてもよい。

(1) 原子量は原子番号の大きいものほど大きい。

(2) 天然に単体として存在する元素がある。

(3) すべての原子で L 殻の電子数が 8 個である。

(a) 周期表の第 2 周期および第 3 周期の両周期にともに当てはまる。

(b) 周期表の第 2 周期および第 3 周期の両周期にともに当てはまらない。

(c) 周期表の第 2 周期に当てはまり，第 3 周期には当てはまらない。

(d) 周期表の第 3 周期に当てはまり，第 2 周期には当てはまらない。

〈上智大〉

合格へのゴールデンルート

GR❶ 同じ族の元素の性質は(似ている or 似ていない)。
GR❷ (　　　　)は吸熱反応，(　　　　)は発熱反応。

3 | 電気陰性度，化学結合

解答目標時間：10 分

問 下の表は周期表の一部を示したものである。

周期＼族	1	2	3	4	5	6	7	8	9	10	11	12	13	14	15	16	17	18
1	H																	He
2	Li	Be											B	C	N	O	F	Ne
3	Na	Mg											Al	Si	P	S	Cl	Ar
4	K	Ca	Sc	Ti	V	Cr	Mn	Fe	Co	Ni	Cu	Zn	Ga	Ge	As	Se	Br	Kr

　元素は典型元素と遷移元素に分けられる。典型元素では，原子番号の増加とともに　ア　の数が周期的に変化するので，同一周期中の元素の化学的性質は周期的に変化する。

　ア　は，原子がイオンになるときや原子どうしが結びつくときに重要な役割を果たし，化学結合に深く関係している。イオン結合は，陽イオンと陰イオンが　イ　で引き合ってできる結合である。陽イオンになりやすい元素は，原子から電子1個を取り去るのに必要なエネルギー，すなわち　ウ　が小さい。一方，陰イオンになりやすい元素は，原子が電子1個を取り込んで1価の陰イオンになるときに放出されるエネルギー，すなわち　エ　が大きい。金属結合は，　ウ　が小さく　ア　を放出しやすい原子の間で，自由電子が共有されてできる結合である。共有結合は，2つの原子がそれぞれの電子を出し合って生じる結合である。異なる原子間で共有結合が形成されると共有電子対はどちらかの原子の方に強く引きつけられる。この引きつける強さを示す尺度を　オ　といい，結合に電荷のかたよりがあることを「結合に極性がある」という。例えば，塩化水素分子を構成する結合には極性がある。

問1 文中の ア ～ オ に適切な語句を答えよ。

問2 以下のグラフは元素に対する変化量を示しており，横軸が原子番号である。文中の ア ， ウ ， オ の数値を縦軸にしたときに相当するグラフを選び，番号で答えよ。

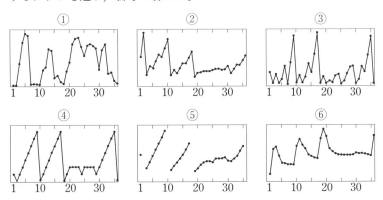

問3 上の周期表にある 36 種類の元素に関する以下の記述のうち，正しいものをすべて選び記号で答えよ。

(a) 典型元素はすべて非金属元素である。

(b) 遷移元素はすべて金属元素である。

(c) 単体が常温で気体の元素は 9 種類ある。

(d) 単体が常温で液体の元素は 2 種類ある。

〈岐阜大〉

★ ★ ★

合格へのゴールデンルート

GR1 （　　　）は原子が電子を引きつける尺度。

GR2 18 族元素を除いて，原子の大きさは原子番号が大きくなるほど（大きい or 小さい）。また，同族では，原子番号が大きくなるほど（大きい or 小さい）。

GR3 周期表で両側に位置する元素は（　　　）元素，内側に位置する元素は（　　　）元素。

4 | 分子の形と極性

解答目標時間：10 分

問 以下の問いに答えよ。
電子式は例にならって示せ。

(例)

$$H : \overset{..}{\underset{..}{F}} :$$

$$\left[H : \overset{..}{O} : H \atop H \right]^{+}$$

分子や多原子イオンに含まれる共有電子対および非共有電子対は電気的に反発しあって，電子対が所属する原子のまわりで，お互いになるべく**離れた位置**を占める。分子の形はこのような電子対の位置関係によって決まる。分子(a)〜(g)に関連する以下の問いに答えよ。なお，種々の分子や多原子イオンがとり得る典型的な形を**表1**に示す。

(a) CO_2　　(b) H_2O　　(c) NH_3　　(d) CH_4

(e) BF_3　　(f) N_2　　(g) HCl

表1　分子やイオンがとり得る典型的な形

(ア)	(イ)	(ウ)	(エ)	(オ)	(カ)	(キ)
平面三角形	三角錐形	四面体形	平面四角形	直線形	折れ線形（屈曲形）	直線形

注)丸印(○)は原子を示す。実線は結合が紙面上にあり，くさび形線(◀━━)とくさび形破線(⋯⋯ⅠⅠⅠ)はそれぞれ紙面手前と紙面奥に結合が向いていることを示す。

問1 化合物(a)，(c)，(e)の電子式を，それぞれ記せ。

問2 次の(A)〜(C)の記述に合致する分子を，(a)〜(g)から選んで記号で記せ。

　(A)　三重結合をもつ分子　　　(B)　非共有電子対をもたない分子

　(C)　極性をもつ直線形の分子

問3 化合物(a)〜(c)の分子の形を，表1から選んでそれぞれ記号で記せ。

問4 電子式の例に示した H_3O^+ は H_2O と H^+ が配位結合した多原子イオンであり，H_2O の1つの非共有電子対が H^+ と共有されて新たな共有結合を形成している。H_3O^+ の形を表1の記号で記せ。

問5 NH_3 と BF_3 の形は，表1のそれぞれ異なる分類に属する。この理由を NH_3 と BF_3 の電子式の違いに着目して80字程度で述べよ。

〈首都大東京〉

GR① 分子は電気的に中性な粒子で，構成する原子はそれぞれ安定な（　　）の電子配置をとろうとする。

GR② 分子の形を決めるときは，電子対の（　　）を考えよう。

GR③ 分子の極性は，（　　）の極性と分子の（　　）の両方から。

5 | 分子間力

解答目標時間：10分

問 次の図は，いろいろな水素化合物の分子量と，1.01×10^5 Pa における　ア　との関係を示したものである。一般に，分子構造が似ている物質では，分子量が大きいほど分子間力が a(強く，弱く)，　ア　は b(高く，低く)なる。水素化合物　A　，　B　および　C　の　ア　が異常に高いのは，水素と水素に結合している原子との　イ　の差が大きく，分子が極性をもつために，分子間に　ウ　結合が形成されるからである。典型元素の　イ　は，貴ガス元素を除いて，周期表の同じ周期では c(左，右)にいくほど，また同じ族では d(上，下)にいくほど大きくなる傾向がある。

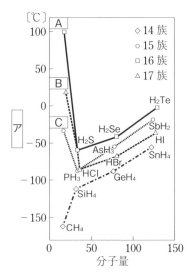

分子量と　ア　との関係を示す図

問1 文章および図中の空欄 ア ～ ウ に最も適した語句を記せ。なお，同じ記号の空欄には同じ語句が入る。

問2 文章および図中の空欄 A ～ C に適した化学式を記せ。なお，同じ記号の空欄には同じ化学式が入る。

問3 前の文章中のa～dの( )内の語句のうち，適したものを選べ。

問4 14族元素の水素化合物は分子量が大きくなるほど沸点が高くなる。その理由を簡潔に記せ。

問5 14族元素の水素化合物と16族元素の水素化合物を比べると第3～第5周期元素の水素化合物では，沸点は16族元素の水素化合物の方がいずれも高くなっている。その理由を簡潔に記せ。

〈富山大〉

合格へのゴールデンルート

GR① 分子量が大きいほど( )が大きくなる。

GR② 同程度の分子量の極性分子と無極性分子では，( )のほうがファンデルワールス力が大きい。

GR③ ( )が形成されると，分子量から推定される沸点より著しく高くなる。

6 | 結晶の分類

解答目標時間：10分

問 物質の結晶は主に結合の種類によって4つに分類される。 (ア) 結合や (イ) よりもはるかに弱い力が (ウ) の間に働くことにより規則正しく配列してできるのが (ウ) 結晶であり，電気を通さないものが多い。一方， (エ) の単体では，原子の価電子は離れやすく，特定の原子に固定されず自由に動き回ることができるため，電気を良く通す結晶ができる。このような自由電子が結晶を構成する全ての原子間に共有されてできる結合を (エ) 結合という。また，構成粒子同士が静電気的な引力で引き合う (ア) 結合でできる結晶は固体では電気を通さないが，融解すると電気を通すようになる。

	㈠結晶	㈡結晶	㈢結晶	㈣結晶
構成粒子	㈠	原子	㈢	原子（自由電子を含む）
機械的性質	かたくもろい	非常にかたい	やわらかい	展性・延性がある
電気の伝導性	融解すると通す	通さないものが多い	通さないものが多い	良く通す
融点・沸点	高い	きわめて高い	低い	さまざまな値
結合の種類	㈠結合	㈡	㈢間力による結合	㈣結合
物質の例	㈤	㈥	㈦	㈧

問1　㈠〜㈣に適切な語句を記せ。

問2　それぞれの結晶の例として以下の物質があげられる。

　　　a.　二酸化ケイ素　　　　b.　塩化ナトリウム　　　c.　ドライアイス
　　　d.　ナトリウム

（1）　物質 a 〜 d から単体を選び，記号で記せ。

（2）　物質 a 〜 d をそれぞれ化学式で記せ。

（3）　㈤〜㈦に当てはまる物質を a 〜 d から選び，それぞれ記号で記せ。

〈法政大〉

★ ★ ★

合格へのゴールデンルート

GR① 化学結合は，（　　）間と分子間で区別。

GR② 結晶は，（規則正しく or 不規則に）見えるくらいたくさんつながったもの。

7 ｜ 結晶格子

解答目標時間：15分

問　結晶とは，原子や分子が空間的に規則正しく配列した固体である。金属結晶の配列構造（結晶格子）は多くの場合，単純立方格子，　ア　格子，　イ　格子，六方最密構造のいずれかに分類される（図1）。単位格子に含まれる原子の数や，1つの原子に最も近接した他の原子の数（配位数）は，各結晶格子によ

って異なり，それらは表1のように整理される。

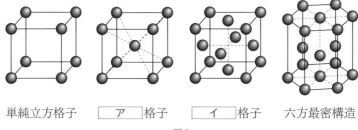

単純立方格子　　　ア　格子　　　イ　格子　　六方最密構造

図1

表1

	単純立方格子	ア 格子	イ 格子	六方最密構造
単位格子中の原子数	1	2	ウ	2
配位数	6	エ	12	オ

問1　空欄　ア　〜空欄　オ　に入る適切な語句，数字を記せ。

問2　　ア　格子の断面図を図2に示す。単位格子中に占める原子の割合を充填率といい，単位格子に含まれる原子を球とし，最も近接した原子が互いに接しているとすることによって単位格子の充填率を計算することができる。　ア　格子について，単位格子の1辺の長さl〔cm〕を表す式を金属原子の半径r〔cm〕を用いて書け。また充填率〔%〕を計算し，有効数字2桁で答えよ。ただし，$\sqrt{3} = 1.73$，$\pi = 3.14$とする。

問3　塩化セシウム$CsCl$は，単位格子のそれぞれの頂点に塩化物イオンCl^-が，単位格子の中心にセシウムイオンCs^+が位置する結晶構造をとり（図3），Cs^+とCl^-は互いに接触している。単位格子の1辺の長さをl〔cm〕，Cs^+の半径をr_+〔cm〕，Cl^-の半径をr_-〔cm〕として，以下の(1)〜(3)に答えよ。

(1)　図3および図2断面図を参考に，単位格子1辺の長さl〔cm〕を表す式をr_+〔cm〕とr_-〔cm〕を用いて記せ。

(2)　$CsCl$のモル質量をM〔g/mol〕，アボガドロ定数をN_A〔mol^{-1}〕とし，$CsCl$の密度d〔g/cm^3〕を求める式をr_+，r_-，M，N_Aを用いて記せ。

(3)　$r_+ = 1.74 \times 10^{-8}$ cm，$r_- = 1.81 \times 10^{-8}$ cm，$M = 168$ g/mol，$N_A = 6.02 \times 10^{23}$ /mol として，$CsCl$の密度d〔g/cm^3〕を有効数字2桁で答えよ。ただし，$\sqrt{3} = 1.73$とする。

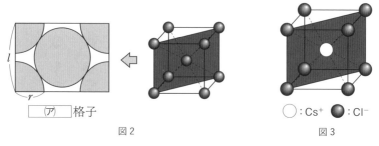

$\boxed{\quad (ア) \quad}$ 格子

図2

○：Cs⁺ ●：Cl⁻

図3

〈岩手大〉

★ ★ ★

合格へのゴールデンルート

(GR)**❶** 金属の単位格子は( )，( )，( )の３つの型がある。

(GR)**❷** NaCl 型の単位格子は金属の( )，CsCl 型は金属の( )から
イメージ。

(GR)**❸** 密度は質量÷体積。

CHAPTER 1

理論化学

8 | 結晶格子（限界半径比）

解答目標時間：**10** 分

問 原子やイオン，分子が周期的に規則正しく配列した固体を結晶という。たと
えば，ダイヤモンドやケイ素，黒鉛の結晶は $\boxed{\quad ア \quad}$ 結晶であり，ドライアイ
スやヨウ素の結晶は $\boxed{\quad イ \quad}$ 結晶である。塩化ナトリウム NaCl や硫化亜鉛
ZnS は，陽イオンと陰イオンがイオン結合を形成したイオン結晶である。

NaCl 結晶の単位格子を図１に示す。単位格子中のそれぞれ正味のイオン数
は，ナトリウムイオン Na⁺ が $\boxed{\quad ウ \quad}$ 個，塩化物イオン Cl⁻ が $\boxed{\quad エ \quad}$ 個であ
り，Na⁺ の配位数は $\boxed{\quad オ \quad}$ である。

イオン結晶の構造や特性は，構成するイオンのイオン半径の影響を強く受け
る。塩化ナトリウム型のイオン結晶について，陰イオンの大きさと結晶の安定
性の関係を図２に示す。陽イオンと陰イオンができるだけ多く接するほうが
安定であり（図２の a），陽イオンと陰イオンがすべて接した状態までは安定で
あるが（図２の b），陰イオンどうしのみが接すると不安定になる（図２の c）。

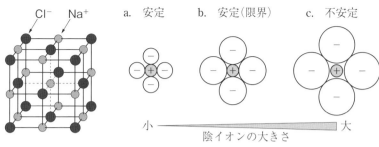

図1　NaCl の単位格子　　　　図2　イオン結晶のイオンの大きさと安定性

問1　文中の空欄　ア　と　イ　に当てはまる最も適切な語句を，ウ　～　オ　に適切な数値を答えよ。

問2　下線部に関して，陽イオンの半径を r，陰イオンの半径を R としたとき，すべてが接した状態（図2のb）のイオン半径比 $\left(\dfrac{r}{R}\right)$ を有効数字2桁で求めよ。必要であれば次の数値，$\sqrt{2} = 1.41$，$\sqrt{3} = 1.73$，$\sqrt{5} = 2.24$ を用いよ。

問3　臭化ナトリウム NaBr は，安定な塩化ナトリウム型のイオン結晶である。Na^+ および Br^- をそれぞれ半径 0.12 nm，0.18 nm の球体として，NaBr 結晶の充填率（単位格子中の体積に占めるイオンの体積の割合）を有効数字2桁の百分率〔%〕で求めよ。ただし，円周率 $\pi = 3.1$ とする。

問4　塩化ナトリウム型のイオン結晶構造をもつフッ化ナトリウム NaF，塩化ナトリウム NaCl，臭化ナトリウム NaBr の融点は，それぞれ，993 ℃，801 ℃，747 ℃である。NaF，NaCl，NaBr の順に融点が低下する理由を，句読点を含めた60字以内で説明せよ。なお，元素記号やイオン式は，1字とせよ。

〈名大〉

＊ ＊ ＊

合格へのゴールデンルート

GR❶　限界半径比は図2のbの状態を考える。

GR❷　充填率は，（イオンの体積の総和）÷（単位格子の体積）から求めていく。

GR❸　クーロン力は，イオンの価数の積が（大きい or 小さい）ほど，イオン間距離が（長い or 短い）ほど強い。

9 熱化学(1)

解答目標時間：10 分

問　メタン CH_4 と酸素 O_2 からなる混合気体を，一定容積の密閉容器の中に封入した後，CH_4 を完全燃焼させた。燃焼反応前の混合気体全体の物質量は，1.0×10^5 Pa，25 ℃で 0.25 mol であった。反応後，容器内を 25 ℃にすると，生成した水 H_2O はすべて液体となり，1.80 g の H_2O が生成していた。以下の問いに答えよ。ただし，原子量は H = 1.0，O = 16 とする。また，CH_4 の燃焼の熱化学方程式は(1)式で与えられる。また，H_2O(気)および CO_2(気)の生成熱はそれぞれ 242 kJ/mol，394 kJ/mol，H_2O の蒸発熱は 44 kJ/mol，H－H および O＝O の結合エネルギーはそれぞれ 436 kJ/mol，494 kJ/mol である。気体はすべて理想気体としてよい。

$$CH_4(気) + 2O_2(気) = CO_2(気) + 2H_2O(液) + 891 \text{ kJ} \quad (1)$$

問1　燃焼反応前の混合気体中の CH_4 と O_2 の体積比を求めよ。

問2　燃焼後，25 ℃にしたときの容器内の圧力を考える。生成した H_2O(液)に気体が溶解しないと仮定したとき，容器内の全圧は何 Pa か。有効数字2桁で答えよ。ただし，H_2O(液)の占める体積は無視できるものとする。

問3　H_2O(気)の生成熱を表す熱化学方程式を記せ。

問4　CH_4 の生成熱を有効数字2桁で答えよ。

問5　H_2O(気)分子中の O－H 結合 1 mol を切るために必要なエネルギーは何 kJ となるか。有効数字3桁で答えよ。

〈九州工業大〉

★ ★ ★

合格へのゴールデンルート

GR① 熱化学方程式は，物質の状態をチェックしよう。

GR② 反応熱の計算は，「(　　)の生成熱の総和」－「(　　)の生成熱の総和」。

GR③ 結合エネルギーの計算のとき，H_2O の状態は(　　)から。

10 熱化学(2) 格子エネルギー

解答目標時間：18 分

問 　塩化ナトリウム NaCl は陽イオンと陰イオンとが交互に積み重なっているイオン結晶で，図1に示すような立方体からなる結晶構造である。このような状態をバラバラにするために必要なエネルギーを格子エネルギーという（これは，NaCl 結晶 1 mol を気体状態の Na^+ と Cl^- にバラバラにするのに必要なエネルギーを指す）。格子エネルギーを直接測定するのは困難であるが，次にあげる①～⑤のエネルギーの値から求めることができる。図2には，エネルギー図（ボルン・ハーバーサイクル）を示す。

① 　Na の昇華熱は 109 kJ/mol である。

② 　Cl_2 の結合エネルギーは 239 kJ/mol である。

③ 　Na の第一イオン化エネルギーは 498 kJ/mol である。

④ 　Cl の電子親和力は 353 kJ/mol である。

⑤ 　NaCl 結晶の生成熱は 410 kJ/mol である。

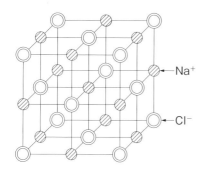

図1 　NaCl の結晶格子

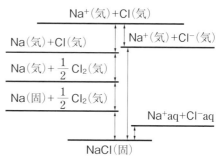

図2 　ボルン・ハーバーサイクル
（(気)は気体状態, (固)は固体状態, aq は多量の水を示す）

問1 　NaCl 結晶に関して，次の(1)と(2)の問いに答えよ。

(1) 　図1の NaCl 結晶の単位格子中に Na^+ は何個含まれるか。ただし，結晶格子中の繰り返し単位を単位格子という。

(2) 　一辺 1.00 cm の立方体の NaCl 結晶中に Na^+ は何個含まれるか。有効数字3桁で答えよ。

　　　ただし，Na^+ は半径 1.10×10^{-8} cm，Cl^- は半径 1.90×10^{-8} cm の球で

あるとし，結晶中では最近接の Na^+ と Cl^- はすべて接触している。

問 2　②〜⑤の内容を，①の例を参考にして熱化学方程式で示せ。

〔例〕　①　Na(固) = Na(気) − 109 kJ

問 3　NaCl 結晶の格子エネルギーの値 Q を，整数で答えよ。

ただし，求める格子エネルギーを表す式は，以下のようになる。

$NaCl$(固) = Na^+(気) + Cl^-(気) − Q〔kJ〕

問 4　気体状態(1 mol)の Na^+ と Cl^- を多量の水に溶解すると，780 kJ/mol の発熱がある。NaCl 結晶の水への溶解熱は何 kJ/mol になるか。整数で答えよ。

〈岩手大〉

★★★

合格へのゴールデンルート

GR 1　イオン化エネルギーは(吸熱 or 発熱)反応，電子親和力は(吸熱 or 発熱)反応。

GR 2　格子エネルギーは，化合物→単体→原子→イオン(気)の順に求めていこう。

GR 3　イオン結晶の溶解熱は格子エネルギーと水和エネルギーから考える。

11　熱化学(3)　反応熱の測定

解答目標時間：15 分

問　次の実験 1，2 に関する文を読み，下の問いに答えよ。ただし，実験は断熱容器内で行われ，すべての水溶液の比熱は 4.2 J/(g·K)，密度は 1.0 g/cm³ とする。また，原子量は H = 1.0，O = 16，Na = 23 とする。なお，数値は有効数字 2 桁で記せ。

実験 1　固体の水酸化ナトリウム 2.0 g を水 48 g に加え，すばやくかき混ぜて，完全に溶解させた。このときの液温の変化を測定したところ，右の図のような結果が得られた。

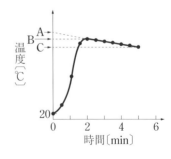

実験2 実験1で調製した水酸化ナトリウム水溶液の温度が一定になった時点で，同じ温度の 2.0 mol/L 塩酸 50 mL を混合し，すばやくかき混ぜた。このとき，混合水溶液の温度は，塩酸を加える前より 6.7 ℃上昇した。

問1 実験1において，水酸化ナトリウムの溶解が瞬間的に終了し，周囲への熱の放冷がなかったとみなせるときの水溶液の最高温度は A 〜 C のどれか。

問2 問1の温度が 30 ℃であったとして，実験1で発生した熱量は何 kJ か。

問3 実験1において，固体の水酸化ナトリウムの水への溶解熱は何 kJ/mol か。

問4 実験2において，塩酸と水酸化ナトリウム水溶液の中和反応における中和熱は何 kJ/mol か。

問5 実験1と2の結果を用いて，固体の水酸化ナトリウム 4.0 g を 2.0 mol/L の塩酸 50 mL に溶解したとき発生する熱量〔kJ〕を求めよ。

〈日本女子大〉

＊ ＊ ＊

合格へのゴールデンルート

GR① まわりの温度より液温が高くなると熱は(放出 or 吸収)される。
GR② 比熱は，熱量÷(質量×温度)。
GR③ 中和熱は，水溶液に電離している(　　)1 mol と(　　)1 mol の中和から求められる。

12　酸・塩基(1)

解答目標時間：12 分

問　アレーニウスの定義によれば，酸とは水溶液中で電離して〔　a　〕を放出する物質，塩基とは水溶液中で電離して〔　b　〕を放出する物質のことである。酸の水溶液において，〔　a　〕を放出した酸の物質量を水溶液中に溶かした酸の全物質量で割った値を　ア　といい，　ア　が1に近い酸を　イ　，1よりも著しく小さい酸を　ウ　という。

ブレンステッドとローリーが提唱したより一般的な定義によれば，他の物質

に〔　c　〕を与える物質を　エ　といい，〔　d　〕を受け取ることができる物質を　オ　という。例えば，炭酸ナトリウムの水溶液は　カ　性を示すが，これは電離によって生じた〔　e　〕がブレンステッド・ローリーの定義による　キ　として働き，水と反応することにより〔　f　〕と　g　を生じるためと説明できる。〔　f　〕のナトリウム塩は白色の粉末で重曹ともよばれ，ベーキングパウダー(ふくらし粉)の主成分としてパンや菓子の製造に用いられる。ベーキングパウダーは重曹と酒石酸などの混合物で，小麦粉などと混ぜ，水を加えると重曹と酒石酸との反応が起こり，〔　h　〕を発生し，このかたまりを多孔性にする。

問1 空欄　ア　～　キ　に適当な語句を，〔　a　〕～〔　h　〕に化学式を記せ。ただし，同じ語句や化学式を繰り返し用いてよい。

問2 次の実験結果から，酢酸，フェノール，リン酸，炭酸(二酸化炭素の水溶液)を酸性の強い順に化学式で記せ。ただし,有機化合物は示性式で記せ。

〈実験1〉　重曹に酢酸水溶液を加えると気体が発生した。

〈実験2〉　酢酸ナトリウムにリン酸を加えると刺激臭がした。

〈実験3〉　ナトリウムフェノキシドの水溶液に二酸化炭素を十分に通じると特有の臭いをもつ物質が生成した。

問3 ある酸の水溶液のpHを25 ℃で測定したところ，pH = 2.0であった。また，このときの水酸化物イオン指数pOH($= -\log_{10}[OH^-]$)はpOH = 12.0であった。同じ水溶液のpHを80 ℃で測定したところpH = 2.5であった。この温度でのpOHの値は11.5となるか, あるいはそれよりも大きく, または小さくなるか，次の熱化学方程式に基づき予測せよ。

$$H_2O = H^+ + OH^- - 57 \text{ kJ}$$

〈明治薬科大〉

＊　＊　＊

合格へのゴールデンルート

GR❶ ブレンステッド・ローリーの定義は，(　　　)のやりとり。

GR❷ 反応の進み方は正反応と逆反応の酸，塩基の(　　　)から。

GR❸ 水の電離は(吸熱 or 発熱)反応。

13 | 酸・塩基（2） 食酢の定量

解答目標時間：20 分

問 次の文を読み，下の問いに答えよ。ただし，原子量は H = 1.0，C = 12，O = 16，Na = 23 とする。

調味料として用いる市販の食酢中には 3 〜 5 ％の酢酸が含まれている。酢酸の濃度を知るために，食酢中に含まれている酸性成分がすべて酢酸であるとして，以下のような手順で滴定実験を行った。なお，食酢の密度は 1.01 g/cm³ とする。

（操作1） 水酸化ナトリウム約 0.45 g を蒸留水に溶かして 100 mL にした。
（操作2） 0.100 mol/L のシュウ酸水溶液 100 mL を調製した。
（操作3） このシュウ酸水溶液 10.0 mL を正確にはかりとり，フェノールフタレインを指示薬として，**操作1**で調製した水酸化ナトリウム水溶液で滴定した。中和するのに 20.00 mL を要した。
（操作4） 食酢 1.00 mL を正確にはかりとり，水で適当に希釈した。この溶液をフェノールフタレインを指示薬として，**操作1**で調製した水酸化ナトリウム水溶液で滴定した。中和するのに 7.10 mL を要した。

問1 操作2の水溶液の調製にシュウ酸二水和物を用いた。必要なシュウ酸二水和物の質量を有効数字3桁で求めよ。

問2 操作3の結果を用いて，水酸化ナトリウム水溶液のモル濃度を有効数字3桁で求めよ。

問3 操作4の中和点における溶液の色の変化を記せ。

問4 操作4で起こる反応を化学反応式で記せ。

問5 操作4の中和点では水溶液は塩基性である。その理由をイオン反応式を用いて簡潔に記せ。

問6 操作4の指示薬にメチルオレンジを用いるのは適当ではない。その理由を説明せよ。

問7 食酢中の酢酸のモル濃度を有効数字2桁で求めよ。

問8 食酢中の酢酸の質量パーセント濃度を有効数字2桁で求めよ。

〈埼玉大〉

合格へのゴールデンルート

GR① 中和は H^+ と OH^- の（　　　）が等しくなる。

GR② 指示薬は（　　　）が何性になっているかが選ぶポイント。

GR③ 塩の加水分解は，（弱い or 強い）ほうの酸，塩基のイオンの反応。

---

14 | 酸・塩基（3）　逆滴定 解答目標時間：10 分

問

次の文を読み，下の問いに答えよ。ただし，原子量は H = 1.0，N = 14，O = 16，S = 32 とする。

ある食品に含まれるタンパク質の量を求めるために，次の実験を行った。

操作1　ある食品 2.0 g をフラスコに入れ，そこに(a)濃硫酸 10 mL を加えた。このフラスコを加熱して，食品に含まれるタンパク質を分解し，その窒素を完全にアンモニウムイオン NH_4^+ に変化させた。

操作2　フラスコ内に 9.0 mol/L の水酸化ナトリウム水溶液を加えて，アンモニウムイオンをアンモニア NH_3 に変化させた。

操作3　この溶液をフラスコ内で沸騰させ，(b)発生したアンモニア全量をコニカルビーカーに入れた 0.080 mol/L の希硫酸 25 mL に吸収させた。

操作4　このコニカルビーカーにメチルレッド溶液を数滴加えた。次に，ビュレットに(c)0.040 mol/L の水酸化ナトリウム水溶液を入れて，コニカルビーカー中に残っている硫酸を滴定したところ，20 mL 滴下した時点で(d)溶液は変色した。

ただし，この食品に含まれている窒素化合物はすべてタンパク質とし，全量をアンモニアとして回収されたものとする。

問1　操作1の下線部(a)の濃硫酸のモル濃度〔mol/L〕を有効数字2桁で答えよ。ただし，濃硫酸は質量パーセント濃度 98%，密度 1.8 g/cm³ とする。

問2　下線部(b)と(c)の化学反応式を記せ。

問3　下線部(d)で溶液は何色に変化したか。

問4　この食品に含まれるタンパク質から発生したアンモニアの物質量〔mol〕を有効数字 2 桁で答えよ。

問5　この食品に含まれるタンパク質中の窒素含有率を 16% とすると，この食品 100 g に含まれるタンパク質の質量〔g〕を有効数字 2 桁で答えよ。

問6　操作 3 で，コニカルビーカーの内側が純水で濡れた状態で 0.080 mol/L の硫酸を入れて操作したとする。このことが実験結果に影響するかどうかを理由と合わせて述べよ。

問7　操作 4 で，ビュレットの内側が純水で濡れた状態で 0.040 mol/L の水酸化ナトリウム水溶液を入れて滴定したとする。このことが実験結果に影響するかどうかを理由と合わせて述べよ。

〈三重大〉

★ ★ ★

合格へのゴールデンルート

GR❶ 中和は，「酸が放出した H^+ の mol」＝「塩基が放出した OH^- の mol（受け取った H^+ の mol）」。

GR❷ ガラス器具で使用する溶液ですすぐのは，（　　　）と（　　　）。

---

15 ｜ 二段滴定

解答目標時間：15 分

問　次の文を読み，下の問いに答えよ。ただし，原子量は H = 1.0，C = 12，O = 16，Na = 23 とする。

炭酸ナトリウムと水酸化ナトリウムとの混合物 A がある。混合物 A に含まれる炭酸ナトリウムと水酸化ナトリウムのそれぞれの割合を調べるため，次の実験 I 〜 III を行った。

実験 I　混合物 A の一部を純水に溶かし，正確に 100 mL とした。これを溶液 B とする。

実験 II　溶液 B の 20.0 mL を，メチルオレンジを指示薬として，1.00×10^{-1} mol/L 塩酸で滴定したところ，終点までに 24.0 mL を必要とした。

実験Ⅲ　溶液 B の 20.0 mL をとり，これに塩化バリウム水溶液を加えると，白色沈殿が生じた。新たな白色沈殿が生じなくなるまで塩化バリウム水溶液を加え，<u>フェノールフタレインを指示薬として</u> 1.00×10^{-1} mol/L 塩酸で滴定したところ，終点までに 12.0 mL を必要とした。

　炭酸ナトリウムと塩酸との(i)<u>中和反応は 2 段階で進行する</u>。このため，2 つの中和点が存在し，第一中和点の pH はおよそ 8.5，第二中和点の pH はおよそ 3.5 である。なお，各指示薬の変色域は**表 1** のとおりである。

表 1　指示薬の変色域

指示薬	変色域
フェノールフタレイン	pH 8.0（無色）～ pH 9.8（赤色）
メチルオレンジ	pH 3.1（赤色）～ pH 4.4（黄色）

問 1　溶液 B の水酸化ナトリウム濃度は何 mol/L か。有効数字 2 桁で答えよ。

問 2　混合物 A に含まれる炭酸ナトリウムの質量パーセントは何％か。有効数字 2 桁で答えよ。

問 3　下線部(i)について，第一中和点から第二中和点までの間で起こる中和反応の化学反応式を記せ。

問 4　実験Ⅲにおいて，塩化バリウム水溶液を加えずに，溶液 20.0 mL を 1.00×10^{-1} mol/L 塩酸で滴定した場合，終点までに必要な塩酸は何 mL か。有効数字 2 桁で答えよ。

〈上智大〉

* * *

合格へのゴールデンルート

GR❶ BaCl₂ を加えると（　　）が取り除かれる。

GR❷ 中和反応では（弱い or 強い）酸，塩基から反応。

GR❸ 指示薬のフェノールフタレインの赤色は（　　）と（　　）がなくならないと消えない。

16 | 酸化還元(1)

問 **問1** 次の(ア)～(エ)の反応について，酸化剤，還元剤をそれぞれ選び，その化学式と酸化数の変化を記せ。

(ア) $SO_2 + I_2 + 2H_2O \longrightarrow H_2SO_4 + 2HI$

(イ) $2H_2S + SO_2 \longrightarrow 2H_2O + 3S$

(ウ) $H_2O_2 + SO_2 \longrightarrow H_2SO_4$

(エ) $H_2O_2 + 2KI + H_2SO_4 \longrightarrow 2H_2O + I_2 + K_2SO_4$

問2 次のうちから，反応が進まないものを2つ選べ。ただし，ハロゲンの単体の酸化作用の強さの順は，強い順に $Cl_2 > Br_2 > I_2$ であり，塩素や臭素は，ヨウ素よりも強い酸化剤としてはたらく。また，すべて水溶液中の反応であるとする。

(ア) $Pb(CH_3COO)_2 + Zn \longrightarrow Pb + Zn(CH_3COO)_2$

(イ) $Cu + ZnSO_4 \longrightarrow Zn + CuSO_4$

(ウ) $2KI + Br_2 \longrightarrow 2KBr + I_2$

(エ) $2KBr + Cl_2 \longrightarrow 2KCl + Br_2$

(オ) $2KCl + I_2 \longrightarrow 2KI + Cl_2$

〈北里大〉

* * *

合格へのゴールデンルート

GR❶ 自身が還元されるものを(　　)，酸化されるものを(　　)という。

GR❷ 酸化力の(弱い or 強い)ほうから(弱い or 強い)方向に反応が進む。

17 酸化還元(2) ヨウ素滴定

解答目標時間：15 分

問 ヨウ化物イオン I^- は還元剤としてはたらき，電子を放出してヨウ素 I_2 になる。逆に，ヨウ素 I_2 が電子を受け取ってヨウ化物イオン I^- になる場合は，ヨウ素 I_2 が酸化剤になる。これらの反応を用いて，以下の二つの滴定（**実験1** および **実験2**）を行った。なお，ヨウ素 I_2 は水に溶けにくいため，ヨウ化カリウム KI 水溶液にヨウ素 I_2 を溶かしてヨウ素ヨウ化カリウム水溶液（ヨウ素溶液）にする。

実験1：
濃度が 1.0 mol/L 未満の過酸化水素 H_2O_2 水溶液 20.0 mL に，じゅうぶんな量の硫酸と 1.0 mol/L のヨウ化カリウム KI を含む水溶液 50.0 mL を加え反応させた。次に，この反応液にデンプンを加え，1.0 mol/L のチオ硫酸ナトリウム $Na_2S_2O_3$ 水溶液で滴定したところ，10.0 mL 滴下したときに終点に達した。

実験2：
濃度未知の硫化水素 H_2S 水溶液 50.0 mL に，0.10 mol/L のヨウ素溶液 50.0 mL を加え反応させた。次に，この反応液にデンプンを加え，0.10 mol/L のチオ硫酸ナトリウム $Na_2S_2O_3$ 水溶液で滴定したところ，20.0 mL 滴下したときに終点に達した。

なお，チオ硫酸イオン $S_2O_3^{2-}$ は $S_4O_6^{2-}$ になることにより，電子を放出する。
$$2\,S_2O_3^{2-} \longrightarrow S_4O_6^{2-} + 2\,e^-$$

問1 実験1について，以下の問い(i)～(iv)に答えよ。

(i) ヨウ化カリウムと過酸化水素が反応するときの化学反応式を記せ。

(ii) ヨウ素とチオ硫酸ナトリウムが反応するときの化学反応式を記せ。

(iii) 実験1で用いた過酸化水素水の濃度〔mol/L〕を有効数字2桁で求めよ。

(iv) 実験1で，過酸化水素をチオ硫酸ナトリウムで直接滴定できない理由を25字以内で説明せよ。

問2 実験2について，以下の問い(i)と(ii)に答えよ。

(i) ヨウ素と硫化水素が反応するときの化学反応式を記せ。

(ii) 実験2で用いた硫化水素水溶液の濃度〔mol/L〕を有効数字2桁で求めよ。

〈広島大〉

合格へのゴールデンルート

GR**❶** 反応式は酸化剤，還元剤を見つけて(　　)式をつくる。

GR**❷** 酸化還元滴定は酸化剤と還元剤の授受する(　　)の物質量が等しい。

18 | 酸化還元(3)

解答目標時間：20 分

問　ある湖の水質調査のため，湖水の溶存酸素量(DO)と化学的酸素要求量(COD)を求める次の実験Ⅰ，Ⅱを行った。原子量は O = 16 とする。

DO を求める実験

DO とは水に溶けている酸素 O_2 の量〔mg/L〕のことである。水を塩基性にしてマンガン(Ⅱ)イオンを加えると，式(1)のように水酸化マンガン(Ⅱ)が生じる。

$$Mn^{2+} + 2\,OH^- \longrightarrow Mn(OH)_2 \quad (白色沈殿) \quad \cdots\cdots(1)$$

水に酸素 O_2 が溶けているとき，式(2)のように $MnO(OH)_2$ が生じる。

$$2\,Mn(OH)_2 + O_2 \longrightarrow 2\,MnO(OH)_2 \quad (褐色沈殿) \quad \cdots\cdots(2)$$

$MnO(OH)_2$ の沈殿を含む溶液にヨウ化物イオン I^- を加えてから酸性にすると，式(3)のようにヨウ素 I_2 が生じる。生じたヨウ素 I_2 の量から，DO を求めることができる。

$$MnO(OH)_2 + 4\,H^+ + 2\,I^- \longrightarrow Mn^{2+} + 3\,H_2O + I_2 \quad \cdots\cdots(3)$$

実験1　湖水 100 mL に硫酸マンガン(Ⅱ)水溶液と水酸化ナトリウム水溶液を加えたところ，沈殿が生じた。これに，ヨウ化カリウム水溶液と硫酸を加えて沈殿を完全に溶解させた。生じたヨウ素 I_2 を 2.00×10^{-2} mol/L チオ硫酸ナトリウム $Na_2S_2O_3$ 水溶液で滴定すると，終点までに 3.00 mL を必要とした。

COD を求める実験

COD とは，水中の有機物を一定の酸化条件で反応させたときに必要となる酸化剤の量を，相当する酸素 O_2 の量〔mg/L〕に換算したものである。酸化剤

には，過マンガン酸カリウム $KMnO_4$ あるいは二クロム酸カリウム $K_2Cr_2O_7$ が用いられる。

実験Ⅱ 湖水 100 mL に硫酸を加えて酸性にした後，2.00×10^{-3} mol/L 過マンガン酸カリウム水溶液 10.0 mL を加えておだやかに煮沸し，有機物を酸化させた。煮沸後，ただちに 2.00×10^{-3} mol/L シュウ酸ナトリウム $Na_2C_2O_4$ 水溶液を 30.0 mL 加え，(i)残っている過マンガン酸カリウムと反応させた。次に，溶液中に残っているシュウ酸ナトリウムを 2.00×10^{-3} mol/L 過マンガン酸カリウム水溶液で滴定し，終点までに 5.00 mL を必要とした。

問1 式(2)で生成する $MnO(OH)_2$ の Mn の酸化数 x を答えよ

問2 実験Ⅰにおいて，ヨウ素 I_2 とチオ硫酸ナトリウムとの反応は式(4)で表される。湖水の DO は何 mg/L か。有効数字 2 桁で答えよ。ただし，$MnO(OH)_2$ は湖水に溶存する酸素 O_2 との反応のみで生じ，溶存酸素に対して十分量の水酸化マンガン(Ⅱ)があったものとする。

$$2\,Na_2S_2O_3 + I_2 \longrightarrow 2\,NaI + Na_2S_4O_6 \quad \cdots\cdots(4)$$

問3 下線部(i)について，過マンガン酸カリウムとシュウ酸ナトリウムとの反応は式(5)で表される。湖水 1.00 L に含まれる有機物を酸化するのに必要な過マンガン酸カリウムの物質量は何 mol か。有効数字 2 桁で答えよ。

$$2\,KMnO_4 + 5\,Na_2C_2O_4 + 8\,H_2SO_4$$
$$\longrightarrow 2\,MnSO_4 + K_2SO_4 + 5\,Na_2SO_4 + 10\,CO_2 + 8\,H_2O \quad \cdots\cdots(5)$$

問4 実験Ⅱにおいて，湖水の COD は何 mg/L か。有効数字 2 桁で答えよ。

〈上智大〉

★ ★ ★

合格へのゴールデンルート

GR 1 複数の反応が続けて起こるときは，反応式を比べて，反応物，生成物で同じ物質の（　　）比をとっていく。

GR 2 COD の計算では，$Na_2C_2O_4$ を過不足なく反応する（　　）の物質量を求める。

GR 3 COD の計算では，$KMnO_4$ の物質量を O_2 の物質量に換算する。

19 | 酸化還元(4) COD(空試験あり) 解答目標時間：15 分

問 次の文章を読み，下の問いに答えよ。ただし，必要があれば，次の原子量を用いよ。H = 1.0, C = 12.0, O = 16.0

過マンガン酸カリウム水溶液を用いた酸化還元反応で，試料水中の塩化物イオン以外の酸化されやすい物質(有機物，鉄(Ⅱ)イオン，亜硝酸イオン等)の量を以下のように測定した。

(i) コニカルビーカーに試料水 50 mL をとり，これに 6.0 mol/L の硫酸 5.0 mL を加えた。また，塩化物イオンを除くために硝酸銀水溶液 5.0 mL を加えた。

(ii) さらに 0.0050 mol/L の過マンガン酸カリウム水溶液 10 mL を加えたのち，沸騰水浴中で 30 分間加熱した。

(iii) 水浴から取り出し，ホールピペットで 0.0125 mol/L のシュウ酸標準溶液 10 mL を加え，よく振り混ぜた。

(iv) 水浴中で液温を 50 〜 60 ℃に保ったまま，0.0050 mol/L の過マンガン酸カリウム水溶液で滴定したところ，1.6 mL で終点に達した。

(v) 容器や溶媒の汚染や滴定操作に原因する誤差等を補正するために，試料水のかわりに蒸留水 50 mL を用いて(i)〜(iv)の操作を行ったところ，0.20 mL で終点に達した。

問1 操作(i)で硝酸銀水溶液を加えることによって，塩化物イオンが取り除ける理由を簡潔に記せ。

問2 操作(iii)で起こる硫酸酸性条件下での過マンガン酸カリウムとシュウ酸との反応の化学反応式記せ。

問3 操作(ii)で試料水中の酸化されやすい物質が過マンガン酸イオンに与えた電子の物質量は何 mol か。有効数字 2 桁で記せ。

問4 酸素 O_2 を還元する反応の半反応式は次のように示される。

$$O_2 + 4H^+ + 4e^- \longrightarrow 2H_2O$$

酸化されやすい物質から過マンガン酸イオンに与えられた電子が酸素の還元に使われるとすると，試料水 1.0 L 中の塩化物イオン以外の酸化され

やすい物質は，何 mg の酸素を還元することになるか。有効数字 2 桁で記せ。

〈東海大・医〉

★ ★ ★

合格へのゴールデンルート

GR❶ Cl⁻ は，KMnO₄ との反応では（　　）剤としてはたらく。

GR❷ 空試験は試料水のかわりに（　　）を入れて，同じ操作を行う。

20 電池（1）　標準電極電位

解答目標時間：10 分

問　次の文を読み，下の問いに答えよ。

　酸化還元反応の化学エネルギーを電気エネルギーに変える装置が電池である。電池の性能は電極の活物質に強く影響される。活物質と起電力の関係を評価するには，標準電極電位を用いる。標準電極電位は表のように，様々な還元反応の進行のしやすさを電位として数値で表す。標準電極電位が高いほど，還元反応が進行しやすい。一方，逆反応に対応する酸化反応は標準電極電位が低いほど進行しやすい。つまり，電子を放出しやすい金属ほど，対応する反応の標準電極電位は　あ　値を持つ。

　(a)自発的に進む酸化還元反応は，高い標準電極電位を持つ物質が酸化剤として，低い標準電極電位を持つ物質が還元剤として働く反応である。さらに，電池の起電力は，電極に使われる活物質の反応の標準電極電位の差に対応する。たとえば，ダニエル電池の起電力は，銅と亜鉛の酸化還元反応の標準電極電位の差に対応するため，

$$+ 0.34 \, V - (- 0.76 \, V) = 1.10 \, V$$

と予測することができる。なお，標準電極電位の値は物質の量によらず一定であり，この計算では反応式中の電子の数は考慮しなくてよい。つまり，正極と負極に使われた活物質の標準電極電位の差が，そのまま電池の起電力に対応する。たとえば表 1 中の亜鉛の還元反応では 2 つの電子が反応式中に現れるが，

銀の還元反応では1つの電子しか反応式に現れない。この2種類の金属を利用して電池を作製した場合でも，起電力は表の値をそのまま用いて，

$$+ 0.80\,V - (- 0.76\,V) = 1.56\,V$$

と予想することができる。

　標準電極電位を見れば，目的とする起電力を得るためには，どのような活物質を用いるべきなのかを予測することができる。　い　標準電極電位をもつ物質を負極の活物質に，　う　標準電極電位を持つ物質を正極の活物質に用いることで高い起電力をもつ電池を作製できる。

表　電極反応と対応する標準電極電位（元素記号のアルファベット順）

反応式			標準電極電位
Ag^+	+	$e^- \longrightarrow$ Ag	+ 0.80 V
Br_2	+	$2\,e^- \longrightarrow 2\,Br^-$	+ 1.09 V
Cd^{2+}	+	$2\,e^- \longrightarrow$ Cd	− 0.40 V
Ce^{4+}	+	$e^- \longrightarrow Ce^{3+}$	+ 1.61 V
Co^{3+}	+	$e^- \longrightarrow Co^{2+}$	+ 1.81 V
Cr^{3+}	+	$e^- \longrightarrow Cr^{2+}$	− 0.41 V
Cu^{2+}	+	$2\,e^- \longrightarrow$ Cu	+ 0.34 V
$2\,H^+$	+	$2\,e^- \longrightarrow H_2$	0.00 V
I_2	+	$2\,e^- \longrightarrow 2\,I^-$	+ 0.54 V
In^{3+}	+	$e^- \longrightarrow In^{2+}$	− 0.49 V
Mn^{3+}	+	$e^- \longrightarrow Mn^{2+}$	+ 1.51 V
O_2	+	$e^- \longrightarrow O_2^-$	− 0.56 V
Pb^{2+}	+	$2\,e^- \longrightarrow$ Pb	− 0.13 V
$PbSO_4$	+	$2\,e^- \longrightarrow$ Pb $+$ SO_4^{2-}	− 0.36 V
Ti^{4+}	+	$e^- \longrightarrow Ti^{3+}$	0.00 V
Zn^{2+}	+	$2\,e^- \longrightarrow$ Zn	− 0.76 V

問1　空欄　あ　～　う　に「高い」，「低い」のいずれかを入れよ。

問2　下線部(a)では，望みの起電力を示す電池を作製する際の，活物質の選択方法を述べている。表を参考にして，以下の反応の中で自発的に進む可能性のある酸化還元反応を2つ選び，ア〜オの記号で答えよ。また，その2つの自発的反応を利用した電池の起電力を表の値を用いてそれぞれ計算し，答えよ。

ア． $Co^{3+} + Cr^{2+} \longrightarrow Co^{2+} + Cr^{3+}$

イ． $Cd + Zn^{2+} \longrightarrow Cd^{2+} + Zn$

ウ． $Ti^{4+} + Ce^{3+} \longrightarrow Ti^{3+} + Ce^{4+}$

エ． $Br_2 + 2I^- \longrightarrow 2Br^- + I_2$

オ． $In^{3+} + Mn^{2+} \longrightarrow In^{2+} + Mn^{3+}$

問3 正極として酸化鉛(Ⅳ)を，負極として鉛をそれぞれ希硫酸に浸した鉛蓄電池に関して以下の問に答えよ。

(1) 鉛蓄電池を放電しているときの正極と負極で起きている酸化還元反応を，電子 e^- を用いた反応式でそれぞれ書け。また，両反応をまとめて一つの反応式として書け。

(2) 鉛蓄電池の起電力が 2.05 V であるとき，正極で起きる反応の標準電極電位は何 V になるか，表の値を用いて求めよ。

〈関西学院大〉

★ ★ ★

合格へのゴールデンルート

GR**1** 標準電極電位の値が大きいほど(酸化 or 還元)反応が起こりやすい。

GR**2** 電位差が(正 or 負)となる方向へ反応は進まない。

GR**3** 鉛蓄電池が放電すると両極とも(　　　)でおおわれる。

---

21 | 電池(2) 燃料電池

解答目標時間：12 分

問 次の文を読み，下の問いに答えよ。ただし，原子量は H = 1.0，O = 16 とし，ファラデー定数は $F = 9.65 \times 10^4$ C/mol とする。

　図のように，白金を触媒として含む多孔質の電極および水素と酸素を水に変換する反応を利用して電流を取り出す電池を，燃料電池という。電解液が酸性のとき，燃料電池の正極では　あ　，負極では　い　の反応が起こる。

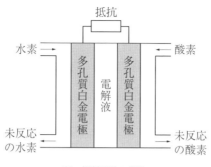

図　燃料電池の構造

問1　 あ ， い に当てはまる反応を電子 e⁻ を含むイオン反応式で記せ。

問2　この燃料電池を 80.0 分間動作させたところ，水が 0.720 g 生成した。このときの電流値〔A〕を有効数字 2 桁で求めよ。

問3　上記問 2 のとき，それぞれの電極では，標準状態で何 L の気体が消費されるか。有効数字 3 桁で求めよ。

問4　燃料電池は，電解液にアルカリ性の水溶液を使うこともできる。このとき，それぞれの電極で生じる反応を電子 e⁻ を含むイオン反応式で記せ。

〈名古屋市立大〉

* * *

22 | 電池(3)　リチウムイオン電池　　解答目標時間：15分

問　エネルギーの効率的な貯蔵手段の1つとして，充電によりくり返し電気エネルギーを蓄え，使用することができる（　あ　）電池が使われている。（　あ　）電池の代表的なものとして，リチウムイオン電池があげられる。リチウムイオン電池では，主に正極活物質にコバルト酸リチウム $LiCoO_2$ などの金属酸化物，負極活物質にリチウムを含む炭素が用いられている。炭素には，導電性が高く安価な黒鉛が主に負極に利用されている。電池の充電時には，リチウムイオンが電解液を経由して正極から負極に移動し，放電時には逆向きに移動する。

問1　（　あ　）に当てはまる適切な語句を次のア～エから選び，記号で記せ。
　　ア　一次　　　イ　二次　　　ウ　乾　　　エ　燃料

問2　標準的なリチウムイオン電池の負極では，充電時に黒鉛 C にリチウムイオンが入り，充電率 100%（満充電）で LiC_6 になる。また，正極では充電により $LiCoO_2$ からリチウムイオンが抜け出す。満充電になるまでに正極の約半分のリチウムが出て負極に移動するが，残りの約半分は満充電でも正極に残った状態になる。正極から負極に移動するリチウムと正極内に残るリチウムが等量であるとした場合，この電池の負極と正極の反応について，それぞれ反応式で示すと以下のようになる。

$$\text{（負極）}\quad 6\,C\text{（黒鉛）} + Li^+ + e^- \underset{\text{放電}}{\overset{\text{充電}}{\rightleftarrows}} LiC_6$$

$$\text{（正極）}\quad LiCoO_2 \underset{\text{放電}}{\overset{\text{充電}}{\rightleftarrows}} Li_{0.5}CoO_2 + 0.5\,Li^+ + 0.5\,e^-$$

上式では，それぞれ左辺が充電率 0%，右辺が充電率 100%（満充電）の状態に対応している。以上の前提に基づいて，以下の(1)～(3)に答えよ。ただし，原子量は Li = 7.00，C = 12.0，O = 16.0，Co = 59.0 を用いよ。

(1)　リチウムイオン電池を使用していたところ，充電率が 50% まで減少したため，満充電になるまで充電した。この電池の充電率 50% から満充電までの充電について，負極の反応式を記せ。ただし，充電率 50% における負極の組成式は $Li_{0.5}C_6$ であり，満充電のときの組成式は LiC_6 であると

する。

(2) (1)で用いた電池において，負極の炭素（黒鉛）の質量が 1.44 g であった場合，充電率 50% から満充電までの充電操作により電池に充電された電気量は何クーロン(C)か。整数で答えよ。ただし，ファラデー定数を 9.65 × 10⁴ C/mol とする。

(3) 一般的に，リチウムイオン電池は正極と負極の充電容量（蓄えることができる電気量）が正確に一致するように，それぞれの電極活物質の質量を決めてつくられている。負極として黒鉛 1.44 g を用いた場合，正極活物質として $LiCoO_2$ を何 g 用いれば正極と負極の充電容量が等しくなるか。有効数字 3 桁で記せ。

〈岡山大〉

★ ★ ★

合格へのゴールデンルート

GR① 充電できる電池は（　　），充電できない電池は（　　）。

GR② リチウムイオン電池は Li^+ が負極と正極を出入りする。

23 | 電気分解（1）　直列回路

解答目標時間：12 分

問 次の文章を読み，下の各問いに答えよ。ただし，原子量は，H = 1.0，O = 16，Na = 23，Cl = 35.5，Ag = 108 とする。また，流れた電気量はすべて電気分解に使われたものとする。

下の図は二つの電解槽を直列に接続した，電気分解を行うための装置を示している。電解槽 I と II に，それぞれ塩化ナトリウム水溶液と硫酸銅(II)水溶液を入れ，電極にすべて白金電極を用いて 32 分 10 秒間電気分解を行ったところ，電極 A，B および D 上から気体の発生が見られ，反応後に電解槽 I の水溶液の質量が 1.46 g 減少した。

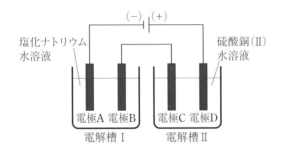

問1 電極 A ～ D で起こる変化をそれぞれ電子 e⁻ を用いたイオン反応式で記せ。

問2 下線部について，次の(1)～(3)に答えよ。

(1) この反応により，電極 B および電極 D 上で生成した気体の物質量〔mol〕を有効数字 2 桁で答えよ。

(2) この電気分解を行った後の電解槽 II の pH を有効数字 2 桁で求めよ。ただし，電解槽 II の反応後の水溶液の体積は 200 mL とする。また，必要であれば，$\log_{10}2 = 0.30$ を用いよ。

(3) 電気分解に用いられた平均電流〔A〕を有効数字 2 桁で求めよ。ただし，ファラデー定数は，9.65×10^4 C/mol とする。

〈静岡大〉

★ ★ ★

合格へのゴールデンルート

GR1 陰極は e⁻ を（　　）反応，陽極は e⁻ を（　　）反応が起こる。

GR2 直列回路では，各電解槽に流れる e⁻ の物質量は（　　）。

GR3 流れた電気量は，（　　）×（　　）。

---

24 電気分解(2) 並列回路

解答目標時間：15 分

問 電解槽 A を陽イオン交換膜で仕切り，その陽極側に塩化ナトリウム水溶液を，陰極側に水をそれぞれ入れた。電解槽 B には硫酸銅(II)水溶液を入れた。それ

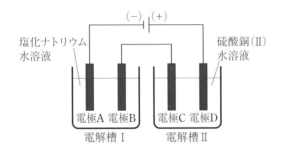

それの電解槽に白金電極を入れ，図のように並列につなぎ，(a)500 mA の電流を 30 分間流して電気分解したところ，(b)電解槽 A の陽極，陰極の両方から気体が発生し，電解槽 B の陰極に析出物が生じた。ただし，ファラデー定数を 9.65×10^4 C/mol とする。数値は有効数字 2 桁で答えよ。

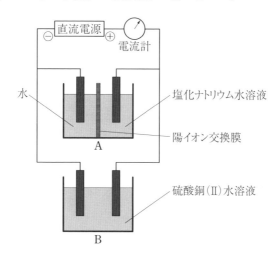

直流電源　電流計
水　塩化ナトリウム水溶液
陽イオン交換膜
A
硫酸銅(Ⅱ)水溶液
B

問1 下線部(a)で電気分解に要した電気量は何 C か。

問2 下線部(b)で電解槽 A の陰極で発生した気体は何か。発生した気体の体積は標準状態で 67.2 mL であった。このとき電解槽 A での電気分解に要した電気量は何 C か。

問3 下線部(b)で電解槽 A の陽極から発生した気体を集め，水酸化カルシウムに吸収させた。このとき起こる反応を化学反応式で記せ。

問4 電解槽 B の陰極を取り出し水で洗浄した後，濃硫酸に浸して加熱すると析出物はすべて溶解し，気体が発生した。この反応を化学反応式で記せ。また，このとき標準状態で何 mL の気体が発生したか。

〈新潟大〉

* * *

合格へのゴールデンルート

GR❶ Cl_2 は水に溶けると（　　）と（　　）が生成。

GR❷ 並列回路では，電源から流れる電流は各電解槽に流れる電流の（　　）となる。

25 | 電気分解（3） 電解精錬

問 次の文を読み，下の問いに答えよ。ただし，原子量は Ni = 59，Cu = 64，Ag = 108，ファラデー定数は $F = 9.65 \times 10^4$ C/mol とする。

ニッケル，銀の混入が確認されている純度不明の銅（粗銅）板 100 g と純度 100％の銅（純銅）からなる板 100g を，0.0500 mol/L の硫酸で溶解した 0.0500 mol/L 硫酸銅（Ⅱ）水溶液に浸し，①一方を直流電源の正極に，他方を負極につないだ。電圧を低く保ちながら②一定の大きさの電流を通じ，正確に 48 時間後に③通電を停止した。容器内を観察したところ，片方の電極（銅板）の下に集中して④陽極泥が確認された。その後，取り外したそれぞれの銅板の質量を測定したところ，粗銅板は 71.4 g，純銅板は 128.8 g であった。

問1 下線部①において，粗銅板，純銅板のどちらを電源の正極につないだか。

問2 下線部②の電流の大きさは何 A か。有効数字 3 桁で答えよ。

問3 下線部②の通電時，溶液に浸された純銅板の表面で進んでいる反応をイオン反応式で答えよ。

問4 下線部④について，陽極泥の質量は，0.050 g であった。また，陽極泥に含まれる金属を元素記号で答えよ。また，粗銅板の銅の純度は質量パーセントで何％か。有効数字 2 桁で答えよ。

〈関西医科大〉

★ ★ ★

合格へのゴールデンルート

GR① 銅の電解精錬で粗銅は（　　），純銅は（　　）。
GR② 陰極と陽極を流れる e⁻ の物質量は（　　）。

26 | 水銀柱

問 次の文を読み，下の問いに答えよ。ただし，原子量は H = 1.00, C = 12.0, O = 16.0, 気体定数は，$R = 8.3 \times 10^3$ Pa·L/(K·mol)とする。

図に示すように，一端を閉じた断面積 5.00 cm² のガラス管を水銀で満たし，27 ℃，1.0×10^5 Pa の条件下において水銀だめ容器の中に倒立させた。ガラス管内の水銀柱の高さ(図の b)は 760 mm となった。このとき，容器の水銀面からガラス管上端までの高さ(図の a)は 1180 mm であった。水銀面は平らとみなすことができ，水銀の蒸気圧は無視できるものとする。また，気体はすべて理想気体としてふるまうものとする。

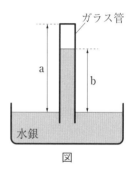

図

問1 ガラス管内の水銀面上部にできる空間内の圧力は何 Pa になるか。

問2 ある量の気体 A をガラス管の下からガラス管内上部の空間に注入したところ，水銀柱の高さ b は 380 mm になった。ガラス管内上部の空間における気体 A の体積は何 L になるか，有効数字 3 桁で記せ。ただし，気体 A は水銀と反応せず，また水銀に溶解しないものとする。

問3 問2で注入された気体 A のガラス管内での圧力は何 Pa か。有効数字 3 桁で記せ。

問4 問2で注入された気体 A の物質量は何 mol か。有効数字 3 桁で記せ。

問5 問2で気体 A を注入した後に，さらに気体 B を注入したところ，水銀柱の高さ b が 190 mm となった。このときのガラス管内の気体 B の分圧は何 Pa か。有効数字 3 桁で記せ。ただし，気体 B は水銀に溶解せず，気体 A とも水銀とも反応しないものとする。

〈富山大〉

合格へのゴールデンルート

GR1 水銀の蒸気圧は非常に小さいので，水銀面上部の空間は(　　)となる。

GR2 水銀面の高さに差があると，圧力の差が生じる。

GR3 気体 B を入れると，気体 A の分圧は(　　)。

27 物質の三態

解答目標時間：15 分

問 　物質は温度や圧力の条件に対応して固体，液体，気体の 3 つの状態をもつ。これを物質の三態という。物質の状態は構成粒子の集合状態の違いの現れであり，粒子の　ア　の激しさと粒子間に働く　イ　によって決まり，温度や圧力に応じて状態が変化する。　ウ　の状態変化は一定圧力下では一定温度で起こる。液体と　エ　は圧力や温度の変化に対して体積変化が　オ　いという特徴がある。通常，密度がもっとも大きい状態は　カ　である。

　物質の三態と温度・圧力との関係は，しばしば状態図として表される。図に状態図の例として，H_2O の状態図を示した。三態のうち 2 つの状態が平衡状態で同時に存在する場合，温度と圧力はある関係をもち，曲線で表される。固体と液体が平衡状態で同時に存在する場合の温度と圧力を表す曲線を　キ　といい，気体と液体が同時に存在する場合の曲線を　ク　という。また，三態が平衡状態で同時に存在する場合には，温度と圧力の両方がある一定の値に限定され，図の(D)のような点で表される。これを物質の　ケ　とよんでいる。H_2O の場合には　ケ　の圧力が地表の大気圧よりも　コ　く，このことは地球の表層における H_2O の循環に重要な役割を果たしている。

　通常，気体は加圧することで液体にすることができる。しかし，ある温度・圧力以上になると気体と液体の区別ができなくなるため，その温度以上では気体をどんなに加圧しても液化し

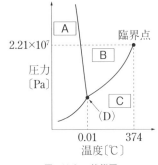

図　H_2O の状態図

なくなる。この時の温度と圧力を臨界点という。H_2O の臨界点は 374 ℃，2.21 × 10⁷ Pa である。

問1 文中の ア ～ コ に適当な語句を記せ。
問2 図1 A ～ C に適当な，氷，水，水蒸気のいずれかの語句を記せ。
問3 下線部の状態は密度についてどのような状態といえるか。15字程度で記せ。
問4 氷が水に浮くことは同一化学組成の固体物質が液体物質よりも密度が小さい例としてまれなことである。氷が水に浮く現象は図の H_2O の状態図のどのような部分に現れているか。15字（句読点を含む）程度で記せ。
問5 CO_2 の固体，液体，気体の三態が平衡状態で同時に存在する温度と圧力はそれぞれ－56.6 ℃，5.18 × 10⁵ Pa である。臨界点の温度と圧力は 31.1 ℃，7.40 × 10⁶ Pa である。固体の CO_2 であるドライアイスは液体の CO_2 中に沈む。以上の情報をもとにして，縦軸に圧力，横軸に温度をとった CO_2 の状態図を簡単に描け。図中には三態の各領域に固体，液体，気体と記入し，圧力軸（縦軸）には 1.0 × 10⁵ Pa の位置を記入すること。他の圧力，温度の数値は記入する必要はない。

〈早稲田大・教〉

＊ ＊ ＊

合格へのゴールデンルート

GR ❶ 状態図で，固体，（　　　），気体の区別ができる。
GR ❷ H_2O とそれ以外の状態図は（　　　）曲線の傾きが違う。

28 | 気体（1）　混合気体

解答目標時間：15 分

問 次の文の □ に入れるのに最も適当な数値を有効数字2桁で記せ。また，（ 3 ）には整数値を，（ 6 ）には有効数字2桁の数値を，（ 4 ）には化学反応式を，（ 7 ）には小数第2位までの数値を，それぞれ記せ。分子量は

GOAL

CH$_4$ = 16, O$_2$ = 32 とする。気体はすべて理想気体とし，容器の接続部の内容積と液体の体積は無視できるものとする。また，気体は，液体に溶解しないものとする。

図に示すように 27 ℃において内容積 1.0 L の容器 A と内容積 0.5 L の容器 B がコック C で接続されている。コック C を閉めた状態で，容器 A に圧力が 3.0 × 10^5 Pa になるまで酸素を充填し，容器 B には圧力が 1.5 × 10^5 Pa になるまでメタンを充填した後，すべてのコックを閉めた。次に，実験 1 および実験 2 を行った。

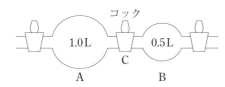

実験 1：27 ℃に保った状態で容器 A と容器 B をつなぐコック C を開くと，容器 A と容器 B の圧力が等しくなるまで気体が移動し，反応することなく両気体が混合した。この混合後における酸素の分圧は □ 1 □ × 10^5 Pa，メタンの分圧は □ 2 □ × 10^5 Pa となる。この酸素とメタンの混合気体の平均分子量は（ 3 ）と計算される。

実験 2：実験 1 の後，コック C を開いた状態で容器内の酸素とメタンを反応させて，メタンを完全燃焼させた後，再び 27 ℃に保った。このときの化学反応式は①式で表される。

（ 4 ）……①

燃焼後，生成した水がすべて気体となっていると仮定したとき，27 ℃における容器内の水蒸気の分圧は □ 5 □ × 10^5 Pa であると計算される。しかし，27 ℃における水の飽和蒸気圧は 3.6 × 10^3 Pa であるので，実際の容器内の水蒸気の分圧は（ 6 ）Pa となる。したがって，燃焼後の混合気体の 27 ℃における実際の容器内の全圧は（ 7 ）× 10^5 Pa と計算される。

〈関西大〉

★ ★ ★

合格へのゴールデンルート

(GR) 1 コックを開く前後では，物質量と（　　）が変化していない。

(GR) 2 温度と体積が反応前後で一定なら，モル比＝（　　）が成立。

(GR) 3 反応式から求められる H_2O の分圧はすべて（気体 or 液体 or 固体）と仮定したもの。

---

29 | 気体（2）　気体，蒸気圧（定積）

解答目標時間：**12** 分

問　次の文章を読み，下の各問いに答えよ。ただし，原子量は $H = 1.0$，$N = 14$，$O = 16$，気体定数は 8.3×10^3 Pa·L/(K·mol)，100 ℃での水の飽和蒸気圧は 1.0×10^5 Pa とする。また，数値は有効数字 2 桁で記せ。

　容積 2 L の密封容器に，0 ℃においてある量の水と空気（体積比が窒素：酸素＝ 4 : 1）を入れ，容積を一定に保ちながら 160 ℃までゆっくり温度を上げた。このとき液体の水が徐々に水蒸気に変化し，容器内部の圧力は図に示すように，はじめ温度に対して曲線的に増大し，A点（120 ℃，2.5×10^5 Pa）をこえると直線的に増大した。

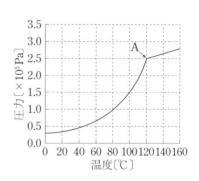

問1　容器内の空気の量は何 g か。

問2　A点における水蒸気の分圧は何 Pa か。

問3　容器内の水と水蒸気の総量は何 g か。

〈東京理科大〉

30 | 気体（3）　気体，蒸気圧（等温）

解答目標時間：15 分

問　次の文を読み，下の問いに答えよ。ただし，水蒸気および窒素は理想気体とみなし，窒素の水への溶解は無視する。また，数値は有効数字 2 桁で記せ。必要ならば，原子量は H = 1.0，O = 16.0，気体定数は，$R = 8.3 \times 10^3$ Pa·L/(K·mol) を用いよ。

一定の温度に保たれたピストン付き容器がある。この容器に水および窒素をモル比 2：1 の割合で入れ，平衡になるまで放置した。次に，平衡が保たれるように注意しながら，容器の容積を 1.0 L から 5.0 L まで変化させた。このとき，容器内部の圧力は図 1 のように変化した。なお，水の体積は，容器の容積に比べて十分小さいので，無視してよい。

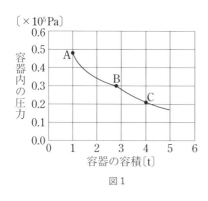

図1

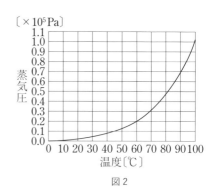

図2

問1　図 1 の A 点(1.0, 0.48)，B 点(2.8, 0.30)，C 点(4.0, 0.21)それぞれにおける水蒸気の分圧は何 Pa か。ただし，水の蒸気圧は，温度によって図 2 のように変化する。

問2 容器の温度は何℃か。

問3 容器に入れた水は何 mol か。

〈名大〉

＊ ＊ ＊

合格へのゴールデンルート

GR❶ 体積を（　　　）すると，液体は生じやすくなる。

GR❷ 蒸気圧は（　　　）によって変化するが，体積によって変化しない。

---

31 | 気体（4）　蒸気圧

解答目標時間：15 分

問　次の文を読み，下の問いに答えよ。ただし，気体定数は $R = 8.3 \times 10^3$ Pa·L/(K·mol) とする。

27 ℃，1.00×10^5 Pa に保たれた大気中に，体積を自由に変えることのできるピストンを備えた容器（図1）がおかれている。この容器の最大容積は 1 L であり，容器のピストンが右に移動してもシリンダーから外れない仕組みになっている。次の実験 I ～IVを行った。

実験 I　ピストンが完全に左に押されて中に何も入っていない状態の容器に，温度を 27 ℃に保ったままコック A を開いて酸素 1.00×10^{-2} mol を入れ，コック A を閉じた。

実験 II　実験 I に続き，温度を 27 ℃に保ったままコック C を開け，注射器 B からメタノール（液体）5.00×10^{-3} mol を容器に加え，コック C を閉じた。

実験 III　実験 II に続き，容器内部の物質の温度を上昇させて，60 ℃にした。途中でメタノールがすべて蒸発した。

実験 IV　実験 III に続き，メタノールと酸素との混合気体をプラグ D で点火したところ，メタノールが完全燃焼して二酸化炭素と水になった。気体の温度は燃焼により一時的に上昇したが，その後 27 ℃に戻った。

容器内の液体の体積は無視でき，酸素は液体のメタノールに溶けないとする。メタノールの蒸気圧曲線は図2のとおりとする。

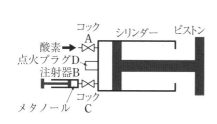

図1　実験容器

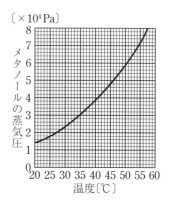

図2　メタノールの蒸気圧曲線

問1　実験IIを行った後の容器内の酸素の分圧は何 Pa か。有効数字2桁で答えよ。

問2　実験IIを行った後の容器内の気体の体積は何 mL か。有効数字2桁で答えよ。

問3　実験IIIにおいて，メタノールがすべて蒸発したときの温度は何 ℃か。最も近い値を次の(a)～(o)から1つ選べ。

　（a）29 ℃　　（b）31 ℃　　（c）33 ℃　　（d）35 ℃　　（e）37 ℃
　（f）39 ℃　　（g）41 ℃　　（h）43 ℃　　（i）45 ℃　　（j）47 ℃
　（k）49 ℃　　（l）51 ℃　　（m）53 ℃　　（n）55 ℃　　（o）57 ℃

問4　実験IVを行った後の容器内の気体の体積は何 mL か。有効数字2桁で答えよ。ただし，27 ℃における水の飽和蒸気圧は 3.6×10^3 Pa とする。

〈上智大〉

★　★　★

合格へのゴールデンルート

GR 1　圧力が一定で変化させる（　　）では，容器内の圧力は一定。

GR 2　混合気体中の成分気体の体積は（　　）。

32 | 溶液 (1)

問 次の文を読み，下の問いに答えよ。ただし，原子量は Na = 23，Cl = 35.5 とする。

ベンゼンとトルエンの混合溶液は，混合割合に比例して蒸気圧が変化する。この現象は，液体表面において，単位時間当たりの気相から液相へ入る分子の個数と，液相から気相へ出る個数が等しいと考えると理解できる。ここで，気相から液相へ入る個数，つまり凝縮速度はその物質の分圧 p に比例するので，凝縮速度を v とすると，$v = kp$ と表せる。k は比例定数である。また，液相から気相へ出る分子は，液体表面付近の混合している分子に阻害される。そのため，蒸発速度は対象とする液体のモル分率 x に比例して遅くなり，比例定数 k' を用いて蒸発速度を v' とすると $v' = k'x$ と表せる。平衡においては 2 つの速度が等しいので，　ア　である。

蒸気圧 p_0 である純物質の場合は，$x = 1$ となるので，$p_0 =$ 　イ　が成り立つ。よって，式　ア　から k と k' を除去すると，$p = xp_0$ という関係が成り立つ。この関係は　ウ　の法則といわれている。

すべての物質においてベンゼンとトルエンのような理想的な関係は成り立たないが，不揮発性の溶質を溶かした希薄溶液では，溶質の種類によらず濃度に比例して溶媒の蒸気圧は変化する。つまり，不揮発性の溶質の蒸気圧は無視できるので，溶質の濃度上昇にしたがって溶液の蒸気圧は　エ　し，沸点が　オ　する現象が生じる。

問 1 　ア　と　イ　に適切な式を h, k', x, p のうち必要なものを用いて記せ。

問 2 　ウ　～　オ　に適切な語句を記せ。

問 3 293 K における純粋なベンゼンとトルエンの蒸気圧は，それぞれ 126 hPa および 38 hPa である。ベンゼンとトルエンを物質量の比 1：3 で混合した溶液の全蒸気圧は何 hPa か，有効数字 2 桁で求めよ。また，この蒸気中におけるベンゼンのモル分率も有効数字 2 桁で求めよ。

問4 　ある溶媒 1 kg に不揮発性の非電解質 A を n_A〔mol〕完全に溶解すると，Δt_A〔K〕の沸点上昇が生じた。また，同じ溶媒 1 kg に分子量がわからない不揮発性の非電解質 B を w_B〔g〕完全に溶解したとき，Δt_B〔K〕の沸点上昇が観測された。B の分子量を，n_A，Δt_A，w_B，Δt_B によって示せ。

問5 　質量パーセント濃度が 11.7% の塩化ナトリウム水溶液は，純水に比べて何 K の沸点上昇を示すか，有効数字 2 桁で求めよ。ただし，水のモル沸点上昇は 0.52 K・kg/mol である。

〈金沢大〉

＊ ＊ ＊

合格へのゴールデンルート

GR① 溶液の蒸気圧は純溶媒の蒸気圧にくらべて（大きい or 小さい）。

GR② 沸点上昇を考えるときは，溶質の（　　　）をチェック。

---

33 ｜ 溶液（2）　凝固点降下，酢酸会合　　解答目標時間：15 分

問　カルボン酸に関する下の問いに答えよ。ただし，数値は，有効数字 2 桁で答えよ。ただし，原子量は H = 1.0，C = 12，O = 16 とする。

　有機化合物 A は，炭素，水素，および酸素のみからなり，カルボキシ基を 1 つもつカルボン酸 RCOOH である。A は，ベンゼン溶液中で次式のように一部が会合して，二量体を形成する（R は炭化水素基を示す）。そのため，ベンゼン溶液の凝固点降下から求められる見かけの分子量は，二量体形成の影響を受け，A の分子量とは異なる値となる。

$$2\,R-COOH \rightleftharpoons R-C{<}^{O\cdots\cdots H-O}_{O-H\cdots\cdots O}{>}C-R$$

　1.000 g の A をベンゼン 100 g に溶解した溶液の凝固点を計測したところ，純粋なベンゼンの凝固点と比較して 0.233 ℃ 低い値を示した。一方，1.000 g の A を完全に燃焼したところ，2.52 g の CO_2 と，0.442 g の H_2O が生成した。た

だし，A の二量体 1 分子によるベンゼン溶液の凝固点降下度は，二量体を形成していない 1 分子の A による凝固点降下度に等しいとする。

問1 凝固点降下の実験から得られる A の見かけの分子量を答えよ。ただし，ベンゼンのモル凝固点降下は 5.12 K·kg/mol とする。

問2 A の分子式を答えよ。

問3 上記の実験について，ベンゼンに溶解した A の何％が会合して，二量体を形成していると考えられるか，答えなさい。

〈香川大〉

★ ★ ★

合格へのゴールデンルート

(GR) **1** 凝固点降下を考えるときは，溶質の（　　）をチェック。

(GR) **2** 二量体を形成すると，溶質粒子の数は（　　）。

---

34 | 溶液(3) 浸透圧

解答目標時間：18 分

問 次の文を読み，下の問いに答えよ。ただし，原子量は Na = 23.0，Cl = 35.5，気体定数は $R = 8.3 \times 10^3$ Pa·L/(mol·K) とする。なお，温度は 300 K で変化しないものとし，水および水溶液の密度はいずれも 1.00 g/cm^3 とする。また，水銀の密度を 13.6 g/cm^3，1 気圧は 1.01×10^5 Pa = 760 mmHg とし，塩化ナトリウムは水中で完全に電離しているものとする。

水は自由に通すが溶質は全く通さない半透膜を，断面積 4.00 cm^2 の U 字管の中央に固定する。図 1 のように，この U 字管の A 側には水を 100 mL，B 側には分子量 M の不揮発性で非電解質の化合物 X が 100 mg 含まれる水溶液を 100 mL 入れ，なめらかに動き質量の無視できるピストンを置き，その上におもりをのせたところ A 側と B 側の液面の高さは等しくなった。

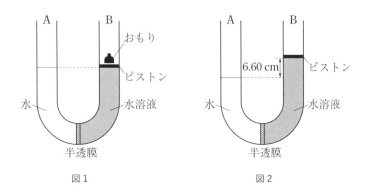

図1　　　　　　　　　図2

問1　図1の状態における浸透圧は何Paか。化合物Xの分子量Mを用いて表せ。解答中の数値は有効数字2桁で記せ。

問2　おもりを外し，しばらく放置すると，図2のようにB側の液面がA側よりも6.60 cm高くなった。図1の状態の浸透圧は，図2の状態の液面差によって生じる圧力の何倍か，有効数字2桁で答えよ。

問3　おもりの質量〔g〕および化合物Xの分子量Mを，それぞれ有効数字2桁で答えよ。

問4　図2の状態に対して，A側に塩化ナトリウムを加えたところ，再びA側とB側の液面の高さは等しくなった。加えた塩化ナトリウムの質量は何mgか，有効数字1桁で答えよ。ただし，塩化ナトリウムを加えたときの，溶液の密度と体積の変化は無視できるものとする。

〈九州大〉

★　★　★

合格へのゴールデンルート

GR❶ 浸透圧は，絶対温度，気体定数と（　　）に比例。

GR❷ 液柱の圧力を水銀柱の圧力に変換するときは（　　）×（　　）を使う。

GR❸ $\pi V = nRT$ のうち，等しいものをチェックしよう。

35 | 溶解度（固体，気体）

解答目標時間：15 分

問 次の文を読み，下の問いに答えよ。ただし，原子量は H = 1.0，O = 16，S = 32，Cu = 64 とする。

　液体に対する固体の溶解度は，飽和溶液中の溶媒 100 g あたりに溶けている溶質の質量〔g〕の数値で表す。固体が水和物であるときの水に対する溶解度は，無水物のときの値で示される。硫酸銅(Ⅱ) $CuSO_4$ の水に対する溶解度は 20 ℃で 20，80 ℃で 56 である。80 ℃の飽和硫酸銅(Ⅱ)水溶液 78 g には ア g の $CuSO_4$ が溶けている。この溶液を 20 ℃まで冷却すると，硫酸銅(Ⅱ)五水和物 $CuSO_4 \cdot 5H_2O$ の結晶が イ g 析出する。このように温度によって溶解度が異なることを利用した物質の精製法を ウ という。

　溶解度の小さい理想気体の場合，ある温度で一定量の液体に溶ける気体の体積 V〔L〕は，その気体の圧力に関わりなく一定になることが知られている。絶対温度 T〔K〕で気体の分圧が P〔Pa〕である場合を考える。一定量の液体に溶ける気体の物質量を n〔mol〕としたとき，T，P，n および気体定数 R〔Pa·L/(mol·K)〕を用いて V を表すと次のようになる。

　　$V =$ ⎡ A ⎤

　また，同じ液体と気体について，T は同じであるが分圧が P'〔Pa〕である場合を考えると，同じ量の液体に溶ける気体の物質量を n'〔mol〕とすれば，V は T，P'，n'，R を用いて次のように表される。

　　$V =$ ⎡ B ⎤

　これら 2 つの式から次の関係式が導かれる。

　　$\dfrac{n'}{n} =$ ⎡ C ⎤

　この式は液体に対する気体の溶解度に関する エ の法則を表している。

　液体に対する気体の溶解度は，その気体の圧力（混合気体のときは分圧）が 1.0×10^5 Pa のとき溶媒 1 L に溶ける気体の物質量で表す。①酸素 O_2 の水に対する溶解度は 20 ℃で 1.39×10^{-3} mol，77 ℃で 0.80×10^{-3} mol である。ピストンのついた密閉容器に，何も溶けていない純粋な水 5.0 L と酸素 0.20 mol を注入した後，温度 77 ℃，圧力 5.5×10^5 Pa に保ったところ平衡状態に達した。77 ℃での水の蒸気圧は 5.0×10^4 Pa である。蒸発や酸素の溶解による液体の

水の体積変化を無視すれば，平衡に達したときに水に溶けている酸素の物質量は $\boxed{\quad オ \quad}$ mol であり，容器内で気体が占める体積は $\boxed{\quad カ \quad}$ L である。

問1 $\boxed{\quad ア \quad}$ 〜 $\boxed{\quad カ \quad}$ に当てはまる適切な語句または数値を答えよ。

問2 $\boxed{\quad A \quad}$ 〜 $\boxed{\quad C \quad}$ に当てはまる適切な式を答えよ。

問3 下線部①に示した温度と溶解度との関係から，酸素が水に溶けるときの溶解熱の値が正であるか負であるかを判断するため次のように考えた。文中の $\boxed{\quad キ \quad}$ に当てはまる適切な語句を答えよ。また，$\boxed{\quad ク \quad}$ および $\boxed{\quad ケ \quad}$ は { } 内から適切な語句を選んで答えよ。

下線部①より，温度が低くなると酸素の溶解度は大きくなる。

$\boxed{\quad キ \quad}$ の原理によれば，温度が低くなれば反応は $\boxed{ク \quad \{ 発熱 \mid 吸熱 \}}$ の向きに進行するので，酸素の溶解熱の値は $\boxed{ケ \quad \{ 正 \mid 負 \}}$ である。

〈岐阜大〉

＊ ＊ ＊

合格へのゴールデンルート

GR① $CuSO_4 \cdot 5H_2O$ が析出するときは，溶媒の水の質量は（増加 or 減少）。

GR② 気体の水への溶解は温度が（高い or 低い）ほど，圧力が（高い or 低い）ほど大きくなる。

---

36 | 反応速度（1）

解答目標時間：15 分

問 　五酸化二窒素は窒素酸化物の一種であり，その化学式は N_2O_5 で表される。この五酸化二窒素は①硝酸と十酸化四リンとの反応により生成する。五酸化二窒素は気体の状態において以下の分解反応機構が提案されている。

$$N_2O_5 \longrightarrow \boxed{\quad ア \quad} + \boxed{\quad イ \quad} \quad \cdots\cdots(1)$$

$$\boxed{\quad ア \quad} \longrightarrow \boxed{\quad ウ \quad} + NO_2 \quad \cdots\cdots(2)$$

$$N_2O_5 + \boxed{\quad ウ \quad} \longrightarrow 3\,NO_2 \quad \cdots\cdots(3)$$

　五酸化二窒素の分解反応は多段階であり，この分解反応で生成する二酸化窒

素は産業排出ガスによる大気汚染物質の一成分として知られている。式(1)から式(3)を組み合わせると，

$$2\,N_2O_5 \longrightarrow 4\,NO_2 + O_2 \quad \cdots\cdots(4)$$

となるが，式(1)の反応は式(2)および式(3)の反応に比べて非常に遅い。このため，五酸化二窒素の分解の反応速度は $\boxed{\text{エ}}$ の濃度に比例すると考えられる。つまり，式(4)の反応速度は式(1)の反応速度によって決まる。上記の分解反応における式(1)のことを律速段階という。

容積一定の容器の中で五酸化二窒素 1.85×10^{-2} mol/L を 43 ℃で放置して分解反応を行った。そのときの五酸化二窒素の濃度 c 〔mol/L〕，測定時間ごとの間隔における五酸化二窒素の平均の濃度 $\bar{c}$ 〔mol/L〕，平均の反応速度 $\bar{v}$ 〔mol/(L·s)〕を表 1 に示す。

表 1　測定時間ごとの五酸化二窒素の濃度変化

測定時間〔s〕	0	1400	2500	4000	5000	6900
c〔mol/L〕	1.85×10^{-2}	9.20×10^{-3}	5.42×10^{-3}	2.82×10^{-3}	1.85×10^{-3}	7.50×10^{-4}
$\bar{c}$〔mol/L〕		1.4×10^{-2}	7.3×10^{-3}	4.1×10^{-3}	(オ)	1.3×10^{-3}
$\bar{v}$〔mol/(L·s)〕		6.6×10^{-6}	3.4×10^{-6}	1.7×10^{-6}	(カ)	5.8×10^{-7}

表 1 の平均の濃度 $\bar{c}$ と平均の反応速度 $\bar{v}$ の関係を図 1 に示す。この図 1 から，$\bar{c}$ と $\bar{v}$ は比例関係にあることがわかり，その比例関係から得られる直線を用いて反応速度定数を見積もることができる。

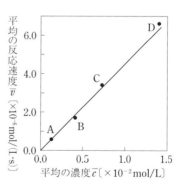

図 1　平均の濃度 $\bar{c}$ と平均の反応速度 $\bar{v}$ の関係

問 1　$\boxed{\text{ア}}$ ～ $\boxed{\text{エ}}$ に当てはまる化学式を下の(a)〜(h)から一つ選び記号で記せ。

(a) NO　　(b) NO_2　　(c) N_2O_3　　(d) N_2O_4　　(e) N_2O_5

(f) O_2　　(g) O_3　　(h) N_2

問2　表1の(オ)に当てはまる数値を有効数字2桁で求めよ。

問3　表1の(カ)に当てはまる数値を有効数字2桁で求めよ。

問4　図1の点Aは直線上にある。この反応の反応速度定数〔s^{-1}〕を有効数字2桁で求めよ。

〈北大〉

★ ★ ★

合格へのゴールデンルート

GR1 多段階反応はいくつかの（　　）反応を組みあわせたもの。

GR2 平均濃度は濃度をたして2で割る。

GR3 反応速度は，濃度の変化÷（　　）。

37 | 反応速度（2）

解答目標時間：12分

問 問1　化学反応における反応速度は反応物の濃度，（　ア　），（　イ　）などによって影響を受ける。下記の式①はアレニウスの式といい，反応速度定数の（　ア　）依存性を表している。

式①の両辺の自然対数をとり，縦軸を反応速度定数の自然対数，横軸を（　ウ　）の逆数としてグラフを書くと，両者が直線関係になった。この式は，（　エ　）エネルギーの値が大きいほど，（　ア　）の変動に対する反応速度定数の変動が（　オ　）ことを表している。

化学反応が起こるためには，分子が（　エ　）エネルギー以上のエネルギーをもって衝突する必要がある。（　ア　）が上昇すると，（　カ　）エネルギーが大きい分子の割合が増大することで，（　エ　）エネルギー以上のエネルギーをもつ分子が急激に増加し，反応する可能性のある分子は増加するので，反応速度は（　キ　）。また，化学反応に適切な（　イ　）を用いると，（　エ　）エネルギーの値が（　ク　）ことで反応が速くなる。

$$k = Ae^{-\frac{E_a}{RT}} \quad \cdots\cdots①$$

ここで，

k：反応速度定数　　　　E_a：（　エ　）エネルギー

R：気体定数　　　　　　T：（　ウ　）　　　A：比例定数（頻度因子）

(1) 文中の（　ア　）〜（　ク　）に当てはまる最も適切な語句を選択肢(a)〜(j)の中から選び，記号で答えよ。ただし，同じものを重複して用いてもよい。

選択肢

(a) 温度　　　　(b) 絶対温度　　(c) 圧力　　　　(d) 触媒

(e) 結合　　　　(f) 運動　　　　(g) 活性化　　　(h) 大きくなる

(i) 小さくなる　(j) 変化しない

(2) 文中の下線部の関係式を書き，傾きおよび縦軸の切片がそれぞれ何であるかを示せ。

問2　水素とヨウ素の混合気体を加熱するとヨウ化水素が生成し，逆にヨウ化水素を加熱すると水素とヨウ素に分解する。このように，どちらの方向にも進む反応を可逆反応という。

$$H_2 + I_2 \rightleftarrows 2\,HI$$

この反応式において，右向きを正反応，左向きを逆反応という。

①可逆反応が平衡状態にあるとき，見かけ上，反応が止まったように見える。

下線部①の理由は，平衡状態における正反応の速度と逆反応の速度が等しいことで説明される。ヨウ化水素を加熱して反応を開始させ，一定の温度において平衡状態に達したときのヨウ化水素，水素，ヨウ素の濃度はそれぞれ 8.41×10^{-3} mol/L, 1.14×10^{-3} mol/L, 1.14×10^{-3} mol/L であった。正反応の速度と逆反応の速度はともに 82.0×10^{-9} mol/(L·s) のとき，平衡状態における正反応および逆反応の反応速度定数をそれぞれ有効数字3桁で答えよ。

〈鹿児島大〉

★ ★ ★

GOAL

合格へのゴールデンルート

GR❶ 温度を（高く or 低く）したり，（　　　）を加えると，反応速度定数 k は大きくなる。

38 | 反応速度，化学平衡

解答目標時間：15分

問 水素とヨウ素を一定容積の容器に入れ，高温で加熱するとヨウ化水素が生成する。この反応は(ⅰ)可逆反応であり，反応開始後ある程度時間がたつと平衡状態に達する。温度が一定であれば(ⅱ)反応物の濃度と生成物の濃度の間に一定の関係が成立し，平衡定数 K はほぼ一定となる。

水素1molとヨウ素1molを容器に入れ600℃で反応させたとき，各気体成分の物質量は時間とともに図1のように変化した。また，反応の進行とエネルギーの関係は図2のように表される。

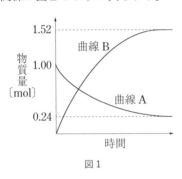

図1

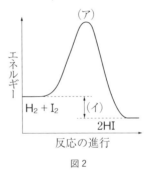

図2

問1 下線部(ⅰ)の可逆反応を化学反応式で記せ。

問2 反応開始後の水素，ヨウ素，ヨウ化水素の物質量の変化は，それぞれ図1の曲線A，Bのいずれになるか。記号で答えよ。

問3 下線部(ⅱ)について，平衡に達したときの濃度 $[H_2]$，$[I_2]$，$[HI]$ を用いて，平衡定数 K を表せ。また，600℃における K の値を小数第1位まで求めよ。

問4 水素1molとヨウ素1molを容器に入れ，1000℃に保ったところ，平衡状態になった。このとき容器内には水素，ヨウ素，ヨウ化水素がそれぞれ何mol存在するか。小数第2位まで求めよ。ただし，1000℃における平衡定数 K を20とする。また，$\sqrt{5} = 2.24$ とする。

問5 図2(ア)のエネルギーの高い状態を何というか。

問6 この反応を白金触媒の存在下で行うと，図1および図2はどのように変化するか。その変化を表す曲線を描け。

〈金沢大〉

合格へのゴールデンルート

GR**1** 平衡定数は（　　）の法則からつくってみよう。
GR**2** 平衡定数を求めるときは（　　）時の濃度を代入する。
GR**3** 触媒で平衡は移動（しない or する）。

GOLDEN ROUTE **①**

39 | 化学平衡（1）

解答目標時間：12 分

問 次の文を読み，下の問いに答えよ。ただし，気体定数は $R = 8.31 \times 10^3$ Pa·L/(K·mol) とする。

　NO_2 は N_2O_4 と次のような化学平衡の状態に達し，混合気体として存在する。

　　$2\,NO_2$（気）$\rightleftarrows N_2O_4$（気）　……①

　この混合気体を透明な容器に入れ，圧力一定で温度を下げると気体の色が次第に薄くなり，温度を上げると濃い赤褐色になることが知られている。このことから，(a)式①の平衡定数の値は温度によって変化することがわかる。また，赤褐色の原因となる気体は　ア　であるから，式①において右向きの反応（正反応）は，熱の出入りを考えると　イ　反応であることがわかる。

問1 文章中の　ア　，　イ　に当てはまる語句を，それぞれ記せ。

問2 下線部(a)について，ある温度における平衡定数を知るため，次の実験を行った。以下の(i)と(ii)に答えよ。ただし，気体はすべて理想気体とする。
　実験：8.31 L の容器に NO_2 のみを 0.600 mol 封入し，温度 67 ℃に保ちつづけたところ化学平衡の状態に達し，容器の圧力が 1.53×10^5 Pa となった。
（ⅰ）67 ℃での平衡時の NO_2 の物質量〔mol〕を有効数字 3 桁で求めよ。
（ⅱ）67 ℃での圧平衡定数 K_p を有効数字 2 桁で求めよ。また，その単位も記せ。ただし，単位がない場合は「なし」と記せ。

問3 目的物質を効率よく得るために，しばしば触媒が用いられる。一般に，触媒を加えることによって，反応速度および平衡定数はどのようになるか。次の(あ)〜(え)の中から正しい記述を一つ選び，記号で答えよ。

GOAL

（あ）　反応速度，平衡定数のいずれも変化する。

（い）　反応速度は変化するが，平衡定数は変化しない。

（う）　反応速度は変化しないが，平衡定数は変化する。

（え）　反応速度，平衡定数のいずれも変化しない。

〈広島大〉

★ ★ ★

合格へのゴールデンルート

GR❶ 温度を高くすると，平衡は（吸熱 or 発熱）方向へ移動。

GR❷ 触媒を加えると（　　　）エネルギーが小さくなる。

40 | 化学平衡（2）

解答目標時間：15 分

問　次の文を読み，下の問いに答えよ。計算結果は，特に指定のない限り有効数字 2 桁で記せ。

　ハーバーとボッシュは，鉄を主成分とする ア を用いて，アンモニアを工業的に窒素と水素から合成する方法を開発した。このアンモニア合成反応は可逆反応であり，平衡状態では反応物と生成物の濃度の間に イ の法則が成立する。また，この反応の平衡時における窒素，水素，アンモニアの比率は，反応条件により変化するが，平衡定数とよばれる値を用いて定量的に記述することができる。

　ある条件下で化学平衡にある混合物に対して，平衡を移動させるような条件変化が加えられると，その影響が A 方向に反応が進んで新しい平衡状態になる。これを ウ の原理という。上述のアンモニア合成反応は，反応系の温度を高くすると平衡状態でのアンモニアの割合が B ことから，発熱反応である。このとき平衡定数の値は C 。一方， ア は反応の平衡定数は変化させないが，反応の エ エネルギーが ア によって D ため，反応速度が大きくなる。

　① 500 ℃，2.0×10^7 Pa の条件で，窒素 3.0 mol と水素 9.0 mol を混合し，

ア　を用いて反応させたところ，平衡状態ではアンモニアの割合が20%（体積）であった。同じ 500 ℃の条件で圧力のみを 4.0×10^7 Pa に変えて反応させたとすると，平衡状態でのアンモニアの割合は圧力が 2.0×10^7 Pa の場合に比べ　　E　と予想される。

問1　　ア　〜　エ　に当てはまる適切な語句を答えよ。

問2　　A　〜　E　に当てはまるものを下から選び，記号で答えよ。
　　(a)　大きくなる　　　(b)　小さくなる　　　(c)　変わらない

問3　下記の結合エネルギーの値から，アンモニアの生成熱[kJ/mol]を求めよ。
　　H－H 結合：436 kJ/mol　　　N≡N 結合：946 kJ/mol
　　N－H 結合：391 kJ/mol

問4　下線部①の反応条件で平衡に達したとき，窒素，水素，アンモニアの物質量[mol]をそれぞれ求めよ。

問5　下の図(a)〜(d)は，アンモニアの合成反応において，反応条件を変えたときのアンモニア生成率の時間変化を示している。図中の実線 A は反応条件を変える前の時間変化で，点線は条件を変えた後の時間変化である。次の(1)，(2)に示すように反応条件を変えると，アンモニア生成率の時間変化はどのようになるか。適切な変化を示す図を選び，記号で答えよ。
　　(1)　実線 A の条件で，　ア　を加えて行った。
　　(2)　実線 A の条件よりも低温で行った。

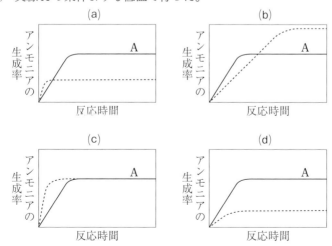

〈岐阜大〉

合格へのゴールデンルート

(GR)**1** 圧力を(高く or 低く)すると，平衡は粒子数の減少する方向へ移動。
(GR)**2** グラフの反応時間 0 での接線の傾きは(　　)から，水平な部分の
NH₃ の生成率の増減は(　　)の原理から考える。

41 | 電離平衡(1)

解答目標時間：18 分

問 次の文を読み，下の問いに答えよ。ただし，$\sqrt{280} = 17$，$\log_{10} 1.7 = 0.23$，$\log_{10} 4.2 = 0.62$，$\log_{10} 28 = 1.45$ とする。

酢酸 CH_3COOH は，水溶液中では次のような電離平衡の状態になっている。

$$CH_3COOH \rightleftarrows H^+ + CH_3COO^-$$

問1 電離前の酢酸の濃度を C 〔mol/L〕，電離定数を K_a としたとき，電離平衡における酢酸の電離度 α を C と K_a を用いて表せ。ただし，酢酸の電離度は 1 に比べて極めて小さく，$1 - \alpha \fallingdotseq 1$ と見なすこととする。

問2 25 ℃での酢酸の K_a を 2.8×10^{-5} mol/L として，0.10 mol/L の酢酸の水溶液の電離度 α を有効数字 2 桁で求めよ。またそのときの pH を小数第 1 位まで求めよ。

問3 25 ℃において，酢酸とその塩である酢酸ナトリウム CH_3COONa の濃度が，それぞれ C_1〔mol/L〕および C_2〔mol/L〕となるように調製した混合水溶液がある。

(1) $C_1 = C_2 = 0.10$ mol/L のとき，この混合水溶液の pH を小数第 1 位まで求めよ。ただし，酢酸ナトリウムは水溶液中で完全に電離しており，混合水溶液中の酢酸イオンはほとんど酢酸ナトリウムからのものと見なし，また電離していない酢酸の濃度は調製した酢酸の濃度と等しいものとする。

(2) 混合水溶液の pH を 4.0 に調節したければ，酢酸ナトリウムと酢酸の混合濃度比 $\dfrac{C_2}{C_1}$ をいくらにすればよいか。有効数字 2 桁で求めよ。

(3) (1)の混合水溶液 200 mL に 0.20 mol/L の希塩酸 20 mL を加えると，混合水溶液の pH はいくらになるか。小数第 1 位まで求めよ。

(4) この混合水溶液には，その中へ強酸や強塩基の水溶液がわずかに混入しても，混合水溶液の pH の値をほぼ一定に保つ働きがある。このような働きを何というか。

問4 25 ℃において，0.10 mol/L の酢酸ナトリウム水溶液の pH を小数第 1 位まで求めよ。

〈千葉大〉

* * *

合格へのゴールデンルート

GR❶ 酢酸水溶液では $[H^+] = [CH_3COO^-]$

GR❷ （　　）液では，CH_3COOH と CH_3COO^- がともに存在

GR❸ 中和点では，$[CH_3COOH] = [OH^-]$

---

42 | 電離平衡（2）　リン酸

解答目標時間：15 分

問 次の文を読み，下の問いに答えよ。ただし，$\log_{10} 7.0 = 0.85$，$\log_{10} 6.3 = 0.80$，$\log_{10} 4.5 = 0.65$ とする。

リン酸は，中程度の強さの酸であり，3 段階に電離し，それぞれの電離定数 K_1，K_2，K_3 は次のように表される（単位はいずれも mol/L である）。

$$K_1 = \frac{[H_2PO_4^-][H^+]}{[H_3PO_4]} = 7.0 \times 10^{-3}$$

$$K_2 = \frac{[HPO_4^{2-}][H^+]}{[H_2PO_4^-]} = 6.3 \times 10^{-8}$$

$$K_3 = \frac{[PO_4^{3-}][H^+]}{[HPO_4^{2-}]} = 4.5 \times 10^{-13}$$

問1 リン酸水素イオンは，次の①式あるいは②式に従って加水分解されると考えられる。

$$\text{HPO}_4{}^{2-} + \text{H}_2\text{O} \rightleftarrows \text{PO}_4{}^{3-} + \text{H}_3\text{O}^+ \quad \cdots\cdots ①$$

$$\text{HPO}_4{}^{2-} + \text{H}_2\text{O} \rightleftarrows \text{H}_2\text{PO}_4{}^- + \text{OH}^- \quad \cdots\cdots ②$$

(1) 電離定数 $K_1 \sim K_3$ を参考にして①式および②式の電離定数 $K_①$, $K_②$ を求め，それぞれ有効数字 2 桁で答えよ。ただし，水のイオン積を $K_w = 1.0 \times 10^{-14}(\text{mol/L})^2$ とする。

(2) Na_2HPO_4 水溶液の液性(酸性，中性または塩基性)を記せ。

問2 0.10 mol/L の NaH_2PO_4 水溶液 10 mL に 0.10 mol/L の Na_2HPO_4 水溶液を加えて pH 7.0 の緩衝液をつくりたい。このとき，加える Na_2HPO_4 水溶液の体積〔mL〕を小数第 1 位まで求めよ。

〈明治薬科大〉

★ ★ ★

合格へのゴールデンルート

GR① 電離定数の値が(大きい or 小さい)反応は，平衡が右へかたよっている。

GR② リン酸緩衝液はまず，$\text{H}_2\text{PO}_4{}^-$ と $\text{HPO}_4{}^{2-}$ の濃度比を求めよう。

43 | 溶解度積(1)

解答目標時間：**15** 分

問 硫化水素は水溶液中で 2 段階に電離し，その電離定数(K_1, K_2)は次のとおりである。

$$\text{H}_2\text{S} \rightleftarrows \text{H}^+ + \text{HS}^- \qquad K_1 = \frac{[\text{H}^+][\text{HS}^-]}{[\text{H}_2\text{S}]} = 1.0 \times 10^{-7}\ [\text{mol/L}]$$

$$\text{HS}^- \rightleftarrows \text{H}^+ + \text{S}^{2-} \qquad K_2 = \frac{[\text{H}^+][\text{S}^{2-}]}{[\text{HS}^-]} = 1.0 \times 10^{-14}\ [\text{mol/L}]$$

問1 それぞれ Zn^{2+} を 1.0×10^{-3} mol/L，Cd^{2+} を 1.0×10^{-3} mol/L，Ni^{2+} を 1.0×10^{-4} mol/L，Fe^{2+} を 1.0×10^{-2} mol/L 含む 4 種類の水溶液がある。いずれの水溶液も pH は 1.0 である。これらの水溶液に硫化水素を通して飽和させた。

CHAPTER 1 　理論化学

あ

(1) 水溶液中の硫化物イオン S^{2-} の濃度を有効数字 2 桁で答えよ。ただし，硫化水素を飽和させた水溶液における硫化水素の濃度は，水溶液の pH に関係なく 0.10 mol/L であるとする。

(2) 硫化物の沈殿が生成するかどうか沈殿を生じるすべての硫化物の化学式を記せ。なお ZnS，CdS，FeS，NiS の溶解度積は，それぞれ以下のとおりとする。

ZnS：$5.0 \times 10^{-26}\,(\mathrm{mol/L})^2$ 　　 CdS：$1.0 \times 10^{-28}\,(\mathrm{mol/L})^2$

FeS：$1.0 \times 10^{-19}\,(\mathrm{mol/L})^2$ 　　 NiS：$1.0 \times 10^{-24}\,(\mathrm{mol/L})^2$

問 2 Ni^{2+} の濃度が 1.0×10^{-4} mol/L の水溶液 1.0 L に硫化水素を飽和させるとき，水溶液の pH をいくらにすれば Ni^{2+} の 90% が NiS として沈殿するか。なお条件や数値などは問 1 と同様とする。答えは小数第 1 位まで求めよ。

〈弘前大〉

* * *

合格へのゴールデンルート

GR❶ 溶解度積は溶液中に存在できる濃度の積の（最大 or 最小）値。

GR❷ 溶液中の金属イオン濃度がわかっているときは，
$[\mathrm{M}^{2+}] \rightarrow [(\quad)] \rightarrow [\mathrm{H}^+]$ の順に求める。

44 　溶解度積（2）

解答目標時間：18 分

問 　次の文を読み，下の問いに答えよ。ただし，原子量は Na = 23，Cl = 35.5，$\log_{10}2 = 0.30$　$\log_{10}3 = 0.48$，$\sqrt{2} = 1.41$，$\sqrt{10} = 3.16$ とする。また，数値は有効数字 2 桁で求めよ。

図の実線と点線は，0.010 mol/L の Cl^- を含む水溶液と 0.0010 mol/L の $CrO_4{}^{2-}$ を含む水溶液にそれぞれ Ag^+ が加えられたときの Ag^+ 濃度 $[Ag^+]$ 〔mol/L〕と陰イオン濃度 $[X]$ 〔mol/L〕の関係を示したものである。ここで，X は Cl^- または $CrO_4{}^{2-}$ である。

たとえば，0.010 mol/L Cl^- 溶液において $[Ag^+]$ が A 点の濃度よりも低いと

きは，AgCl の沈殿は生じないため[Cl$^-$]が 0.010 mol/L に保たれる。[Ag$^+$]が A 点の濃度に達すると AgCl 沈殿が生じはじめ，さらに Ag$^+$が加えられると AgCl 沈殿が生成することによって液相の[Cl$^-$]が低下する。したがって，図の線分 AB は AgCl 沈殿と溶液が平衡状態にあるときの[Ag$^+$]と[Cl$^-$]の関係を表している。同様に CrO$_4$$^{2-}$溶液に Ag$^+$を加えていくと，[Ag$^+$]が C 点の濃度よりも低いときは[CrO$_4$$^{2-}$]が 0.0010 mol/L に保たれるが，C 点の濃度を超える量の Ag$^+$が加えられると Ag$_2$CrO$_4$ 沈殿が生成して[CrO$_4$$^{2-}$]が低下する。

　これらの沈殿生成平衡を利用して溶液中の Cl$^-$濃度を滴定によって求めることができる。いま，生理食塩水をホールピペットで 5.0 mL とり，0.50 mol/L K$_2$CrO$_4$ 溶液 ［　x　］ mL と純水 20.0 mL を加えた。ここに 0.020 mol/L AgNO$_3$ 水溶液をビュレットから滴下し，滴定溶液中の赤色沈殿が生じ始めたところを終点とした。

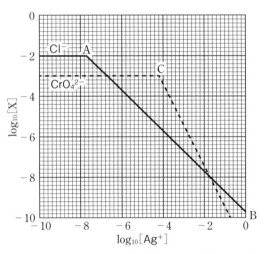

図　沈殿生成平衡における Ag$^+$濃度と陰イオン濃度の関係
X：Cl$^-$(0.010 mol/L)　または CrO$_4$$^{2-}$(0.0010 mol/L)　（　）内は初濃度

問1　AgCl と Ag$_2$CrO$_4$ の溶解度積をそれぞれ求めよ。また，単位も記せ。

問2　0.010 mol/L の Cl$^-$と 0.0010 mol/L の CrO$_4$$^{2-}$が共存する溶液に Ag$^+$を加えていくと AgCl が先に沈殿しはじめる。さらに Ag$^+$を加えていき Ag$_2$CrO$_4$ の沈殿が生成しはじめたとき，はじめに溶けていた Cl$^-$の全物質量の何％が溶液中に残っているか。

問3 Cl^- を含む溶液に，溶液中の Cl^- と等しい物質量の Ag^+ が加えられて $AgCl$ の沈殿が生じたとき，平衡状態で溶液中の $[Ag^+]$ は何 mol/L になるか。

問4 問3で求めた $[Ag^+]$ になったときに Ag_2CrO_4 の沈殿が生成しはじめるためには，溶液の $[CrO_4^{2-}]$ は何 mol/L である必要があるか。

問5 生理食塩水中の Cl^- 濃度の正しい滴定値を得るために，空欄中の x に最も適した値を求めよ。ただし，生理食塩水の NaCl 濃度を 9.00 g/L とする。

〈日本医科大〉

★ ★ ★

合格へのゴールデンルート

GR❶ 溶解度積を求めるときは反応式の右辺の（　　）に注目。

GR❷ 複数の平衡が成り立つとき，共通なイオンの濃度は（等しい or 異なる）。

45　17族（ハロゲン）

解答目標時間：15分

問　周期表の（　あ　）族に属するフッ素，塩素，臭素，（　い　）などの元素を総称してハロゲンと呼ぶ。ハロゲンはギリシャ語で"塩を与えるもの"という意味があり，多くの元素と反応してハロゲン化物をつくる。ハロゲンは蛍石 CaF_2 や岩塩 $NaCl$ などの鉱物中の成分元素や，海水中の陰イオンとして広く自然界に存在する。ハロゲンの原子は（　う　）個の価電子をもち，電子を得て（　え　）価の陰イオンになりやすい。ハロゲンの単体はいずれも酸化力が強い。

　塩素の単体 Cl_2 は食塩水（塩化ナトリウム水溶液）からイオン交換膜法と呼ばれる電気分解法で工業的につくられる。Cl_2 は刺激臭をもつ黄緑色の有毒な気体で，空気より密度が（　お　）。Cl_2 と水素が反応すると塩化水素 HCl が生じる。塩化水素の水溶液は塩酸といい，代表的な強酸である。また，塩素の酸化物が水と反応するとオキソ酸を生じる。表1に示すように，塩素を含む様々なオキソ酸が知られている。

　塩素 Cl_2 は塩基性水溶液によく溶け，その一部が反応して Cl^- と ClO^- が生成する。

$$Cl_2 + 2\,OH^- \rightleftharpoons Cl^- + ClO^- + H_2O \quad \cdots\cdots①$$

　ClO^- は強い酸化作用をもつため，$NaClO$ 水溶液は消毒剤，洗浄剤，漂白剤などに用いられる。

表1　塩素のオキソ酸

記号	化学式	化合物名
ア	$HClO$	（C）
イ	（A）	亜塩素酸
ウ	$HClO_3$	（D）
エ	（B）	過塩素酸

問1　文中の（あ）～（お）に最も適する語句あるいは数字を記入せよ。

問2　ハロゲンを含む酸に関して次の問い(i)，(ii)に答えよ。

（i）　表1の空欄（A），（B）に当てはまる化学式を，また空欄（C），（D）に当てはまる化合物名を記せ。

（ii）　表1の4つのオキソ酸の中で最も強い酸，最も弱い酸をそれぞれア～エの記号で示せ。

問3 次の反応を化学反応式で記せ。

(i) 塩素酸化物 Cl_2O_7 が水と反応して，オキソ酸が生じる反応。

(ii) 固体の過マンガン酸カリウムと濃塩酸から，気体の Cl_2 を得る反応。ここで，Mn は酸化数が $+2$ まで還元されることに注意せよ。

(iii) フッ化水素酸によりガラスの主成分である SiO_2 が溶解する反応。

問4 文中の①式に関して次の問い(i)〜(iii)に答えよ。

(i) Cl_2，Cl^-，ClO^- の塩素の酸化数を求めよ。

(ii) この反応は酸化還元反応の一種であり，右向きの反応では Cl_2 が酸化剤，還元剤の両方の役割をもつ。この反応における Cl_2 の酸化剤および還元剤としてのはたらきを電子を含むイオン反応式でそれぞれ記せ。

(iii) $NaClO$ を主成分とする市販の塩素系漂白剤は，HCl を主成分とする酸性洗浄剤と混ぜて使うと危険なため，「まぜるな危険」という表示がされている。①式を使ってこの理由を述べよ。

〈同志社大〉

＊ ＊ ＊

合格へのゴールデンルート

GR1 ハロゲンの単体は（酸化 or 還元）剤，ハロゲン化物イオンは（酸化 or 還元）剤としてはたらく。

GR2 HF 水溶液は（　　）で保存する。

GR3 塩素系漂白剤に塩酸を加えると（　　）が発生する。

46 　16族（硫黄）

解答目標時間：15分

問 　硫黄は，酸素と同じく周期表の ｜　ア　｜ 族に属する典型元素である。硫黄の単体には，斜方硫黄，単斜硫黄，｜　イ　｜ 硫黄があり，それらは ｜　ウ　｜ という。

　硫化水素は，硫化鉄(II)に希硫酸を加えると発生する無色で ｜　エ　｜ 臭の気体である。①硫化水素を，金属イオンを含む水溶液に通じると，水に溶けにくい沈殿が生成する。

　②二酸化硫黄は，銅に濃硫酸を加えて加熱すると発生する無色で ｜　オ　｜ 臭

の気体である。二酸化硫黄は水に溶かすと　カ　性を示す。

　硫酸を工業的に製造するときには，次のように行われている。　キ　を触媒として，二酸化硫黄を空気中の酸素と反応させると，　ク　が生成する。これを，98 ～ 99％の濃硫酸に吸収させて，含まれる水と反応させて製造する。③濃硫酸と塩化ナトリウムを混合して加熱すると，塩化水素の気体が発生する。また，④濃硫酸とホタル石を混合して加熱すると，フッ化水素の気体が発生する。(A)濃硫酸を水に溶かすと，希硫酸となる。

問1　　ア　～　ク　に当てはまる適切な語，数値をそれぞれ答えよ。

問2　下線部①に関して，(a)銀イオン，(b)鉛(Ⅱ)イオン，(c)カドミウムイオン，(d)亜鉛イオン(塩基性)が含まれるそれぞれの試験管に硫化水素を通じると，それぞれどのような沈殿を生じるか，化学式で答えよ。また，その沈殿の色も答えよ。

問3　下線部②～④の化学反応式を記せ。

問4　下線部(A)の操作を安全に行うために，具体的な実験手順を理由とともに記せ。

問5　次の(a)～(e)のうち，濃硫酸の脱水作用による反応をすべて選べ。

(a)　塩化ナトリウムに濃硫酸を加えて熱すると塩化水素が発生した。

(b)　銅に濃硫酸を加えて熱すると二酸化硫黄が発生した。

(c)　スクロースに濃硫酸を加えると炭化した。

(d)　濃硫酸に湿った二酸化炭素を通じると乾燥した二酸化炭素が得られた。

(e)　エタノールに濃硫酸を加えて約170℃で加熱するとエチレンが生成した。

〈高知大〉

★ ★ ★

合格へのゴールデンルート

GR① SO_2 は（　　　）臭，H_2S は（　　　）臭。

GR② H_2SO_4 の工業的製法は（　　　）法という。

GR③ 濃硫酸と希硫酸の性質は（等しい or 異なる）。

47 | 15族（窒素，リン）

問 Ⅰ 次の文を読み，下の問いに答えよ。ただし，原子量は H = 1.0，C = 12，N = 14，O = 16，Cu = 64 とする。

硝酸は，次に示す4つの過程（①〜④）を経て，窒素から合成される。

$$N_2 \xrightarrow{①} NH_3 \xrightarrow{②} NO \xrightarrow{③} NO_2 \xrightarrow{④} HNO_3 \text{ と } NO$$

まず過程①では，<u>四酸化三鉄を主成分とした触媒を用いて，水素と窒素からアンモニアが直接合成される</u>。

$$N_2 + 3H_2 \rightleftharpoons 2NH_3 \quad \cdots\cdots(A)$$

次に，白金を触媒とし，アンモニアを酸化することにより一酸化窒素が合成される（過程②）。

$$\boxed{\qquad\qquad (B) \qquad\qquad}$$

一酸化窒素は空気中で酸化され，二酸化窒素となる（過程③）。

$$2NO + O_2 \longrightarrow 2NO_2 \quad \cdots\cdots(C)$$

二酸化窒素を水と反応させることにより，硝酸が得られる（過程④）。

$$3NO_2 + H_2O \longrightarrow 2HNO_3 + NO \quad \cdots\cdots(D)$$

副生成物の一酸化窒素は反応(C)と反応(D)を繰り返し，最終的に硝酸となる。アンモニアから始まり硝酸ができるまでの反応(B)，(C)，(D)を1つの化学反応式で表すと，

$$\boxed{\qquad\qquad (E) \qquad\qquad}$$

となる。

問1 下線部のようにアンモニアを合成する方法を何と呼ぶか。

問2 (A)の反応は可逆反応である。アンモニアの生成率をよくするためには，高圧，低圧のどちらの条件下が望ましいか答えよ。また，その理由を30字以内で答えよ。

問3 反応(B)と(E)を化学反応式で記せ。

問4 反応(A)〜(E)で生成される一連の窒素化合物のうち，窒素原子の酸化数が最も小さいものについて，化学式と酸化数を記せ。

問5　硝酸について，下記の(ア)〜(オ)の中から間違っている記述が含まれるものをすべて選べ。

(ア)　硝酸は褐色の液体であり，熱や光で分解することを防ぐため，褐色びんに入れて冷暗所に保存する。

(イ)　濃硝酸は強い酸性，希硝酸は弱い酸性を示す。

(ウ)　濃硝酸は強い酸化力があり，銅，銀，ニッケルを溶かす。

(エ)　硝酸イオンは，植物の根から吸収され窒素源として利用される。

(オ)　濃硝酸と濃硫酸の混合物を混酸と呼び，芳香族化合物のニトロ化反応に用いられる。

問6　銅と希硝酸を反応させると，銅は溶け，気体が発生した。

発生する気体は水上置換で捕集され，上方置換や下方置換では捕集することができない。この理由について，発生する気体の性質を2つ挙げて30字以内で説明せよ。

Ⅱ　次の文を読み，下の問いに答えよ。ただし，原子量は $O = 16$，$P = 31$ とする。

　リン P の単体は天然には存在せず，リン鉱石にリン酸カルシウムなどの化合物として含まれている。単体のリンはリン鉱石を電気炉中でケイ砂やコークスと反応させてつくられる。このとき発生する蒸気を，空気と接触させることなく水中で固化させると　ア　が得られる。　ア　は　①　色をした　イ　状の固体で反応性に富み，水に溶けず，空気中で自然発火するため，通常は　ウ　中で保存する。　ア　は毒性が　A　。　ア　を，空気を断って250℃で熱すると，リンのもう一つの同素体である　エ　が得られる。　エ　は　②　色の粉末で250℃以下では燃焼せず，毒性は　B　。(a)リンを空気中で燃焼させると十酸化四リンになる。十酸化四リンは吸湿性の強い　③　色の粉末で，強力な　オ　として用いられる。(b)十酸化四リンに水を加えて加熱するとリン酸が得られる。リン酸は　カ　性のある　④　色の結晶で，水によく溶け，その水溶液は中程度の酸性を示す。

　リン酸は三大肥料成分の一つとしても重要で，その塩である(c)リン酸二水素カルシウムは，過リン酸石灰と呼ばれるリン酸肥料の主成分である。リンはリン酸塩として動物の骨や歯に多く含まれており，また(d)DNA の構成元素としても重要で，生命活動には欠かせない元素の一つである。

問1 文中の空欄 ア ～ カ に当てはまる適切な語句をそれぞれ記せ。

問2 文中の空欄 A と B には「高い」または「低い」という語句が入る。いずれか選択し記せ。

問3 ① ～ ④ に当てはまる色の種類を記せ。ただし，色の種類は〔白，黒，無，淡黄，青，緑，黄褐，赤褐〕の中から選べ。

問4 下線部(a)を化学反応式で記せ。

問5 下線部(b)を化学反応式で記せ。

問6 下線部(b)に関して，濃度が 0.050 mol/L のリン酸水溶液を 1.0 L 調製するために必要な十酸化四リンの質量〔g〕を有効数字 2 桁で記せ。

問7 下線部(c)に関して，その化学式を記せ。

問8 下線部(d)に関して，五炭糖と，窒素を含む有機塩基，およびリン酸からなる核酸の単量体を何と言うか。その名称を記せ。

〈神戸大，秋田県立大〉

* * *

合格へのゴールデンルート

GR1 工業的製法は，NH_3 は（　　）法，HNO_3 は（　　）法。

GR2 気体の捕集は，NO では（　　）置換法，NO_2 では（　　）置換法。

GR3 赤リンの化学式は（　　），黄リンの化学式は（　　）。

---

48 | 14族

解答目標時間：**18** 分

GOAL

問 次の文を読み，下の問いに答えよ。ただし，原子量は C = 12.0，Si = 28.0 とし，アボガドロ定数は 6.0×10^{23} /mol とする。

ケイ素は，地殻中に（　A　）に次いで多く存在する元素である。ケイ素の酸化物である二酸化ケイ素は，ケイ砂，石英，水晶などとして，天然に多量に存在している。二酸化ケイ素は耐薬品性に優れているが，(ア)フッ化水素酸にはヘキサフルオロケイ酸と水を生じて溶ける。

(イ)二酸化ケイ素に炭酸ナトリウムを加え，高温で反応させると，ケイ酸ナ

トリウムが生じる。このように，塩基と反応して塩を生じる酸化物は酸性酸化物とよばれる。一般に酸性酸化物を水と反応させると，分子中に酸素原子を含む（　B　）酸が生じる。例えば，十酸化四リンは酸性酸化物であり，これに水を加えて得られるリン酸も（　B　）酸である。

　ケイ酸ナトリウムに水を加えて煮沸すると，粘性の大きな液体が得られ，これを（　C　）とよぶ。（　C　）を空気中に放置すると，二酸化ケイ素が析出して固まる。この性質を利用して，地盤の液状化対策用の硬化剤などに用いられる。（　C　）に酸を加えると半透明状のケイ酸が生じ，これを熱して脱水すると（　D　）が得られる。（　D　）は多孔質な固体で，水蒸気をよく吸収するため，吸湿剤や脱臭剤として用いられる。

　二酸化ケイ素を主成分とするケイ砂と，炭酸ナトリウム，ホウ砂などの原料から，さまざまなガラスが製造されている。ガラスは一定の融点をもたず，加熱すると次第に軟化する。これは，ガラス中のケイ素や酸素などの配列が不規則であるためである。このような固体中の原子の不規則な配列は，通常の結晶とは異なり，（　E　）に分類される。（　E　）の状態は，ガラスの他に，高温から急冷された合金においても見られる。

　ケイ素の単体は，ケイ砂中の(ウ)二酸化ケイ素を電気炉中で炭素を用いて還元することにより得られる。金属光沢をもつ共有結合の結晶であり，図に示すようにダイヤモンドと同様の結晶構造をもつ。

問1　文中（　A　）～（　E　）に最も適する語句を記せ。

問2　下線部(ア)，(イ)の化学反応式を答えよ。

問3　図のケイ素の結晶構造において，Si 原子の配位数は 4 であり，単位格子の頂点および面上に位置する Si 原子(黒色)と内部に位置する Si 原子(灰色)がある。次の問い(i)～(iii)に答えよ。

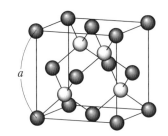

図　ケイ素単体の結晶構造

（i）　黒色の原子のみで構成される結晶構造の名称を答えよ。

（ii）　ケイ素のモル質量を M〔g/mol〕，単位格子の一辺の長さを a〔cm〕，単位格子内の原子数を Z，アボガドロ定数を N_A〔/mol〕とする。このとき，

ケイ素の密度 D_{Si} 〔g/cm³〕を，M，a，Z，N_A を用いて表せ。

(iii) ダイヤモンドの密度を D_C〔g/cm³〕とする。ダイヤモンドとケイ素の密度の比 $\dfrac{D_C}{D_{Si}}$ を有効数字 2 桁で答えよ。ただし，ダイヤモンドおよびケイ素の単位格子の一辺の長さ a は，それぞれ 0.363 nm，0.552 nm とする。また，必要なら次の数値を用いよ。1 nm = 10^{-7} cm，$0.363^3 \fallingdotseq 0.048$，$0.552^3 \fallingdotseq 0.168$

〈同志社大〉

★ ★ ★

合格へのゴールデンルート

GR❶ シリカゲルは（　　　）基を多数もつので，吸湿性をもつ。

GR❷ ケイ素の単位格子内の原子数はダイヤモンドと同じ（　　　）個。

49 ｜ アルカリ金属

解答目標時間：18 分

問　次の文を読んで，下の問いに答えよ。ただし，原子量は C = 12，O = 16，Na = 23，Cl = 35.5 とし，ファラデー定数は $F = 9.65 \times 10^4$ C/mol とする。

単体のナトリウムは，(a)水と激しく反応し，空気中では速やかに酸化される。単体のナトリウムは天然には存在せず，塩化ナトリウムの融解塩を電気分解することで工業的に製造されているが，(b)塩化ナトリウム水溶液の電気分解では得られない。一方，水酸化ナトリウムや炭酸ナトリウムは，ガラス，セッケン，洗剤，紙などの日用品の製造に広く利用されている。水酸化ナトリウムは，(c)工業的にはイオン交換膜法により製造されている。これは，電解槽を陽イオン交換膜で仕切り，その一方に陽極(炭素)，もう一方に陰極(鉄)を設置し，陽極側には塩化ナトリウム飽和水溶液を，陰極側には純水を満たして電極間に電圧をかけることで行われる。炭酸ナトリウムは，塩化ナトリウムと石灰石を原料としてソルベー法で製造されている。ソルベー法は，次に示す 5 つの反応から成り立っている。
反応Ⅰ：(d)石灰石を熱分解して酸化カルシウムと二酸化炭素を得る。

反応II：塩化ナトリウムの飽和水溶液にアンモニアを吸収させたのち，反応I
　　　で生成した二酸化炭素を通じ，比較的溶解度の小さい炭酸水素ナトリウムを
　　　析出させる。

反応III：反応IIで生成した炭酸水素ナトリウムを熱分解して，炭酸ナトリウム
　　　を得る。このときに生成した二酸化炭素は回収して，再び反応IIに利用する。

反応IV：反応Iで得られた酸化カルシウムと水を反応させることで水酸化カル
　　　シウムを得る。

反応V：(e)反応IVで生成した水酸化カルシウムと反応IIで生成した塩化アンモ
　　　ニウムを反応させる。生成したアンモニアは回収し，再び反応IIに利用する。

問1　下線部(a)について，次の(1)〜(3)に答えよ。

(1)　単体のナトリウムを水と反応させたときの化学反応式を記せ。

(2)　室温，乾燥空気中での単体のナトリウムの酸化反応を化学反応式で記せ。

(3)　空気中での反応を防ぐために，単体のナトリウムはどのように保存しな
　　ければならないかを簡潔に記せ。

問2　下線部(b)について，塩化ナトリウム水溶液を電気分解すると，陰極では
　　水素が発生し，単体のナトリウムは得られない。その理由を簡潔に記せ。

問3　下線部(c)について，次の(1)〜(3)に答えよ。

(1)　陽イオン交換膜を通過して陽極側から陰極側に移動するイオンをイオン
　　式で記せ。

(2)　イオン交換膜法を用いると，不純物である塩化ナトリウムをほとんど含
　　まない水酸化ナトリウムを得ることができる。その理由を簡潔に記せ。

(3)　$0.20\ \mathrm{mol/L}$ 塩化ナトリウム水溶液 $1\ \mathrm{L}$ に電気量 $9.65 \times 10^3\ \mathrm{C}$ の電気を流
　　したとき，陰極で発生する気体の標準状態での体積を有効数字 2 桁で答え
　　よ。ただし，発生した気体は溶液に溶けないものとし，理想気体として扱
　　えるものとする。

問4　ソルベー法について，次の(1)〜(4)に答えよ。

(1)　反応IIでは，アンモニアを吸収させたあとに二酸化炭素を通じたほうが，
　　さきに二酸化炭素を通じるよりも効率よく反応を進行させることができる。
　　その理由を簡潔に記せ。

(2)　下線部(d)および(e)の化学反応式をそれぞれ記せ。

(3)　反応I〜Vをまとめた反応全体を表す化学反応式を記せ。

(4)　炭酸ナトリウム $750\ \mathrm{kg}$ を製造するためには，塩化ナトリウムは何 kg 必

要か。有効数字2桁で答えよ。

〈静岡大〉

★ ★ ★

合格へのゴールデンルート

GR① Na は水と反応するので（　　）中で保存。

GR② Na の（　　）傾向が，非常に大きいので，水溶液の電気分解で Na の単体は生成しない。

GR③ アンモニアソーダ法は，NaCl から（　　）を生成する方法。

50 | アルカリ土類，2族

解答目標時間：12分

問 　2族元素は最外殻に2個の価電子をもつ典型元素である。ベリリウム以外の元素の単体は，①水と反応して水酸化物を生じる。

　カルシウムの水酸化物は消石灰と呼ばれ，水に少し溶解し，水溶液は強い塩基性を示す。この水酸化カルシウムは土壌中和剤や，②さらし粉の製造，建築材料（しっくい）の原料など幅広い用途がある。水酸化カルシウムの飽和水溶液は石灰水と呼ばれ，希硫酸と反応させると，化合物 A が生じる。また，石灰水に二酸化炭素を吹き込むと，化合物 B の白色沈殿が生じる。③さらに二酸化炭素を吹き込むと，化合物 C となる。この化合物 C は水に溶解する。石灰岩の分布する地帯では，石灰岩の主成分である化合物 B が二酸化炭素を含む雨水と反応し，化合物 C となって地中に浸透し，さらに地中で二酸化炭素を放出して再び化合物 B となる。これらの反応が長年にわたって繰り返され，鍾乳洞などの特有の地形が形成される。

　バリウムの水酸化物は，水に少し溶解して強い塩基性を示す。この水溶液を希硫酸と反応させると，化合物 D が生じる。また水酸化バリウムを強熱すると酸化バリウムになる。酸化バリウムは塩化ナトリウムと同じ結晶構造をもち，陽イオンと陰イオン間の距離も塩化ナトリウムのそれとほぼ同一である。

問1　下線部①について次の問いに答えよ。

（i）　カルシウムは常温の水と反応する。この化学反応式を記せ。

（ii）　次の(a)〜(d)の文は，（i）の反応で発生する気体について述べたものである。正しいものをすべて選び，記号で答えよ。

(a)　水上置換で収集する。

(b)　下方置換で収集する。

(c)　炭素電極を用いて塩化ナトリウム水溶液を電気分解すると，陰極から発生する。

(d)　同素体は，大気の上層において太陽からくる紫外線を吸収する。

問2　下線部②について，さらし粉は水酸化カルシウムに塩素を反応させて得られる。この化学反応式を記せ。

問3　下線部③の反応について，次の問いに答えよ。

（i）　化学反応式を記せ。

（ii）　化合物 C の水溶液をおだやかに加熱すると，化合物 C はどのように変化するか。

問4　下の(a)〜(f)の文は，化合物 A および D について述べたものである。A と D 両方に当てはまる場合は〇を，片方に当てはまる場合は該当する記号(A または D)を，両方とも当てはまらない場合は×を，それぞれ記せ。

(a)　水への溶解度は，硫酸マグネシウムに比べて小さい。

(b)　白色の化合物である。

(c)　医療用に調製されたものは，X 線診断の造影剤として用いられる。

(d)　にがりの主成分として，とうふの製造に用いられる。

(e)　水和物はセッコウと呼ばれ，医療用ギプスなどに使われる。

(f)　吸湿剤や融雪剤として用いられる。

〈同志社大〉

*　*　*

合格へのゴールデンルート

GR❶ Cl_2 と $Ca(OH)_2$ の反応は，Cl_2 を水に溶かしたときの（　　）と HClO に注目。

GR❷ 2 族のイオンの性質については（　　）とその他で区別。

51 │ アルミニウム

解答目標時間：15 分

問　地球表層部には，さまざまな種類の元素が存在する。なかでもアルミニウムは，酸素，ケイ素についで 3 番目に多く存在する元素で，展性，延性に富み，熱・電気の伝導性が大きく，(a)耐食性にもすぐれているので，我々の日常生活にも数多く利用されている。

アルミニウムの単体について，結晶構造をみてみよう。アルミニウムの結晶格子は，　ア　格子である。　ア　格子において，あるアルミニウム原子に着目すると，この原子はいくつものアルミニウム原子に囲まれている。アルミニウム原子の半径の大きさを r とすると，このアルミニウム原子とこの原子に 2 番目に近い位置にあるアルミニウム原子との距離は，　イ　r で，2 番目に近い位置にあるアルミニウム原子の個数は　ウ　個である。

次に，生成したアルミニウムの化学的性質についてみてみよう。0.10 mol/L の塩酸　エ　mL にアルミニウムの粉末を入れたところ，気体が発生した。この気体を 27 ℃，1.013 × 10⁵ Pa のもとで完全に捕集したところ，体積は 100 mL であった。気体の発生が終了しても，アルミニウムの粉末は残っていた。水溶液とアルミニウムを完全に分離し，分離した水溶液に，0.20 mol/L の水酸化ナトリウム水溶液を，よくかくはんしながら加えたところ，白色沈殿ができた。さらに，水酸化ナトリウム水溶液を加え続けたところ，　オ　mL を超えると(b)沈殿が溶け始めた。

問1　文中の空欄　ア　～　ウ　に当てはまる適切な語句または数値を入れよ。ただし，気体定数は 8.3 × 10³ Pa・L/(K・mol) とする。

問2　下線部(a)について，アルミニウムは，空気中で容易に酸化されてしまうのに，耐食性にすぐれるのはなぜか。その理由を 45 字以内で述べよ。

問3　文中の空欄　エ　と　オ　の値についてそれぞれ有効数字 2 桁で答えよ。

問4　下線部(b)について，沈殿が水酸化ナトリウムと反応して溶ける状態を表す化学反応式を示せ。

問5　次の問いに答えよ。ただし，原子量は C = 12，Al = 27 とし，ファラデー定数は，F = 9.65 × 10⁴ C/mol とする。

アルミニウムは，ボーキサイトから精製した酸化アルミニウム Al_2O_3 に氷晶石 Na_3AlF_6 を加え，炭素電極をもちいて溶融塩電解を行って製造される。このとき，式①〜③に示す電子の授受が起こる。

(c)5.00 V の電圧と 1.50×10^4 A の電流を流し溶融塩電解を行ったところ，13.5 kg のアルミニウムが析出した。一方，(d)この操作によって陽極の一部 8.10 kg が消費された。

陰極：$Al^{3+} + 3e^- \longrightarrow Al$　……①

陽極：$C + 2O^{2-} \longrightarrow CO_2 + 4e^-$　……②

$C + O^{2-} \longrightarrow CO + 2e^-$　……③

(1) 下線部(c)において，溶融塩電解に必要な時間は何分か。有効数字 2 桁で答えよ。

(2) 下線部(d)において，式②および③により二酸化炭素 x〔mol〕と一酸化炭素 y〔mol〕が生成した。x と y はそれぞれ何 mol か。有効数字 2 桁で答えよ。

〈東北大，上智大・理工 1〉

★ ★ ★

合格へのゴールデンルート

GR① Al，Al_2O_3 は酸，（　　）ともに反応する。

GR② $Al(OH)_3$ は（　　）水酸化物なので，過剰の $NaOH$ に溶ける。

GR③ 溶融塩電解は 1000℃で融解した（　　）を用いる。

52 ｜ 遷移元素

解答目標時間：12 分

問　遷移元素は，周期表の中央部に位置する金属元素であり，その単体は密度が（　ア　）く，沸点や融点が（　イ　）い。遷移元素では，①同周期で隣り合う元素はよく似た性質を示す。また，イオンや化合物は有色のものが多い。

金属 A および金属 B は，第 4 周期に属しており，金属 A は赤みを帯びた金属光沢を示し，展性，延性に富み，電気や熱の伝導性が高い。金属 A と亜鉛の合金は（　ウ　）とよばれ，金管楽器や 5 円硬貨などに用いられている。金属

Aは，空気中で加熱すると黒色の（　a　）を生じ，1000 ℃以上の高温では赤色の（　b　）を生じる。②金属Aと希硝酸を反応させると無色の気体の一酸化窒素を生じ，濃硝酸と反応させると褐色の気体（　c　）を生じる。

金属Bは，地殻中の金属としてはアルミニウムに次いで多く存在し，+2または+3の酸化数をとる。金属Bの酸化数+2のイオンを含む水溶液に水酸化ナトリウムを加えると緑白色の（　d　）が沈殿し，酸化数+3のイオンを含む水溶液に黄色の（　e　）水溶液を加えると，濃青色の沈殿を生じる。

金属Cは，酸化数が+2，+4，+7の化合物をつくり，酸化数+4の酸化物である黒色の（　f　）に過酸化水素水を滴下すると酸素を生じる。金属Cの酸化数+2のイオンを含む水溶液に塩基性条件で硫化水素を通じると，淡桃色〜淡赤色の（　g　）の沈殿を生じる。

金属Dは，第5周期に属しており，熱や電気の伝導性が金属の中で最も大きく，展性や延性も大きい。酸化されにくく，装飾品や食器として利用される。塩酸や希硫酸とは反応しないが，酸化力の強い酸と反応して溶ける。また，金属Dは，湿った空気中で硫化水素と反応し，黒色の（　h　）を生じる。金属Dのイオンを含む水溶液に塩化物イオンを含む水溶液を加えると，白色の沈殿を生じる。③この沈殿に過剰のアンモニア水を加えると，無色の水溶液になる。

問1　（　ア　）〜（　ウ　）に入る適切な語句と，（　a　）〜（　h　）に入る適切な化学式を答えよ。

問2　遷移元素が下線部①の性質を示す理由を答えよ。

問3　下線部②，③に当てはまる化学反応式を答えよ。

〈鹿児島大〉

★　★　★

合格へのゴールデンルート

GR❶　地殻中の元素の割合は，O，Si，Al，（　　　），Ca，……の順。

GR❷　遷移元素の原子の最外殻電子の数は（　　　）個または1個。

53 | 鉄

解答目標時間：18 分

問 次の文を読み，下の問いに答えよ。ただし，原子量は C = 12, O = 16.0, Fe = 56.0 とする。

鉄鉱石から鉄を取り出す操作を製錬という。鉄鉱石(主成分 Fe_2O_3)をコークス，石灰石とともに溶鉱炉に入れ，溶鉱炉下部より熱風を吹き込んでコークスを燃焼させる。この操作により，生じる一酸化炭素と Fe_2O_3 との3段階の還元反応($Fe_2O_3 \rightarrow Fe_3O_4 \rightarrow$ A $\rightarrow$ Fe)が進み，炭素を質量パーセント濃度で4%程度含む(ア)が得られる。鉄鉱石に含まれていた不純物(二酸化ケイ素など)は，石灰石の熱分解生成物である B と反応して(ア)の上部に浮かぶ。この生成物を(イ)と呼ぶ。高温に加熱した(ア)を転炉に移し，これに酸素を吹き込み炭素を酸化して，炭素含有量が低い鋼を得る。鋼は炭素含有量が少ないため，純鉄と同じ結晶構造をもつ。すなわち，1493 ℃から727 ℃の範囲で面心立方格子，727 ℃以下に冷却することで体心立方格子となる。微量に含まれる炭素は，鉄との化合物である Fe_3C(セメンタイト)として存在し，このセメンタイトの量により，材料の硬度や靱性を調節できる。このように，鉄に微量の炭素が含まれることは，実用上重要である。

問1 文中の空欄(ア)，(イ)に最も適する語句を記せ。

問2 文中の A と B に当てはまる化合物を化学式でそれぞれ記せ。

問3 下線部について次の問い(ⅰ), (ⅱ)に答えよ。

(ⅰ) Fe_2O_3 が CO により最終的に Fe に還元されるときにおこる3段階の還元反応をそれぞれ化学反応式で記せ。

(ⅱ) 下線部の操作をすることで鉄鉱石 1000 kg から，質量パーセントで 4.1 ％の炭素を含む鉄 584 kg が得られた。次の問い(a)〜(c)に答えよ。

(a) 得られた鉄に含まれる炭素の質量〔kg〕を有効数字2桁で求めよ。

(b) この鉄鉱石に Fe_2O_3 がいくら含まれているか，その含有率〔％〕を有効数字2桁で求めよ。ただし，鉄鉱石に含まれている鉄はすべて Fe_2O_3 の状態で存在しているものとする。

(c) この Fe_2O_3 を Fe に還元するために，理論的に必要な一酸化炭素の物

質量〔mol〕を有効数字2桁で求めよ。

問4 炭素を質量パーセントで3.00％含む鉄1000 kgに酸素を反応させると、一酸化炭素と二酸化炭素が体積比2：1で発生し、鉄に含まれる炭素がすべて除去された。気体は理想気体とし、鉄に含まれる炭素は黒鉛として、次の問い(i)～(iii)に答えよ。

(i) この操作で一酸化炭素と二酸化炭素が発生する化学反応式をそれぞれ記せ。

(ii) 炭素をすべて除去するために理論的に必要な酸素の物質量〔mol〕を有効数字3桁で求めよ。

(iii) 一酸化炭素と二酸化炭素の発生による発熱量の合計〔kJ〕を求めよ。なお、黒鉛と一酸化炭素の燃焼熱を、それぞれ390 kJ/molと282 kJ/molとして、有効数字3桁で求めよ。

〈同志社大〉

＊ ＊ ＊

合格へのゴールデンルート

GR① 鉄の製錬では鉄の酸化数が（減少 or 増加）していく。

GR② 含有率の計算をするときには鉄鉱石と銑鉄に含まれる（　　）の質量は等しい。

54 │ 錯塩

解答目標時間：10分

問 コバルト(Ⅲ)イオン、アンモニア分子、塩化物イオンからなる3種類の錯塩A、B、Cがあり、各々の色はA：黄色、B：赤紫色、C：緑色であった。また、これらの組成式は$CoCl_3(NH_3)_n$のように書ける。ここでnは、4、5、6のいずれかである。各錯塩ではアンモニア分子がコバルト(Ⅲ)イオンと配位結合している。また、塩化物イオンにはコバルト(Ⅲ)イオンに配位結合しているものと、錯イオンとイオン結合しているものがあり、後者は水溶液中で電離する。

問1 AからCの錯塩を各々0.1 mol含む水溶液に十分な量の銀イオンを加えて反応させると，Aからは0.3 mol，Bからは0.2 mol，Cからは0.1 molの塩化銀が生成した。AからCに含まれる錯イオン化学式をそれぞれ記せ。

問2 $[CoCl_2(NH_3)_4]^+$を含む錯塩は，2種類の色をもつものが存在する。これらの間では，錯イオン中で塩化物イオンが配位結合している位置が異なっている。この錯イオンの形として，図のaからcのようなものを考えるとき，2個の塩化物イオンが結合する位置の相違によって2種類の構造だけが考えられるものはどれか。そのすべてを過不足なく含む番号をa～cのうちからすべて選べ。。

a：正三角柱　　　　b：正八面体　　　　c：平面正六角形

図　六配位形錯イオンの形状。M：中心金属イオン　L：配位子

〈東京理科大〉

★ ★ ★

合格へのゴールデンルート

GR 1 Co^{3+}，NH_3，Cl^-からなる錯塩では，Co^{3+}に配位結合したCl^-は電離しにくいが，錯イオンに（　　　）結合したCl^-は水中で電離する。

GR 2 錯イオンが陰イオンのとき，名称には（　　　）が入る。

55 | 気体の発生

解答目標時間：15分

問　6種の気体a～fに関する(ア)～(キ)の文を読み，下の問いに答えよ。
計算値はすべて有効数字2桁で答えよ。ただし，原子量は，H = 1.0，C = 12，N = 14，O = 16，Na = 23，S = 32，気体定数8.3 × 10³ Pa·L/(K·mol)を用いよ。

CHAPTER 2　無機化学

（ア）　気体 e は有色であるが，それ以外の気体は無色である。

（イ）　気体 a および b は無臭であるが，気体 c 〜 f は刺激臭を有する。

（ウ）　気体 a は水に溶けにくい。気体 b 〜 f は水に溶け，その水溶液は中性ではない。

（エ）　気体 c および e を酸性の硝酸銀水溶液に通すと，それぞれ白色の沈殿を生成する。

（オ）　気体 d を硫酸酸性の過マンガン酸カリウム水溶液に通すと過マンガン酸イオンの赤紫色が消え，反応溶液が白濁する。

（カ）　気体 a と e を混合して光をあてると爆発的に反応して気体 c が生成する。

（キ）　気体 a に窒素を混合し，鉄を成分とする触媒の存在下で加圧して反応させると気体 f が生成する。

問1　気体 a 〜 f は次の①〜⑨のどの気体に該当するか，それぞれ番号で答えよ。

① 水素　　　② 酸素　　③ 塩化水素　　④ 二酸化窒素

⑤ アンモニア　⑥ 塩素　　⑦ 硫化水素　　⑧ 二酸化炭素

⑨ 二酸化硫黄

問2　気体 a が理想気体であるとすると，1.2 g の気体 a の体積は 27 ℃，1.8 × 10⁵ Pa で何 L になるか。

問3　気体 b を実験室で製造する場合の捕集方法としては，(i)水上置換，(ii)上方置換，(iii)下方置換のどれが最も適当か，理由とともに答えよ。

問4　気体 c を乾燥させるには，(iv)濃硫酸，(v)水酸化ナトリウム，(vi)炭酸カリウム，(vii)生石灰のどの乾燥剤を用いたらよいか，理由とともに答えよ。

問5　気体 e を酸性の硝酸銀水溶液に通すことにより生成した化合物の化学式を答えよ。

〈大分大〉

★ ★ ★

合格へのゴールデンルート

GR①　上方置換で捕集する気体は（　　　）。

GR②　気体が反応すると吸収されることに注意しよう。

56 　金属イオンの沈殿　　　　　解答目標時間：15分

問 　6種類の金属イオン Ag^+，Ca^{2+}，Cu^{2+}，Fe^{3+}，Na^+，Zn^{2+}を含む混合水溶液がある。これらの金属イオンは，図に示した操作により完全に分離された。なお，①沈殿 A にアンモニア水を過剰に加えると溶解した。また，沈殿 B に硝酸を加えて熱すると，沈殿が溶解して，金属イオンが遊離した。この溶液に徐々にアンモニア水を加えていくと，②青白色沈殿が生じたが，さらにアンモニア水を過剰に加えると沈殿は溶解し，③深青色の溶液となった。

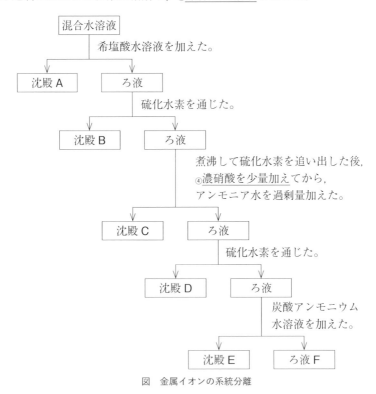

図　金属イオンの系統分離

問1 　沈殿 A ～ E を化学式で記せ。

問2 　沈殿 B ～ D の色について，適切なものをそれぞれ次の(ア)から(ク)の選択肢の中から選び，記号で答えよ。

（ア）青 　　（イ）紫 　　　（ウ）緑白色 　　（エ）白
（オ）黄 　　（カ）赤褐色 　　（キ）灰　色 　　（ク）黒

問3　沈殿 A に光を当てるとどのような変化が起こるか。見た目の変化と化学反応式を結びつけて答えよ。

問4　下線①で起こる反応をイオン反応式で答えよ。

問5　下線②および③に含まれる金属化合物を化学式で答えよ。

問6　図中の下線④で濃硝酸を加える理由を答えよ。

問7　沈殿 E を強く熱したときに起こる反応を化学反応式で答えよ。

問8　ろ液 F を白金線の先端につけ，バーナーの中に入れたときに観察される炎の色を答えよ。

〈弘前大〉

★　★　★

合格へのゴールデンルート

(GR)1 H_2S を通じるときは，ろ液が何性かをチェック。

(GR)2 Cl^- を加えて沈殿するイオンは（　　），Pb^{2+}。

(GR)3 炎色反応で Cu は（　　）緑色，Ba は（　　）緑色。

57 炭化水素

解答目標時間：18 分

問 化合物 A ～ C はいずれも同一の分子式 C_4H_6 で表され，不飽和結合をもつ脂肪族炭化水素である。これらの化合物に関する(1)～(6)の文章を読み，下の問いに答えよ。ただし，C＝C＝C の構造をもつ化合物は考えなくてよい。

(1) 白金触媒を用いて 1 mol の化合物 A ～ C のそれぞれを水素と完全に反応させたところ，水素 2 mol が付加して，いずれの化合物からも同一の鎖状飽和炭化水素 D が得られた。

(2) 1 mol の化合物 A ～ C のそれぞれを臭素と完全に反応させたところ，臭素 2 mol が付加して，化合物 E ～ G がそれぞれ得られた。化合物 A から生じた化合物 E には不斉炭素原子が 2 個存在したが，化合物 B と C からそれぞれ生じた化合物 F と G には不斉炭素原子は存在しなかった。

(3) 化合物 A に含まれる水素原子一個を塩素原子に置換した化合物には，構造異性体とシス-トランス異性体を含めて，□□□□種類の異性体が存在する。これらの異性体には，合成ゴムとして用いられる高分子化合物の単量体 H が含まれる。

(4) 化合物 B と C のそれぞれを赤熱した鉄触媒に通じると，3 分子が重合した。(a)この反応では，化合物 B からは一種類，化合物 C からは二種類の構造異性体がそれぞれ得られた。

(5) 水銀塩触媒を用いて 1 mol の化合物 B を水と完全に反応させたところ，ヨードホルム反応を示す化合物 I が得られた。同様にして 1 mol の化合物 C を水と完全に反応させたところ，化合物 I のほか，還元性を示す化合物 J が得られた。

(6) 白金触媒を用いて 1 mol の化合物 B を水素 1 mol と反応させたところ，二種類のシス-トランス異性体が生じた。酸触媒を用いてこれらの異性体を水と完全に反応させたところ，不斉炭素原子を一個もつ化合物 K が得られた。同様にして 1 mol の化合物 C を水素 1 mol と反応させたところ，一種類の化合物のみが生じた。酸触媒を用いてこの化合物を水と完全に反応させたところ，化合物 K と不斉炭素原子をもたない化合物 L との混合物になった。(b)化合物 K と L をそれぞれ穏やかに酸化したところ，K から一種類，L からも一

種類の，それぞれ異なる化合物が得られた。これらは A 〜 J のいずれかと同じ化合物であった。

問1 化合物 A 〜 C の構造式をそれぞれ記せ。
問2 文章中の □□□□□ に当てはまる数字を記せ。
問3 単量体 H の構造式を記せ。
問4 下線部(a)の反応によって化合物 B と C から得られた化合物の構造式を，それぞれすべて記せ。
問5 化合物 D, I, J の構造式をそれぞれ記せ。
問6 下線部(b)の反応によって化合物 K と L から得られた化合物を A 〜 J から一つずつ選び，記号で答えよ。

〈広島大〉

★ ★ ★

合格へのゴールデンルート

GR❶ シス-トランス異性体を考えるとき，C＝C は回転できない。
GR❷ エノール形の構造は(不安定 or 安定)。

58 脂肪族アルコール

解答目標時間：15 分

問 分子式 $C_5H_{12}O$ である化合物の構造異性体のうち，分子内にヒドロキシ基をもつものは 8 種類ある。化合物 A, B, C, D はそのいずれかである。

これらを二クロム酸カリウムの希硫酸溶液と加温しておだやかに反応させると，A は変化しなかったが，B, C, D からはそれぞれ酸化生成物が得られた。これらの酸化生成物のうち，C からの生成物のみがヨードホルム反応を示し，D からの生成物のみが銀鏡反応を示した。また，この D の酸化生成物は不斉炭素原子をもつことがわかった。

一方，B および C を濃硫酸とともに加熱したところ，B からは 2 種類のアルケン E, F が，C からは 3 種類のアルケン E, F, G が生成した。

問1 A，B，C，D のうち，第二級アルコールに属するものの記号をすべて記せ。

問2 A の構造式を記せ。

問3 二クロム酸カリウム 1 mol で酸化できる B の物質量〔mol〕を記せ。ただし，反応は完全に進行するものとする。

問4 G の構造式を記せ。

問5 A，B，C，D を除く分子式 $C_5H_{12}O$ のアルコールのうち，不斉炭素原子をもつものの構造式を 1 つ記せ。

〈北大〉

* * *

合格へのゴールデンルート

GR① 第二級アルコールを酸化すると(アルデヒド or ケトン)になる。

GR② 銀鏡反応は(　　　)基の検出反応。

GR③ 不斉炭素原子につく 4 つの原子または原子団はすべて(　　　)。

---

59 ｜ アルデヒドとケトン

解答目標時間：15 分

問 次の文を読み，下の問いに答えよ。ただし，原子量は H = 1.0，C = 12，O = 16 とする。

分子式 C_5H_{10} で表されるアルケン A と B がある。これらを用いて以下の実験を行った。

化合物 A をオゾン分解すると，化合物 C と D が生成した。これらの化合物 C と D を，それぞれ塩基性水溶液中でヨウ素と反応させると，いずれも黄色の沈殿が生じた。化合物 C は硫酸酸性の過マンガン酸カリウム水溶液によって酸化されて化合物 E を生成し，この化合物 E を炭酸水素ナトリウムと反応させると二酸化炭素が発生した。また，化合物 A にリン酸を触媒として水を付加させたときの主生成物は，化合物 F であった。

化合物 B にリン酸を触媒として水を付加させたときの主生成物は，化合物

Gであった。また，塩化パラジウム（Ⅱ）PdCl₂と塩化銅（Ⅱ）CuCl₂を触媒として，化合物Bと酸素を反応させると，化合物Hが生成した。化合物GとHを，それぞれ塩基性水溶液中でヨウ素と反応させると，いずれも黄色の沈殿が生じた。化合物Gを加熱した濃硫酸中に滴下したところ，分子内で脱水反応が進行し，主生成物として化合物Aが生じた。

問1 分子式C_5H_{10}で表される化合物のうち，アルケンに分類される異性体はいくつあるか。ただし，立体異性体は別の化合物として数える。

問2 化合物A〜Hの構造式を記せ。

〈岡山大〉

* * *

合格へのゴールデンルート

GR❶ アルケンをO_3分解するとアルデヒドや（　　　）が生成。

GR❷ C=Cに化合物HXが付加するとき，C=CのC原子につくH原子の数が多い方にH原子が（つきやすい or つきにくい）。

60 ｜ カルボン酸

解答目標時間：12分

問 分子式$C_4H_4O_4$で表されるジカルボン酸にはA，B，Cの3種類あり，そのうちのA，Bは互いに　ア　異性体の関係にある。実験室にあったこれらの試薬びんのラベルがはがれていた。そこでAとBを区別するために，2つの試薬びんの化合物について，以下の実験を行った。

水の付加反応を触媒するある酵素を作用させたところ，Aは化合物Dに変化したがBは変化しなかった。化合物Dは不斉炭素原子をもつが，この酵素反応では2種類ある　イ　異性体のうち一方だけが得られた。AとBを別々に試験管に入れてガスバーナーで加熱したところ，①Bを入れた試験管の内壁には水滴が付着したが，Aを入れた試験管では変化がなかった。このことからBが　ウ　酸であることがわかった。金属触媒を用いた水素の付加反応を行ったところ，A，Bどちらからも②コハク酸が生成した。

問1 文中の ア ～ ウ に入る適切な語句を答えよ。

問2 下線部①ではどのような反応が起こったか，化学反応式で記せ。

問3 化合物 A ～ D の構造式をそれぞれ記し，不斉炭素原子に＊印をつけよ。

問4 下線部②で示したコハク酸を加熱すると，化合物 B を加熱したときと同じ反応が起こるかどうかを，理由を含めて 30 字以内で記せ。

〈名大〉

★ ★ ★

合格へのゴールデンルート

GR 1 マレイン酸は（シス or トランス）形なので，分子内で脱水する。

GR 2 2 つのカルボキシ基から H_2O が取れると（　　）が生じる。

---

61 | エステルの構造決定

解答目標時間：18 分

問 次の文を読み，下の問いに答えよ。ただし，原子量は H = 1.0, C = 12, O = 16 とする。

〔1〕 炭素，水素，酸素からなる化合物 A ～ F がある。化合物 A ～ C と化合物 D ～ F の分子式は，それぞれ同じであるが構造が異なる。なお，化合物 D ～ F には，酸素原子が 1 個含まれる。このような，同じ分子式で表されて構造の異なる化合物を互いに ア という。化合物の構造中で，その特性に関係するような原子団を イ という。

〔2〕 酸を用いて化合物 A 51.0 mg を加水分解したところ，分解完了時に 30.0 mg の化合物 E と 30.0 mg の酢酸が生じた。また，化合物 B 51.0 mg について同様に加水分解したところ，30.0 mg の化合物 F と 30.0 mg の酢酸が生じた。

〔3〕 酸を用いて化合物 C 153 mg を加水分解したところ，分解完了時に 132 mg の炭素鎖に枝分れをもつカルボン酸である化合物 G と 48.0 mg のメタノールが生じた。化合物 G を 44.0 mg 採取し，0.100 mol/L の水酸化ナトリウム水溶液で中和したところ，5.00 mL を要した。

〔4〕 化合物 E と F を 450 mg 採取し，それぞれをナトリウムと反応させたと

ころ，いずれの化合物からも標準状態で 84.0 mL の水素が発生した。一方，化合物 D はナトリウムと反応しなかった。

〔5〕 化合物 E を硫酸酸性二クロム酸カリウムで酸化すると，化合物 H となった。また，化合物 F を同様に酸化すると，化合物 I となった。化合物 H は┃　ウ　┃液と反応して酸化銅（I）の赤色沈殿を生じさせた。また，化合物 H は(a)アンモニア性硝酸銀水溶液と反応して銀を析出させた。一方，化合物 I では┃　ウ　┃液やアンモニア性硝酸銀水溶液に対する反応性はみられなかったが，(b)塩基性溶液中でヨウ素と反応して特有の臭気をもつ黄色沈殿が生じた。なお，この反応は化合物 F でもみられた。

〔6〕 化合物 E と F をそれぞれ，濃硫酸とともに約 160 〜 170 ℃で加熱したところ，いずれの化合物においても(c)1 つの分子から水分子がとれる反応（分子内の脱水）が起こり，化合物 J が生じた。一方，約 130 〜 140 ℃で加熱した場合は，いずれの化合物においても(d)2 つの分子から水分子がとれて新しい分子ができる反応（分子間の脱水）が起こり，化合物 E からは化合物 K が，化合物 F からは化合物 L が生じた。

〔7〕 化合物 E と F は，どのような割合でも水に溶け合った。(e)化合物 E と F の沸点は 80 ℃以上であったが，同じ分子式である化合物 D の沸点は 10 ℃以下で，化合物 E と F よりも著しく低かった。

問1 ┃　ア　┃〜┃　ウ　┃に入る適切な語句を記せ。

問2 化合物 A 〜 F，化合物 H 〜 J，化合物 L の構造式を記せ。なお，構造式の異なる┃　ア　┃が考えられる化合物については，すべての構造式を記すこと。

問3 下線部(a)〜(d)に適切な反応を次の①〜⑨から選べ。

① キサントプロテイン反応　　② ビウレット反応
③ ヨードホルム反応　　　　　④ カップリング反応
⑤ 銀鏡反応　　　　　　　　　⑥ 縮合反応
⑦ 脱離反応　　　　　　　　　⑧ 付加反応
⑨ 置換反応

問4 下線部(e)の理由を述べよ。

〈三重大〉

合格へのゴールデンルート

GR 1 エステルを加水分解すると（　　）とアルコールが生成。

GR 2 アルコール R−OH 1.0 mol が Na と反応したとき，発生する H_2 は（　　）mol。

GR 3 アルコールは（　　）結合を形成するが，エーテルは形成しない。

62 | 油脂

解答目標時間：**20** 分

問　油脂は，脂肪酸と（　ア　）からなり，脂肪酸のカルボキシ基の OH と（　ア　）の（　イ　）基の H から水が生成する脱水縮合反応で生成する。油脂を構成する脂肪酸には，炭素間の結合がすべて単結合である（　ウ　）と，炭素間の二重結合を含む（　エ　）がある。高級脂肪酸からなる油脂では，（　ウ　）を多く含む油脂は常温で固体となり脂肪とよばれ，（　エ　）を多く含む油脂は常温で液体となり脂肪油とよばれる。脂肪油に，触媒を用いて（　エ　）の炭素間二重結合に水素を付加すると，（　エ　）の一部が（　ウ　）に変わり固化する。これを硬化油といい，マーガリンなどの原料となる。天然の（　エ　）のほとんどは炭素間の二重結合がシス形であるが，これに対して，トランス形の二重結合が 1 個以上ある（　エ　）をトランス脂肪酸とよぶ。このように二重結合に対する置換基の空間配置が異なる異性体をシス−トランス異性体という。(1)硬化油の作成過程で構成脂肪酸の一部の炭素間二重結合がトランス形に変化することが知られていて，これを含む油脂を摂取しすぎると心血管疾患のリスクを高めるため，摂取量を制限したほうがいいと考えられている。

　油脂 A は脂肪酸 B，脂肪酸 C，および（　ア　）からなり，分子量は 882 であった。油脂 A に，ニッケルを触媒として高温で水素を完全に反応させ，油脂 D を得た。(2)D に水酸化ナトリウム水溶液を加えて加熱することでけん化すると，（　ア　）と化合物 E のナトリウム塩のみが得られた。一方，脂肪酸 B と脂肪酸 C それぞれを有機溶媒に溶かし，酸性の過マンガン酸カリウム水溶液中で加熱し酸化すると，脂肪酸の炭素原子間の二重結合が全て切断され，脂肪酸 B からは 2 種類（分子式 $C_9H_{16}O_4$ と $C_9H_{18}O_2$）の，脂肪酸 C からは 3 種類（分

子式 $C_3H_4O_4$ と $C_6H_{12}O_2$ と $C_9H_{16}O_4$)のカルボン酸がそれぞれ等量得られた。脂肪酸 B，C は枝分れ構造をもたないものとする。

問1 （　ア　）〜（　エ　）に適切な語句を記せ。

問2 下線部(2)の反応で加水分解される結合の名称を答えよ。

問3 化合物 E を例にならって構造式で記せ。

例：$CH_3-(CH_2)_2-CH=CH-(CH_2)_7-OCOCH_3$

問4 脂肪酸 C の考えられる構造を問 3 の例にならってすべて記せ。構造異性体のみを考慮し，シス–トランス異性体は考慮しなくてよい。

問5 油脂 D を得る過程で，下線部(1)のように脂肪酸 B と脂肪酸 C の一部がトランス脂肪酸となった。脂肪酸 B と脂肪酸 C のシス–トランス異性体であるトランス脂肪酸はそれぞれいくつ考えられるか，数字で答えよ。なお，脂肪酸 C は問 4 の構造異性体の一つのみについて考えること。

問6 油脂 A のけん化価を整数で答えよ。ただし，けん化価とは，油脂 1 g をけん化するときに必要な KOH(式量 56)の mg 数である。

問7 油脂 A のヨウ素価を整数で答えよ。ただし，ヨウ素価とは，油脂 100 g に付加できるヨウ素(分子量 254)の g 数である。

問8 油脂 A は不斉炭素原子をもつ化合物であった。油脂 A の構造式を記せ。ただし，炭化水素基の部分は $C_{11}H_{23}-$ のように記せ。

〈大阪医科大〉

＊　＊　＊

合格へのゴールデンルート

(GR)1 油脂 1 mol をけん化するとき必要な KOH は（　　）mol。

(GR)2 直鎖の脂肪酸を $KMnO_4$ で酸化すると，C＝C の部分が（　　）になる。

(GR)3 I_2 は C＝C に（　　）する。

63 ｜ 芳香族炭化水素

問 　近年発展した核磁気共鳴分光装置により有機化合物の測定を行うと，分子中に物理的・化学的性質の異なる炭素原子が何種類存在するかを観測することができ，分子構造を決定するうえで非常に役に立つ。例えば，ベンゼンに対してこの測定を行うと，1種類のみの炭素原子が観測された。この結果は，ベンゼンの炭素骨格が平面正六角形であり，分子中の炭素原子の性質がすべて等しい事実と一致する。一方，エチルベンゼンを測定すると異なる性質をもつ炭素原子が6種類観測された。この測定結果から，エチルベンゼンにおいては，図に示すようにa〜fの炭素原子がお互いに異なる性質をもつことがわかる。ベンゼン環の炭素原子がa〜dの4種類に分かれるのは，ベンゼンにエチル基が置換すると，置換基との距離が異なるため，a〜dの環境（物理的・化学的性質）が等しくなくなるからである。

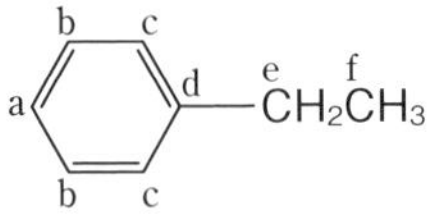

図　エチルベンゼン中の性質の異なる6種類の炭素原子

問1 　エチルベンゼンの構造異性体である三つの芳香族化合物に対して前述の測定を行った。その結果，観測された炭素原子の種類は，それぞれ，5種類，4種類，および，3種類であった。対応する構造式を記せ。

問2 　トルエンに少量の臭素を加えて光を照射すると，メタンのハロゲン化と同様の反応が起こり C_7H_7Br の分子式をもつ H が得られた。一方，光照射の代わりに鉄粉を加えると，H の構造異性体が複数得られた。その構造異性体の中でもっとも生成量の多い I に対して前述の測定を行ったところ，観測された炭素原子の種類の数は H の場合と同数であった。H，I の構造式を書け。

〈阪大〉

合格へのゴールデンルート

GR❶ 環境の異なる C 原子を考えるときは（　　）な面をさがす。
GR❷ 同じ物質を使っても条件によって反応が異なる。

64 | フェノール類

解答目標時間：12 分

問　分子式 $C_8H_{10}O$ で表される芳香族化合物 A 〜 E がある。A，B はベンゼンの一置換体であり，C 〜 E はベンゼンの二置換体でオルト位に置換基が存在する。A 〜 E に対して次の(a)〜(e)のような実験事実がわかっている。

(a)　A 〜 D は金属ナトリウムと反応して水素を発生するが，E は反応しなかった。

(b)　A を穏やかに酸化すると化合物 F が生成し，F をフェーリング液とともに加熱すると赤色の沈殿が生じた。

(c)　B には不斉炭素原子が存在し，酸化すると G が生成した。

(d)　A 〜 E を塩化鉄(III)水溶液の入った試験管に加えたところ，C を加えた試験管には呈色が見られたが，その他の試験管では呈色が見られなかった。

(e)　D を酸化すると二価のカルボン酸が生成し，この二価カルボン酸を加熱すると化合物 H が生成した。

問1　化合物 A 〜 H の構造式を記せ。

問2　分子式 $C_8H_{10}O$ で表される芳香族化合物で，A，B 以外のベンゼンの一置換体の構造式をすべて記せ。

問3　水酸化ナトリウム水溶液とヨウ素を加えて加熱すると，特有のにおいをもつ黄色結晶を生じる化合物は A 〜 H のうちどれか，可能なものすべてを記号で示せ。

〈青山学院大〉

GR① $KMnO_4$ で酸化すると，ベンゼン環に直接結合した C 原子は，（　　）基となる。

GR② フェノールは（　　）水溶液を加えると，紫色を呈する。

65 | サリチル酸誘導体

解答目標時間：15 分

問 次の文を読み，下の問いに答えよ。ただし，原子量は，H = 1.0，C = 12，O = 16 を用いよ。

　芳香族化合物は，香料や医薬品などとして幅広く利用されており，置換基の数や種類によって異なる化学的諸性質を示す。以下の化合物 A 〜 H は，いずれもベンゼンに置換基が結合した芳香族化合物である。これらのうち，化合物A，B，C は，炭素，水素，酸素から構成される分子量 108 の構造異性体である。化合物 A と B はナトリウムと反応して水素を発生するが，化合物 C はナトリウムと反応しない。化合物 A には置換基の位置が異なる 2 つの異性体(位置異性体)が存在する。化合物 A とその位置異性体は，消毒用セッケン液の成分として病院などで利用されている。①ベンゼン環にニトロ基を 1 つ導入する反応で，化合物 A は 2 種類の生成物を与える可能性がある。同様の反応を行った場合，化合物 A の 2 つの位置異性体は，それぞれ 4 種類の生成物を与える可能性がある。化合物 B を穏やかな条件で酸化すると，銀鏡反応を示す化合物 D が生成し，さらに酸化すると有機酸である化合物 E を生じる。

　柳の樹皮は熱を下げ，痛みを和らげる生薬として古くから使われていた。この柳の樹皮に含まれる活性成分も芳香族化合物である。この成分は，体内でまず加水分解を受けて化合物 F に変換され，さらに酸化を受けて解熱などの作用を示す化合物 G となる。化合物 G は，ナトリウムフェノキシドを二酸化炭素と高温・高圧のもとで反応させ，その後，希硫酸で処理することにより工業的に生産される。化合物 G は，経口摂取すると胃に炎症を起こすなどの副作用を示す。そこで，内服可能な解熱鎮痛薬として化合物 H が開発された。化

合物 H は，化合物 G に無水酢酸を作用させてつくられる。

問1 下線部①について，2種類の生成物の構造式を記せ。

問2 化合物 F 31 mg を正確に秤量し，元素分析装置で完全に燃焼させると，二酸化炭素 77 mg と水 18 mg が生じる。化合物 F の組成式を記せ。

問3 化合物 C ～ H の構造式を記せ。

問4 化合物 A ～ H のうち塩化鉄(Ⅲ)水溶液を加えると呈色反応を示す化合物をすべて選び，記号で記せ。

〈岡山大〉

★ ★ ★

合格へのゴールデンルート

GR① ナトリウムフェノキシドを高温・高圧下で CO_2 と反応させると（フェノール or サリチル酸ナトリウム）が生成する。

GR② フェノール性ヒドロキシ基をもつ化合物に（　　）を加えると，紫色を呈する。

66 │ 芳香族窒素

解答目標時間：18 分

問 次の文を読み，下の問いに答えよ。ただし，原子量は H = 1.0，C = 12，O = 16 とする。

（実験1） 芳香族炭化水素の一つであるトルエンの反応性をしらべるため，トルエンを濃硝酸と濃硫酸の混合物と反応させると，室温で固体と液体の 2 成分からなる混合物が得られた。それぞれの成分の分子式はいずれも $C_7H_7NO_2$ であり，①固体成分は p-(パラ)位で，液体成分は o-(オルト)位で反応していることがわかった。この固体成分を分離し，化合物 A とした。

（実験2） 化合物 A を過マンガン酸カリウムで酸化するとカルボキシ基をもつ化合物 B が析出した。化合物 B は水に溶けにくいが，②炭酸水素ナトリウム水溶液には発泡しながら溶けた。

（実験3）　化合物 B をエタノールに溶かし，少量の濃硫酸を加えて加熱すると，中性の化合物 C が得られた。

（実験4）　化合物 C を溶媒に溶かし，適切な触媒を用いて密封容器中で水素により還元した。この反応で③0.39 g の化合物 C は標準状態で 134 mL の水素と反応し，化合物 D に変化することがわかった。

（実験5）　④化合物 D を希塩酸に溶かし，冷やしながら亜硝酸ナトリウムと反応させ，次にこの溶液をナトリウムフェノキシド溶液に加えると色のついた化合物 E を生じた。

（実験6）　少量の化合物 D に酢酸と濃硫酸を加えて温めると化合物 F が生じた。

問1　（実験1）の下線部①の固体成分と液体成分の構造式を記せ。

問2　化合物 B 〜 D の構造式を記せ。

問3　（実験2）の下線部②の反応の化学反応式を記せ。また，この溶液から化合物 B を取り出す最も最適な方法を，以下のア〜カの中から選び，記号で答えよ。

　　　ア　炭酸ナトリウムを加える　　　イ　水酸化ナトリウムを加える
　　　ウ　二酸化炭素を吹き込む　　　　エ　エタノールを加える
　　　オ　塩酸を酸性になるまで加える　　カ　水を加える

問4　化合物 C の分子量は（実験3）から求めることができるが，（実験4）の反応からも求めることができる。下線部③の化学反応式を記せ。

問5　（実験5）の下線部④の反応を化学反応式で記せ。この反応は冷やしながら行う必要がある。温度が上がると窒素が発生し，化合物 E は得られない。窒素が発生して，化合物 D がどのような化合物に変化すると考えられるか，構造式を示せ。

問6　（実験6）の操作で化合物 F が生成する反応を化学反応式で記せ。

〈京都府立大〉

★ ★ ★

合格へのゴールデンルート

GR❶　ニトロベンゼンは H_2 で還元すると（　　　）になる。

GR❷　塩化ベンゼンジアゾニウムは（安定 or 不安定）。

67 配向性

解答目標時間：10 分

問 　フェノールのニトロ化では，おもに 2 種類の生成物が得られる。このように
ベンゼンの 1 つの水素原子が別の基に置き換えられた一置換体に対して，さら
に置換反応を行う場合，すでに結合している置換基により，2 つ目の置換基の
結合しやすい位置が決まる。ベンゼンに－OH，－NH$_2$，－Br などの基が結合
している場合，オルト(o-)位とパラ(p-)位が置換されやすくなる（オルト・パラ
配向性）。一方，ベンゼンに－NO$_2$，－COOH，－SO$_3$H などの基が結合して
いる場合，オルト位とパラ位が置換されにくくなり，メタ(m-)位が相対的に
置換されやすくなる（メタ配向性）。

　ベンゼンから m-ブロモアニリンを合成するためには，この置換反応の配向
性を考えることが重要である。まずベンゼンを　ア　して化合物 A を合成
する。続いて化合物 A を　イ　して化合物 B とする。化合物 B における官
能基の　ウ　を固体の　エ　と液体の　オ　で　カ　した後，さら
に　キ　を加えると m-ブロモアニリンを合成することができる。

　m-ブロモアニリンを冷やしながら，塩酸と亜硝酸ナトリウムを反応させる
と，　ク　が進行する。この水溶液を温めると気体が発生し，芳香族化合物
C を合成することができる。

問 1　空欄　ア　～　ク　に当てはまる最も適切な語句をそれぞれ答えよ。
問 2　フェノールに臭素水を十分に加えると白色沈殿が生じた。このとき起こ
　　　る変化を化学反応式で記せ。
問 3　化合物 A，B および C を構造式で記せ。

〈東京農工大〉

★ ★ ★

合格へのゴールデンルート

GR **1**　配向性は，（　　　）・パラ配向性と（　　　）配向性の 2 つ。
GR **2**　フェノール，トルエンは（　　　）配向性。

68 ｜ 芳香族エステル

問　次の文を読み，下の問いに答えよ。ただし，原子量は H = 1.0，C = 12，O = 16 とする。

　ベンゼン環を有するエステル A と B は分子式 $C_{14}H_{18}O_4$ で表される。A と B のベンゼン環の水素原子一つを臭素原子で置換する反応を行うと，A からの生成物には二種類の異性体が存在する可能性があり，B からの生成物には異性体は存在しない。A と B をそれぞれ水酸化ナトリウム水溶液に加えて完全に加水分解した。それぞれの反応液をジエチルエーテルで抽出し，A からは化合物 C のみを，B からは化合物 D のみをそれぞれ得た。C と D は互いに異性体である。それぞれの水層に塩酸を加え十分に酸性にすると，A からは化合物 E が，B からは化合物 F がそれぞれ結晶として得られた。E 8.30 mg を完全に燃焼したところ，二酸化炭素 17.6 mg と水 2.70 mg が得られた。また，E の分子量は 166 であることがわかった。F について同様の実験を行い，E と同じ分子式で表されることがわかった。一方，C に二クロム酸カリウムの硫酸酸性水溶液を加えて酸化したところ，化合物 G が得られた。アンモニア性硝酸銀水溶液に G を加えて加熱すると，容器の壁面が鏡のようになった。D に二クロム酸カリウムの硫酸酸性水溶液を加えて酸化したところ，化合物 H が得られた。アンモニア性硝酸銀水溶液に H を加えて加熱しても変化はなかった。(i)H に水酸化ナトリウム水溶液とヨウ素を加えて加熱すると，特有のにおいをもつ黄色結晶 I が生成した。

問1　E の分子式を記せ。

問2　E および F に関する記述として当てはまるものを次の(ア)〜(カ)からそれぞれ一つ選び記号で記せ。

（ア）　トルエンを酸化して得られる。

（イ）　クメンを酸化し，希硫酸で分解して得られる。

（ウ）　p-キシレンを酸化して得られる。

（エ）　濃硫酸存在下，メタノールと反応させると消炎鎮痛剤として使われる化合物が得られる。

（オ）　塩化鉄(III)水溶液を加えると赤紫色に呈色する。

（カ）　加熱すると1分子あたり水1分子が取れた化合物が生成する。

問3　CおよびDの名称を記せ。

問4　下線部(i)と同様の反応を行うとIを生成する化合物を次の(ク)～(ス)から一つ選び記号で記せ。

（ク）　3-ペンタノール　　　　　　（ケ）　1-ブタノール

（コ）　2-メチル-2-ブタノール　　（サ）　2,2-ジメチル-1-ブタノール

（シ）　2-ブタノール　　　　　　　（ス）　1-ペンタノール

問5　AおよびBの構造式を記せ。

〈北大〉

★ ★ ★

合格へのゴールデンルート

GR 1 銀鏡反応は（　　　）基の検出。

GR 2 I₂とNaOHを加えて生じる黄色結晶は（　　　）。

69 ｜ 芳香族化合物の分離

解答目標時間：15分

問　次の文を読み，下の問いに答えよ。気体はすべて理想気体として取り扱えるものとする。ただし，原子量はH = 1.0, C = 12, N = 14, O = 16とする。

　ベンゼンの一つの水素原子が他の原子団に置換された，分子量が150以下の芳香族化合物A～Dがある。化合物Aはニトロベンゼンを還元することで得られる。化合物Bは炭素の含有率が91.3％の炭化水素であり，Bを過マンガン酸カリウムで酸化することによって化合物Cが得られる。また，化合物Dに塩化鉄(III)水溶液を加えると紫色になる。

　化合物A～Dの混合物にジエチルエーテルを加えると完全に溶解したので，A～Dを分離するために以下の操作を行なった。

　まず，この混合溶液に塩酸を加えて振り混ぜると，(ア)化合物Aのみが水層に溶け出した。次に，水層とエーテル層を分け，エーテル層に水酸化ナトリウ

ム水溶液を加えて振り混ぜると，化合物 C と D が両方とも水層に溶け出し，B はエーテル層に残ったままであった。次いで，(イ)<u>水層に溶けている化合物 C と D を分離する操作を行った。</u>

問1 文中の A 〜 D に当てはまる最も適当な化合物の構造式を記せ。

問2 下線部(ア)について，化合物 A をこの水層から遊離させるにはどうすればよいか。20 字程度で記せ。

問3 下線部(イ)の操作を 30 字程度で記せ。

問4 化合物 D は，工業的には触媒を使ってベンゼンとプロペン(プロピレン)を反応させ，得られる化合物 E を酸化してつくられる。このとき，有機化合物 F が同時に得られる。ただし，化合物 E と F の構造式を記せ。

〈甲南大〉

★ ★ ★

合格へのゴールデンルート

GR 1 酸の強さは塩酸 > (　　　) > 炭酸 > (　　　)。
GR 2 芳香族化合物が水に溶けるとき，(　　　)になっている。

---

70 | 単糖，二糖

解答目標時間：12 分

問 次の文を読み，下の問いに答えよ。ただし，原子量は H = 1.00，C = 12.0，O = 16.0 とする。

A，B，C，D，E の 5 種類の二糖があり，分子式はいずれも $C_{12}H_{22}O_{11}$ である。二糖 A，B，C は二つの同じ単糖 X が脱水縮合したもので，二糖 D，E は 2 種類の単糖が脱水縮合したものである。二糖 A はアミロースをアミラーゼで，二糖 B はセルロースをセルラーゼで加水分解したときに生じる。

α 型の単糖 X の構造を図 1 に示す。図 1 で「＊」をつけた炭素原子を 1 位として，その隣の炭素原子から順に 2 位，3 位，4 位，5 位，6 位とよぶ。二糖 C は，環状構造となった二つの α 型の単糖 X の 1 位の炭素原子に結合したヒ

ドロキシ基どうしが脱水縮合したものであり，トレハロースとよばれる。

単糖 X の 4 位の炭素原子に結合したヒドロキシ基の方向のみが逆になった異性体は，ガラクトースとよばれる。二糖 D は，β 型のガラクトースの 1 位の炭素原子に結合したヒドロキシ基と，単糖 X の 4 位の炭素原子に結合したヒドロキシ基が脱水縮合したものであり，ラクトース(乳糖)とよばれ乳中に含まれている。二糖 E は砂糖の主成分であり，α 型の単糖 X とフルクトース(果糖)が図 2 のように脱水縮合したものである。

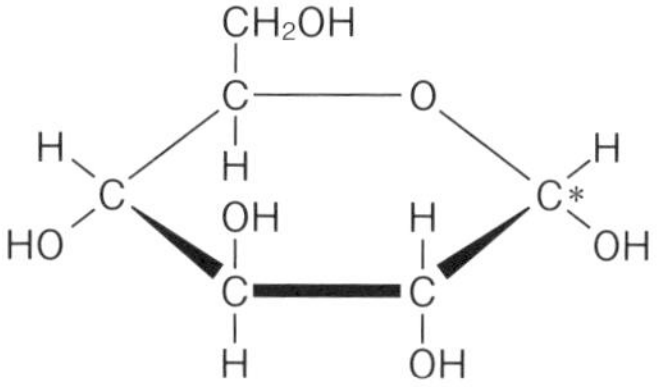

図 1　α 型の単糖 X

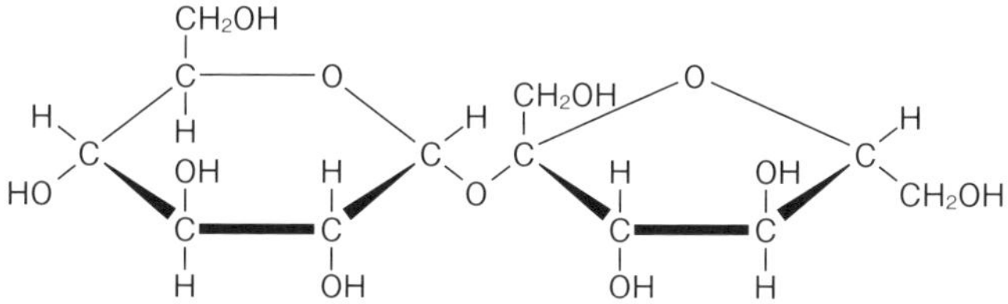

図 2　二糖 E

単糖 X を酵母によりアルコール発酵させると，(1)式に示すように 1 mol の単糖 X からエタノールと二酸化炭素がそれぞれ 2 mol ずつ生成する。

$$C_6H_{12}O_6 \longrightarrow 2\,C_2H_5OH + 2\,CO_2 \quad (1)$$

①単糖 X が数百個縮合したアミロース 162 g を，酵素反応により単糖 X まで完全に加水分解させた。得られた単糖 X をアルコール発酵させたところ，反応液全体の重量として 66 g の減少が見られた。

問1　β 型のガラクトースの構造式を，図 1 にならって記せ。

問2　二糖の性質について，以下の問いに答えよ。

(1)　二糖 A，B，C，D，E の中から，フェーリング液を還元するものをすべて選び，その記号を記せ。

(2)　(1)で選んだ二糖が還元性を示す理由を簡潔に記せ。

問3　下線部①について，アルコール発酵の過程で単糖Xの何％が消費されたか，有効数字2桁で答えよ。ただし，アルコール発酵では，(1)式の反応のみが進行するものとする。また，生成した二酸化炭素はすべて空気中に放出され，反応液の重量の減少は，この放出された二酸化炭素のみに起因していると仮定する。

〈京大〉

＊　＊　＊

合格へのゴールデンルート

GR❶　グルコースとガラクトースの構造は，（　　）位のC原子につくOH基が立体的に異なる。

GR❷　（　　）構造をもつ二糖は還元性を示す。

GR❸　アルコール発酵では，単糖1 molからエタノール（　　）molが生成する。

---

71 ｜ アミロペクチンのメチル化

解答目標時間：15分

問　次の文を読み，以下の問いに答えよ。ただし，原子量はH ＝ 1.0，C ＝ 12，O ＝ 16とする。

　デンプンは，直鎖状多糖類アミロースと，枝分かれした部分（側鎖）を持つ多糖類アミロペクチンの2成分から成っている。通常は，前者が20 〜 25％，後者が75 〜 80％の割合で含まれているが，もち米から得られるデンプンはアミロースを含まず，アミロペクチンのみから成っている。アミロペクチンの構造は，模式的に次図のように表すことができる。

　図に示したように，アミロペクチンでは末端部分AとDの間に，枝分かれのない部分Bと枝分かれのある部分Cが数多く含まれている。ある植物から得られた分子量2.43×10^5のアミロペクチンの水酸基をすべてメトキシ基（－OCH_3）にした後，希硫酸で完全に加水分解したところ，3種類の化合物Ⅰ，Ⅱ，Ⅲが得られた。化合物Ⅰ，Ⅱ，Ⅲの分子量を測定したところ，化合物Ⅰの

分子量が一番大きく，化合物Ⅲの分子量が一番小さかった。

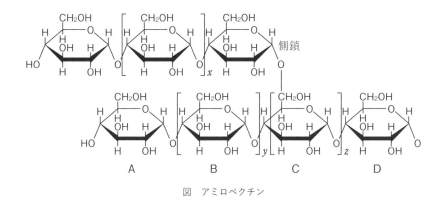

図　アミロペクチン

問1　アミロペクチンはグルコースが縮合してできており，完全に加水分解すればすべてグルコースになる。このアミロペクチンはいくつのグルコースが縮合しているか。整数で答えよ。

問2　化合物Ⅰ，Ⅱ，Ⅲに含まれるメトキシ基($-OCH_3$)の数を答えよ。

問3　下線部のアミロペクチン2.43 gのヒドロキシ基をすべてメトキシ基にした後，希硫酸で加水分解したところ，0.177 gの化合物Ⅰ，2.997 gの化合物Ⅱ，および0.156 gの化合物Ⅲが得られた。このアミロペクチンは，グルコース単位で何個あたり1個の割合で枝分かれをもっているか。

〈東京学芸大〉

* * *

合格へのゴールデンルート

GR❶　重合度＝分子量÷（　　　）。

GR❷　結合に使われていない$-OH$基は$-OCH_3$になる。

72 | セルロース工業

問　植物性の天然繊維である木綿は，セルロースを主成分とする。(a)セルロースはそのままではフェーリング液を還元せず，デンプンとは異なり(b)ヨウ素デンプン反応を示さない。また，(c)熱水にもほとんど溶けない。セルロースを濃い水酸化ナトリウム水溶液に浸してアルカリセルロースとし，二硫化炭素と反応させる。これを薄い水酸化ナトリウム水溶液に溶かすと，　(ア)　という粘性のある溶液になる。これを希硫酸中に細孔から押し出して繊維にしたものを，　(ア)　レーヨンとよぶ。　(ア)　からセルロースを薄膜状に再生させると，テープや包装材料などに使われる　(イ)　が得られる。また，(d)セルロースに無水酢酸を反応させると，セルロースのヒドロキシ基がすべてアセチル化された，トリアセチルセルロースが生成する。トリアセチルセルロースのエステル結合の一部を加水分解して生じるジアセチルセルロースを繊維にしたものは，酢酸エステル化されたという意味で，　(ウ)　繊維とよばれる。

問1　文章中の　(ア)　～　(ウ)　に入る適切な語を記せ。

問2　下線部(a)について，セルロースにセルラーゼを作用させた溶液に，フェーリング液を加えて加熱すると，赤色沈殿が生じる。次の(1)および(2)に答えよ。

(1)　このときに生じた沈殿の物質の名称を記せ。

(2)　セルロースにセルラーゼを作用させた溶液がフェーリング液を還元する理由を，セルラーゼのはたらきに着目し，簡潔に説明せよ。

問3　下線部(b)に関し，デンプンの水溶液にヨウ素ヨウ化カリウム水溶液を加えると，青紫色を呈する。この呈色のしくみを，デンプンの分子構造上の特徴に着目し，簡潔に説明せよ。

問4　下線部(c)について，セルロースが熱水にほとんど溶けない理由を，セルロースの分子構造上の特徴に着目し，簡潔に説明せよ。

問5　下線部(d)について次の(1)～(3)に答えよ。なお，セルロースは単量体1分子あたり1分子の水を失って縮合した重合体と考えよ。

(1)　セルロースと無水酢酸からトリアセチルセルロースが生じる反応を化学反応式で記せ。なお，化学反応式中のセルロースは示性式

$[C_6H_7O_2(OH)_3]_n$ で表せ。また，トリアセチルセルロースも同様な示性式で表せ。

(2) トリアセチルセルロースを 72.0 g 得るためには，セルロースと無水酢酸はそれぞれ少なくとも何 g 必要か。有効数字 2 桁で答えよ。ただし，反応は 100% 進行するとする。

(3) 324 g のセルロースを完全燃焼させた。このとき，発生した二酸化炭素の物質量〔mol〕を有効数字 2 桁で答えよ。

〈静岡大〉

★ ★ ★

合格へのゴールデンルート

GR❶ 再生繊維には，(　　)レーヨンと銅アンモニアレーヨンがある。

GR❷ 半合成繊維は，(　　)をアセチル化やエステル化してつくられる。

GR❸ デンプンは(　　)構造なので I_2 が取り込まれる。

---

73 | アミノ酸

解答目標時間：15 分

問 次の文を読み，下の問いに答えよ。ただし，$\log_{10} 3 = 0.48$ とする。

アミノ酸の一種であるグリシンは，水溶液中では 3 種類のイオンとして存在し，互いに図 1 のような電離平衡の状態にある。

$$H_3N^+-CH_2-COOH \underset{H^+}{\overset{OH^-}{\rightleftarrows}} H_3N^+-CH_2-COO^- \underset{H^+}{\overset{OH^-}{\rightleftarrows}} H_2N-CH_2-COO^-$$

A   B   C

図1

また，0.200 mol/L グリシン塩酸塩
$(CH_2(COOH)NH_3Cl)$水溶液 10.0 mL に
2.00 mol/L 水酸化ナトリウム（NaOH）
水溶液を加えて滴定したときの pH 変化
は，図 2 のようになった。

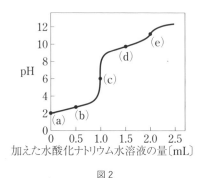

図 2

水溶液中のグリシンの電離 A $\rightleftarrows$ B + H$^+$, B $\rightleftarrows$ C + H$^+$の電離定数を
それぞれ $K_1 = 4.50 \times 10^{-3}$ mol/L, $K_2 = 1.80 \times 10^{-10}$ mol/L とする。

問1 図 1 の B のように 1 分子中に正電荷と負電荷を有するイオンの名称を
答えよ。

問2 図 2 中の点(a)，(c)，(e)において水溶液中に主として存在するグリシンの
イオンを，それぞれ図 1 中の記号 A，B，C で答えよ。

問3 図 2 中の点(c)では，水溶液を電場中に置いてもグリシン分子はどちらの
電極にも移動しない。このときの水溶液の pH を何と呼ぶか。

問4 図 2 中の点(b)，(d)付近では水酸化ナトリウム水溶液を加えても pH はほ
とんど変化しない。このはたらきを何と呼ぶか。名称を答えよ。

問5 図 2 中の点(c)における水溶液の pH を計算し，小数点以下第 1 位まで求
めよ。

〈旭川医科大〉

★ ★ ★

合格へのゴールデンルート

GR① 中性の溶液中で，アミノ酸の−COOH は（　　），−NH₂ は（　　）
となっている。

GR② 水溶液中のアミノ酸の電荷の総和が 0 となる pH を（　　）という。

74 | ペプチドのアミノ酸配列

解答目標時間：20分

問 次の文章を読み，下の問いに答えよ。ただし，原子量は H = 1.0，C = 12，N = 14，O = 16 とする。

ペプチド A は右の表に示す α-ア
ミノ酸のうち，異なる 4 つの α-アミ
ノ酸が直鎖状に縮合した化合物であ
る。表に各 α-アミノ酸名と等電点を
示す。

α-アミノ酸	等電点
グリシン	5.97
アラニン	6.00
グルタミン酸	3.22
システイン	5.07
フェニルアラニン	5.48
リシン	9.74

ペプチド A のアミノ酸配列を決定
する目的で実験 a)〜 f)を行った。以下に実験 a)〜 f)の内容と結果を示す。

a) ペプチド A をある条件で部分的に加水分解すると，3 種類のペプチド B，C，D といくつかの α-アミノ酸に分解された。

b) ペプチド B，C，D を分離し，それぞれの水溶液に水酸化ナトリウム水
溶液と硫酸銅(Ⅱ)水溶液を加えて呈色反応を行った結果，いずれのペプチド
水溶液においても呈色は観察されなかった。

c) 分離したペプチド B と C それぞれの水溶液に濃硝酸を加えて加熱すると，
いずれの水溶液も黄色に変化し，冷却後アンモニア水を加えると橙黄色に変
化した。

d) 分離したペプチド C と D それぞれの水溶液に水酸化ナトリウム水溶液を
加えて加熱後，酢酸鉛(Ⅱ)水溶液を加えると，いずれの水溶液からも黒色沈
殿が生じた。

e) ペプチド A をアミノ酸にまで完全に加水分解し，得られた 4 種類の α-
アミノ酸を pH = 7.4 の緩衝液中で電気泳動により分析した結果，陰極側へ
移動する α-アミノ酸が存在することがわかった。

f) ペプチド D をアミノ酸にまで完全に加水分解すると複数の α-アミノ酸
が得られた。これらのうち，一つの α-アミノ酸のメタノール溶液に濃硫酸
を加えて加熱後，炭酸水素ナトリウムで中和すると分子量 103 の化合物が生
成した。

問1　実験 b)の呈色反応の名称を記せ。また，この実験 b)の結果からわかることを簡潔に説明せよ。

問2　実験 c)の呈色反応の名称を記せ。また，この反応により検出される α -アミノ酸を表から一つ選び，名称を記せ。

問3　実験 d)の反応で検出される α -アミノ酸を表から一つ選び，名称を記せ。また，この反応で生じる黒色沈殿を化学式で記せ。

問4　実験 e)の陰極側に移動する α -アミノ酸を表から一つ選び，名称を記せ。また，この α -アミノ酸が陰極側に移動する理由を簡潔に説明せよ。

問5　ペプチド A を構成する α -アミノ酸の正しい配列を以下の(ア)～(コ)の中から一つ選び，記号で記せ。

（ア）　リシン—システイン—フェニルアラニン—アラニン

（イ）　アラニン—システイン—フェニルアラニン—グルタミン酸

（ウ）　アラニン—グリシン—グルタミン酸—リシン

（エ）　グリシン—システイン—グルタミン酸—リシン

（オ）　リシン—アラニン—システイン—フェニルアラニン

（カ）　アラニン—グルタミン酸—グリシン—フェニルアラニン

（キ）　システイン—アラニン—リシン—フェニルアラニン

（ク）　アラニン—システイン—フェニルアラニン—リシン

（ケ）　フェニルアラニン—グリシン－アラニン—グルタミン酸

（コ）　グルタミン酸—グリシン—リシン－システイン

〈広島大〉

★ ★ ★

合格へのゴールデンルート

GR❶ ビウレット反応は（　　）ペプチド以上を検出

GR❷ 電気泳動でアミノ酸が陰極へ移動するときは総電荷が（　　）である。

75 アミノ酸，タンパク質

解答目標時間：12 分

問 　天然のタンパク質を構成するアミノ酸のうちで，動物の体内でつくることができず，食物から摂取しなければならないアミノ酸を　ア　アミノ酸といい，ヒトの場合は 8 種類あると言われている。アミノ酸分子の同一炭素原子にはアミノ基とカルボキシ基が結合しており，2 分子のアミノ酸から 1 分子の水分子がとれて縮合した化合物を一般にジペプチドという。さらに，多数のアミノ酸が縮合することで　イ　といわれる高分子化合物ができるが，分子量数千以上で何らかの機能をもつ場合，これをタンパク質という。また，タンパク質に塩酸を加えて加水分解したときに，アミノ酸のみが得られるものを単純タンパク質，アミノ酸とともに糖，脂質，リン酸などを生じるものを　ウ　タンパク質という。

　タンパク質のアミノ酸配列は，タンパク質の　エ　構造といわれている。実際のタンパク質では，分子の中で水素結合ができるために，らせん型の　オ　といわれる部分構造と，β-シートといわれる部分構造ができることが知られている。さらに，タンパク質の構造は，①硫黄を含んだアミノ酸どうしが結合をつくることにより安定化することも知られている。

　タンパク質の定性分析法であるキサントプロテイン反応では，タンパク質に存在するベンゼン環が　カ　化され，呈色する。また，②タンパク質の水溶液に硫酸ナトリウムを多量に加えると，タンパク質が沈殿する　キ　といわれる現象がおこるが，タンパク質の水溶液に重金属イオンを加えると③タンパク質の変性がおこる。

問1 上の文中の　ア　〜　キ　に適切な語句をそれぞれ記せ。

問2 下線部①に関連して，硫黄原子どうしからできる共有結合の名称を記せ。また，この結合をつくるのに必要なアミノ酸の名称を記せ。

問3 下線部②に関連して，タンパク質はどのような状態で水に溶けているか。

問4 下線部③に関連して，タンパク質が変性すると，その機能が失われるのはなぜか。その理由を 20 字程度で記せ。

〈埼玉大〉

合格へのゴールデンルート

GR① 加水分解してアミノ酸のみを生じるタンパク質を（　　）タンパク質という。

GR② タンパク質の二次構造には，（　　）とβ-シートがある。

GR③ タンパク質が変性すると（　　）構造が変化する。

76 | 合成高分子(1) 合成繊維(ポリビニル)

解答目標時間：**20**分

問 次の文を読み，下の問いに答えよ。ただし，原子量は H = 1.0，C = 12.0，N = 14.0，O = 16.0 とする。

　我々の暮らしに欠くことのできない衣服は，高分子化合物である繊維からできている。天然に得られる繊維を天然繊維といい，①木綿や麻のような植物繊維と②絹や羊毛などの動物繊維がある。天然繊維以外の繊維を化学繊維といい，再生繊維，半合成繊維，合成繊維の 3 つに大別できる。合成繊維は，主に石油から得られる有機化合物を重合して得られる。

　アクリロニトリルを付加重合して得られる(a)ポリアクリロニトリルを主成分とした合成繊維をアクリル繊維といい，③アクリロニトリルに酢酸ビニルなどの他のビニル化合物を混合して共重合した合成繊維を総称して，アクリル系繊維という。アクリル系繊維は，羊毛に似た肌触りを有している。また，酢酸ビニルを付加重合させて得られる(b)ポリ酢酸ビニルを　ア　してポリビニルアルコールへと変換した後，④適量のホルムアルデヒド水溶液で処理することにより　イ　が得られる。　イ　は，木綿によく似た性質を有しており，　ウ　と同様に日本で開発された合成繊維である。

問1　　ア　～　ウ　に当てはまる適切な語句または物質名を記せ。

問2　下線部①の植物繊維の主成分の名称を記せ。

問3　下線部②の動物繊維の主成分の名称を記せ。

問4　下線部(a)，(b)の化合物の構造式を記せ。

問5 下線部③に関して，アクリロニトリルと酢酸ビニルとの共重合により得られたアクリル系繊維の元素分析を行ったところ，窒素の質量パーセントは9.0％であった。このアクリル系繊維中のアクリロニトリルの質量パーセントを，有効数字2桁で答えよ。

問6 下線部④の処理により，ポリビニルアルコール分子中のヒドロキシ基の30～40％をアセタール化する。どうしてこのような処理を施すのか。また，60～70％程度のヒドロキシ基を残すのはなぜか。これらの理由を70字以内で述べよ。

問7 下線部④の処理により，ポリビニルアルコール分子中のヒドロキシ基の40％をアセタール化するとき，ポリビニルアルコール60 gは，理論上，何 gに変化するか。有効数字3桁で答えよ。

〈金沢大〉

* * *

合格へのゴールデンルート

GR1 アセタール化は（　　　）個の－OHと1個のHCHOの反応。

GR2 ポリビニルアルコールは（　　　）基が多いので，水に溶ける。

---

77 合成高分子（2）
ポリエステル，ポリアミド

解答目標時間：15分

問 次の文を読み，下の問いに答えよ。ただし，原子量はH = 1.0，C = 12，N = 14，O = 16とする。

　単量体が次々に結合する反応を重合といい，重合には不飽和結合を持つ単量体分子が連続的に付加反応をして結合する付加重合と，単量体分子が次々と縮合して結合する縮合重合（または重縮合）とがある。縮合重合の方法には，真空下，高温に加熱して行われる加熱重縮合と，2種の原料をそれぞれ溶解した溶液を室温付近で静かに混合させる界面重縮合に大別される。

　加熱重縮合は主に，工業的に利用される方法であるが，この方法で高分子量の重合体を得るためには，高純度の原料化合物を厳密に等モルずつ用いること

111

が必要となる。このことは工業的に調節が困難であるので，通常は単量体どうしをあらかじめ反応させた化合物を単離精製し，それを原料として合成される。例えば，ポリエチレンテレフタレートは，ジカルボン酸である　A　と2価アルコールである　B　との縮合重合により合成される。工業的には(1) A のジメチルエステル体1分子と　B　2分子がエステル交換反応して得られる化合物を原料にして合成される。この原料を真空下，280 ℃付近に加熱し，反応に伴い産生される副生成物を取り除きながら縮合重合を続けることで目的とするポリエチレンテレフタレートが得られる。

　界面重縮合はお互いの官能基が極めて反応性の高い場合に用いられる方法であるが，条件さえ整えば実験室でも行うことができる。例えば，ナイロン66の合成には原料として　C　とアミンの　D　が用いられるが，界面重縮合では反応性の高い　C　の二塩基酸ジクロリドを用いる。一方を水と混じらないヘキサンなどの有機溶媒に溶解し，もう一方を，(2)水酸化ナトリウムとともに水に溶解する。この両者を静かに室温で混合すると，両液相の境界面にフィルム状の(3)ナイロン66が合成される。

問1　文章の　A　～　D　に当てはまる化合物の物質名を記し，その構造式を記せ。

問2　下線部(1)の化合物を合成するための化学反応式を記せ。

問3　下線部(2)の水酸化ナトリウムを加える最も適当な理由を記せ。

問4　PET 100 g をエチレングリコール（分子量 62.0）とテレフタル酸ジメチル（分子量 194）を原料として合成するとき，副生する低分子化合物の質量を有効数字3桁まで求めよ。ただし，重合度は十分に高いので，両端の構造は考えずに繰り返し部分のみを考慮するものとする。

問5　下線部(3)で示したナイロン66に関して，アジピン酸 10 g を十分な量のヘキサメチレンジアミンと重合させたときに得られるナイロン66の質量〔g〕を求めよ。ただし，得られたナイロン66の平均分子量は十分に大きく，アジピン酸はすべて重合したとする。

〈三重大，福井大，岐阜大〉

合格へのゴールデンルート

GR ① ポリエステルは，エステル結合によって，ポリアミドは（　　　）結合
によって多数結びついた高分子である。

GR ② 反応性は酸塩化物（< or > or ＝）カルボン酸。

78 | 合成樹脂

解答目標時間：18 分

問 次の文を読み，下の問いに答えよ。ただし，原子量は　原子量：H = 1.0,
C = 12.0, O = 16.0 とする。

　プラスチックは熱や圧力を加えることによって，目的とする形に成形することができる。プラスチックは，熱に対する性質から(a)熱可塑性樹脂と熱硬化性樹脂に分類できる。熱可塑性樹脂は一般に鎖状構造を持つ高分子化合物からなり，下記の［　ア　］重合により合成されるものが多い。また，置換基 X を変えることにより，様々な特性をもつプラスチックとなり用途も大きく異なる。置換基 X が H のプラスチックはポリエチレン，CH_3 のプラスチックは［　イ　］，(b)C_6H_5（フェニル基）のプラスチックは［　ウ　］，Cl のプラスチックは［　エ　］，$OCOCH_3$ のプラスチックは［　オ　］，COONa のプラスチックは［　カ　］と呼ばれる。とくに，(c)置換基 X が COONa のプラスチック［　カ　］は，元の重さの数百倍の水を吸収することができ，紙おむつや土壌の保水剤として用いられている。

$$n \ \begin{matrix} H \\ H \end{matrix} C=C \begin{matrix} H \\ X \end{matrix} \longrightarrow \begin{bmatrix} H & H \\ -C & -C- \\ H & X \end{bmatrix}_n$$

問1 文中の［　ア　］〜［　カ　］に適切な語句または物質名を答えよ。

問2 下線部(a)について，次の(1)〜(3)に答えよ。

(1) 熱可塑性樹脂は成形後に再加熱すると軟化するが，熱硬化性樹脂は軟化しない。熱硬化性樹脂が軟化しない理由について分子構造をもとに 30 字以内で説明せよ。

(2) 熱硬化性樹脂の一つであるフェノール樹脂は，フェノールとホルムアルデヒドを原料として合成される。触媒に塩基を用いて得られる中間生成物はレゾールといい，下記の構造を含む混合物となる。一方，触媒に酸を用いた場合の中間生成物はノボラックという。ノボラックの構造式を示せ。

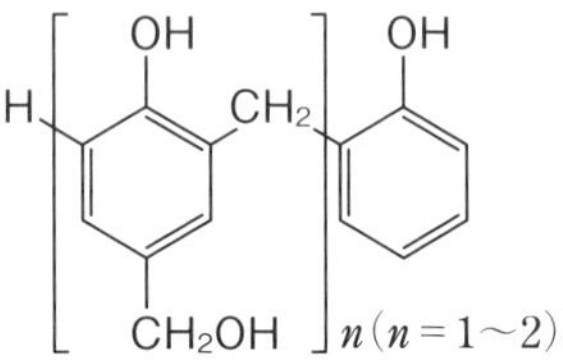

レゾールの一例

(3) ノボラックに硬化剤を混ぜて加熱するとフェノール樹脂が得られる。一方，レゾールは硬化剤を加えなくても加熱のみでフェノール樹脂を得ることができる。レゾールの反応では硬化剤を必要としない理由を40字以内で説明せよ。

問3 下線部(b)について，置換基 X が C_6H_5(フェニル基)の単量体(A)と1,3-ブタジエン単量体(B)を共重合させるとタイヤの材料となる合成ゴムになる。A と B の物質量の比を3：1として完全に共重合して得られる平均分子量 5.49×10^4 の合成ゴムは，重合体一本鎖中に何個のフェニル基が含まれるか。

問4 下線部(c)について，高吸水性樹脂中に保持された水分子は外から圧力をかけても樹脂の外に出にくい。その理由を40字以内で説明せよ。

〈金沢大〉

★ ★ ★

合格へのゴールデンルート

GR❶ 熱可塑性樹脂と熱硬化性樹脂は，（加熱 or 冷却）したときに性質が違う。

GR❷ 高吸水性高分子は，ポリマー内の－COO⁻どうしの（引力 or 反発力）によって拡がる。

79 ゴム

解答目標時間：10 分

問 高分子化合物に関する以下の 2 つの文を読み，下の問いに答えよ。ただし，原子量は H = 1.0, C = 12.0, N = 14.0, O = 16.0 とする。

(1) ゴムは日常生活に欠かせない代表的な高分子化合物である。天然ゴムはイソプレンが ［ ア ］合したものであり，分子中に炭素－炭素二重結合をもつ。生ゴム中に数％の A を添加して加熱するとポリマー分子どうしが ［ イ ］構造を形成し，生ゴムの弾性が向上する。この操作を ［ ウ ］という。

(2) 高分子化合物は人工的にも合成することができる。種類の異なるモノマーを組み合わせることにより，さまざまな性質をもつポリマーが合成されている。ここでは二種類のビニルモノマー B と C の共重合を考える。B の分子式は C_8H_8 であり，C の分子式は C_3H_3N である。B と C の①共重合体を合成したところ，この共重合体の窒素含量の平均は重量比で 3.00％であり，平均分子量は 46900 であった。なお，モノマー B は芳香族化合物である。②B から得られるポリマーは代表的な熱可塑性樹脂であり，さまざまな形の容器やがん具などに加工される。また，モノマー C から得られるポリマーは毛織物の風合いをもつ合成繊維となる。

問1 空欄 ［ ア ］，［ イ ］，［ ウ ］に当てはまる語句を記せ。

問2 文章中の A〜C に当てはまる物質名を記せ。また，B と C については，構造式も示せ。

問3 天然ゴムおよびグッタペルカ（グタペルカ）の構造式を，シス-トランス異性の違いがわかるように示せ。

問4 下線部①の共重合体は，1 分子あたりモノマー B とモノマー C が平均してそれぞれ何分子ずつ共重合してできたものか。有効数字 3 桁で記せ。

問5 下線部②に関して，熱可塑性樹脂の特徴的な性質を 40 字以内で述べよ。

〈阪大〉

GR① 合成ゴム(NBR, SBR)では，単量体の(　　)を考える。
GR② 天然ゴムの構造はポリイソプレンの(シス or トランス)形。

80 ｜ イオン交換樹脂

解答目標時間：**18** 分

問　次の文を読み，下の問いに答えよ。ただし，原子量は H = 1.0，C = 12，N = 14，O = 16，S = 32 とする。

　合成高分子化合物のうち，特別な機能を備えたものを機能性高分子化合物という。海水からイオンを取り除き，純粋な水を得るために利用されるイオン交換樹脂は，その代表的な例である。(a)スチレン(C_8H_8)と少量の *p*-ジビニルベンゼン($C_{10}H_{10}$)を共重合させると立体網目構造の合成樹脂が得られる。これを濃硫酸でスルホン化し，スルホ基を導入した樹脂は(　あ　)イオンを交換する性質を示し，(　あ　)イオン交換樹脂と呼ばれる。スチレンと *p*-ジビニルベンゼンの共重合体に，－ $N^+(CH_3)_3OH^-$ などの塩基性基を導入したものは(　い　)イオン交換樹脂と呼ばれる。イオン交換樹脂は，アミノ酸やペプチドなどの生体物質の分離にも利用できる。

問1　文中の空欄(　あ　)，(　い　)に最も適する語句を記せ。
問2　下線部(a)に関して，次の問い(ⅰ)～(ⅲ)に答えよ。
（ⅰ）樹脂 A は，スチレンと *p*-ジビニルベンゼンが 40：1 の物質量の比で含まれた合成樹脂である。この樹脂 A をスルホン化して，イオン交換樹脂を合成した。42.9 g の樹脂 A から，理論上何 g のイオン交換樹脂が得られるか。有効数字 2 桁で答えよ。ただし，スルホン化は樹脂 A 中のスチレンにもとづくフェニル基でのみ進行し，すべてのフェニル基に 1 つのスルホ基が導入されたものとせよ。
（ⅱ）下線部(a)のイオン交換樹脂を，ガラスの円筒(カラム)に十分な量つめ，その上から 0.010 mol/L の塩化カルシウム水溶液 10 mL を通して完全にイ

オン交換し，純水で十分に洗い流したところ，100 mL の流出液が得られた。この流出液の pH を小数点以下 1 位まで求めよ。

(iii) (ii)の操作後，元のイオン交換樹脂に再生するには，どのような操作を行えばよいか説明せよ。

問3 分子量がいずれも 250 以下の 3 種類のジペプチド X，Y，Z がある。ジペプチド X，Y，Z の混合物を完全に加水分解すると，グリシン（$C_2H_5NO_2$，分子量 75），酸性アミノ酸のグルタミン酸（$C_5H_9NO_4$，分子量 147）および塩基性アミノ酸のリシン（$C_6H_{14}N_2O_2$，分子量 146）が生成した。ジペプチド X は不斉炭素原子が存在せず，ジペプチド Y と Z はいずれも不斉炭素原子が存在した。3 種類のジペプチドを pH 6.0 においてそれぞれ電気泳動すると，ジペプチド Y は陽極側に，ジペプチド Z は陰極側に移動し，ジペプチド X は移動しなかった。次の問い(i)と(ii)に答えよ。

(i) ジペプチド X を縮合重合したところ，平均分子量 51300 のポリペプチドが生成した。このポリペプチド 1 分子中には平均何個のペプチド結合が存在するか。有効数字 2 桁で答えよ。

(ii) 下線部(a)のイオン交換樹脂を十分な量つめたカラムの上部から，ジペプチド X，Y，Z およびアラニンを混合した塩酸酸性溶液（pH 2.0）を流し，樹脂に吸着させた。これに緩衝液を pH 2.0 から 12.0 まで順次大きくしながら流していくと，X，Y，Z およびアラニンがすべて流出した。最後に流出した分子は X，Y，Z およびアラニンのいずれか。

〈同志社大〉

* * *

合格へのゴールデンルート

GR1 イオン交換樹脂の基本構造は（　　）と *p*-ジビニルベンゼンの共重合体。

GR2 陽イオン交換樹脂は，陽イオンを（　　）して，H^+ を放出する。

GOLDEN
ROUTE

QUESTION

GOLDEN ROUTE

ゴールデンルート

大学入試問題集

化学

［化学基礎・化学］

CHEMISTRY

★★

標準編

80

題

松原隆志　河合塾講師

KADOKAWA

はじめに

　みなさんこんにちは，河合塾化学科の松原隆志です。自分にあった参考書や問題集を選ぶのは大変で，とくに問題集を選ぶのは自分自身の経験で苦労しました（家には化学の問題集だけで何冊もありました）。問題集を買うときに，「問題が多くて全部できるかなぁ」や「問題が解けるかどうか不安」と思ったことはありませんか？　このゴールデンルート化学［標準編］は，みなさんのその不安を解消できればと思って作りました。本書の『標準編』が少し難しいと感じたら，まず『基礎編』から始めてみましょう。

　本書の標準編は，問題数を 80 題に絞り込み，入試で高得点が狙えるように『基礎編』では扱わなかったやや難しい内容を含めた問題も入れ，問題を解くときにいろいろな角度から問題を俯瞰してみることができるように作成しました。

　このあとの使い方で説明しますが，この問題集がほかの問題集と大きく違うポイントは GR（ゴールデンルート）というものです。ぜひ，この問題集をしっかり解くことで，化学の成績をアップさせていきましょう。

● 本書の有効的な使い方

　本書は「問題編」と「解説編」に分かれています。各問題には少し早めに設定した解答目標時間が書いています。時間をはかってやってみましょう。このとき，時間は次の 2 つを意識してはかってみてください。

> ① 解答時間内にどこまで解答できたか。
> ② 解答できる問題をすべて解くまでにかかった時間。

　①については，「早く，正確に解く」というテストを意識した練習になります。あとは，早く解くことで，急いでいるときにミスが出てしまう人はミスが出やすいときのパターンがわかります。そのパターンを本書やノートなどにまとめておいて，出やすい場面で少し意識をするだけでずいぶんと改善されていきます。

　②については，解答時間をかなりオーバーしてしまった問題は，理解がおおまかにはできているけど，まだしっかりと定着できていない単元ということがわかります。時間のかかった問題は，最後まで解答できる

ように繰り返し解いてみましょう。

つぎに，わからなかった問題については，問題の下にある**「合格への
ゴールデンルート」**を見てみましょう。ここでは，問題を解くヒントを
書いています。ただ，文章中に空欄（　　）があるものは，何だろうっ
て推測してみましょう。そこで思い出したら，もう一度解けなかった問
題に取り組んでみてください。

ひと通り問題を解いたら，解説編で答えを確認してみてください。こ
こで，解答を確認した後に，とくにやって欲しいことを次に挙げます。

◎ 答えがあっていたものについて

みなさんが解いたものと，解説に書いているものをよく比べてみてくだ
さい。解説の方が理解しやすければ，よく読んだ後に，その方法で解け
るかどうか試してください。

◎ 答えが間違っているものについて

計算の過程で「どの考え方」が間違っていたのか，なぜそのように考え
てしまったのかを，解説編にメモしておきましょう。また，計算問題な
どでは，考え方が間違え始めたところをマーカーなどできちんとチェッ
クしておきましょう。実はその部分がみなさんの**成績が一番上がるポイ
ント**です。その部分をしっかり確認したら，読むだけ（インプットする
だけ）では定着しないので，いったん解説編を見ずに自力でノートに書
いて（アウトプットの作業）みましょう。そうすることで，しっかりと
解答できる力がついてきます。

● さいごに

本書の刊行にあたり，山﨑英知様をはじめとした㈱KADOKAWA
のみなさま，また様々な方々から本書をよりよくするためにご意見を頂
きました。本当にありがとうございます。

河合塾講師　**松原隆志**

★★
GR

本書の特長と使い方

この本は，問題編（別冊）と解答編に分れています。

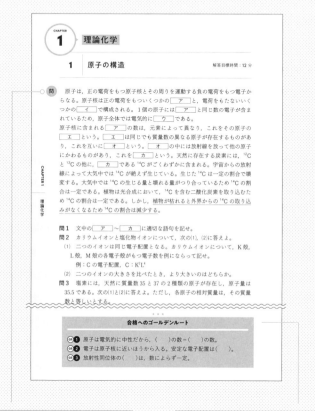

掲載問題

本書は，厳選された80題で国公立・私立中堅上位校合格に必要な実力を身につけるための問題集です。入試頻出テーマを最小限の問題数で効率よく学習し，最後まで挫折せずに終えられることができるのが特長です。苦手な分野やテーマを見つけ出すのにちょうどいい問題集なので，解けなかった問題には再度チャレンジしてみてください。

合格へのゴールデンルート

問題を解くときにポイントになる事項が書かれています。解答や解き方が思い浮かばなかったら，この **GR** にある空欄を埋めてみましょう。この空欄を埋めることで，化学用語や公式・原理など，忘れていたことをきちんと定着することができます。次に解くときにはこの **GR** を見ないで，解答目標時間内で解くように演習しましょう。

「ゴールデンルート」とは | 入試頻出テーマを最小限の問題数で効率よく理解することで，合格への道筋が開ける。

ANSWER

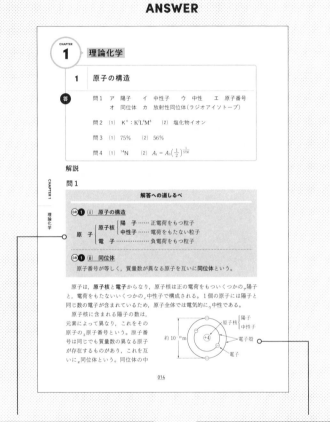

問題が解けたら、解答を読んでよく理解しよう

解答への道しるべ

(GR) で提示された内容について簡単にまとめています。入試問題を解くうえで身につけておくべき重要事項ばかりなので，きちんと理解しておきましょう。このまとめは，類似問題を演習するときにも役に立つ情報です。

解答・解説

「解答への道しるべ」に書かれている内容を踏まえて，問題の着眼点，考え方・解き方をていねいに解説しています。また，単に答えがあっているかどうかをチェックするのではなく，正解に至るまでのプロセスが正しいかどうかも含めて，1つずつチェックしてください。模範解答はオーソドックスなものばかりなので，解法をしっかり固めましょう。

GOLDEN ROUTE

化学
［化学基礎・化学］

標準編

大学入試問題集
ゴールデンルート

解答編

A

ANSWER

1 » 80

目次・チェックリスト

化学 ［化学基礎・化学］

標準編

CHAPTER

チェックリストの使い方

解けた問題には〇，最後まで解けたけど，解答に間違えが
あれば△，途中までしか解けなかったら×，完璧になった
ら✓など，自分で決めた記号で埋めていきましょう。

CHAPTER 1 理論化学

1 原子の構造

答

問1 ア 陽子 イ 中性子 ウ 中性 エ 原子番号
オ 同位体 カ 放射性同位体（ラジオアイソトープ）

問2 (1) $K^+ : K^2 L^8 M^8$ (2) 塩化物イオン

問3 (1) 75% (2) 3種類, 56%

問4 (1) ^{14}N (2) $A_t = A_0 \left(\frac{1}{2} \right)^{\frac{t}{5730}}$

解説

問1

解答への道しるべ

GR 1 (i) 原子の構造

$$原子 \begin{cases} 原子核 \begin{cases} 陽\ 子 \cdots\cdots 正電荷をもつ粒子 \\ 中性子 \cdots\cdots 電荷をもたない粒子 \end{cases} \\ 電\ 子 \cdots\cdots\cdots\cdots\cdots 負電荷をもつ粒子 \end{cases}$$

GR 1 (ii) 同位体

原子番号が等しく，質量数が異なる原子を互いに**同位体**という。

原子は，**原子核**と**電子**からなり，原子核は正の電荷をもついくつかの$_{ア}$陽子と，電荷をもたないいくつかの$_{イ}$中性子で構成される。1個の原子には陽子と同じ数の電子が含まれているため，原子全体では電気的に$_{ウ}$中性である。

原子核に含まれる陽子の数は，元素によって異なり，これをその原子の$_{エ}$原子番号という。原子番号は同じでも質量数の異なる原子が存在するものがあり，これを互いに$_{オ}$同位体という。同位体の中

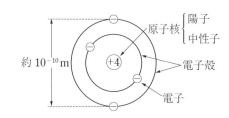

には放射線を放って他の原子にかわるものがあり，これを$_n$**放射性同位体（ラ
ジオアイソトープ）**という。天然に存在する炭素には，^{12}C と ^{13}C の他に，放
射性同位体である ^{14}C がごくわずかに含まれる。

問2

(1)　カリウムイオン K^+ は，$_{19}$K が電子1個を失った1価の陽イオンなので，
電子は $19 - 1 = 18$ 個となり，貴ガスのアルゴン Ar と同じ電子配置となっ
ている。よって，電子配置は $K^+ : K^2L^8M^8$

(2)　K^+ と Cl^- の電子配置はともに Ar 型であり，最外電子殻の M 殻に8個の
電子が収容されている。同じ電子配置であれば，原子番号(=陽子の数)が大
きいほど，原子核の正電荷が大きく，原子核が電子を強く引きつけることが
できるので，イオンの大きさは小さくなる。$_{19}K^+$ と $_{17}Cl^-$ では，原子番号は
K のほうが Cl より大きいので，イオンの大きさは $Cl^- > K^+$ となる。

問3

(1) 塩素 Cl の原子量が 35.5 であり，相対質量 35 の塩素 ^{35}Cl の存在率を x〔%〕とすると，相対質量 37 の塩素 ^{37}Cl の存在率は $100 - x$〔%〕となる。**原子量＝(同位体の相対質量×存在比)の和**より，

$$35.5 = 35 \times \frac{x}{100} + 37 \times \frac{100 - x}{100} \qquad \therefore \quad x = 75\%$$

(2) (1)より，存在率は ^{35}Cl が $75\%\left(=\dfrac{3}{4}\right)$，^{37}Cl が $25\%\left(=\dfrac{1}{4}\right)$ となる。

Cl$_2$ 分子については，表に示すように次の組合せが考えられる。

分子	分子量	存在率
^{35}Cl $-$ ^{35}Cl	70	$\dfrac{3}{4} \times \dfrac{3}{4} \times 100 = 56.2\%$
^{35}Cl $-$ ^{37}Cl	72	$\dfrac{3}{4} \times \dfrac{1}{4} \times 100 = 18.7\%$
^{37}Cl $-$ ^{35}Cl	72	$\dfrac{1}{4} \times \dfrac{3}{4} \times 100 = 18.7\%$
^{37}Cl $-$ ^{37}Cl	74	$\dfrac{1}{4} \times \dfrac{1}{4} \times 100 = 6.25\%$

　上の表で，^{35}Cl$-$^{37}Cl と ^{37}Cl$-$^{35}Cl は同一物なので，本当は区別できない。よって，分子量 70，72，74 の 3 種類の分子が考えられ，その存在率は，56.2%，37.4(＝ 18.7 × 2)%，6.25% となる。よって，最も小さい分子量をもつ塩素分子 Cl$_2$(分子量 70)の存在率は，56% である。

問4

解答への道しるべ

GR③ (ii) 半減期

　同位体のうちで，放射性同位体は，放射線を出しながら別の原子に壊変(崩壊)していく。これを**放射性壊変**といい，原子によって壊変する時間は決まっている。**半減期とは，放射性同位体の数が半分になるまでにかかる時間**であり，はじめの数を N_0，半減期を T，時間 t における数を N とすると，次の関係式が成り立つ。

$$N = N_0 \times \left(\frac{1}{2}\right)^{\frac{t}{T}}$$

(1) ^{14}C 原子は，原子核中の陽子は 6 個，中性子は 14 − 6 = 8 個であり，^{14}C

は放射線を出して別の原子に変化(放射性壊変)するときに，1個の中性子が陽子に変化する。よって，陽子の数は6 + 1 = 7個，中性子は8 − 1 = 7個となり，質量数＝陽子の数＋中性子の数＝7 + 7 = 14となる。よって，原子番号7，質量数14の ^{14}N となる。

(2) ^{14}C の半減期は5730年なので，t 年で5730年を何回繰り返しているかは，$\left(\dfrac{1}{2}\right)^{\frac{t}{5730}}$ となり，はじめ A_0 と比べたときの割合を $\dfrac{A_t}{A_0}$ とするとこの2つの関係が等しくなるので，$\dfrac{A_t}{A_0} = \left(\dfrac{1}{2}\right)^{\frac{t}{5730}}$ となる。よって，

$$A_t = A_0\left(\dfrac{1}{2}\right)^{\frac{t}{5730}}$$

---

2 周期表，周期律

答

問1　A　周期律　　B　周期表　　C　原子番号　　D　金属
　　　E　非金属　　F　遷移　　　G　貴ガス
　　　H　価電子　　I　イオン化エネルギー
　　　J　電子親和力　　K　イオン　　L　共有
　　　ア　小さい　　イ　小さい　　ウ　大きい

問2　(1) (a)　　(2) (a)　　(3) (d)

解説

問1

解答への道しるべ

GR 1　周期表

周期表は，原子番号の順に元素を並べ，性質が似たものが縦に並ぶように組んだ表で，縦の列を**族**，横の行を**周期**という。周期表の同じ族に属する元素を**同族元素**という。

GR 2 (i) イオン化エネルギー

原子から電子1個を取り去り1価の陽イオンとするときに必要なエネルギー I〔kJ/mol〕を**イオン化エネルギー**という。熱化学方程式では，次のように表される。

　　M（気）= M$^+$（気）+ e$^-$ $- I$〔kJ〕

周期表で同じ周期の元素の原子では原子番号が大きくなるほど，同族元素では原子番号が小さくなるほど，イオン化エネルギーは大きくなる傾向がある。

GR 2 (ii) 電子親和力

原子が電子1個を受け取って1価の陰イオンになるときに放出するエネルギー E〔kJ/mol〕を**電子親和力**という。熱化学方程式では，次のように表される。

　　X（気）+ e$^-$ = X$^-$（気）+ E〔kJ〕

電子親和力が大きい原子ほど陰イオンになりやすく，**同じ周期では，ハロゲン元素の原子の電子親和力が最大となる。**

メンデレーエフは「原子量と元素の性質の間に周期的な関係が成り立つ」ことを発見した。その規則性を元素の A 周期律といい，これに基づいて性質の類似した元素が縦に並ぶように配列した表を元素の B 周期表という。現在の周期表は，C 原子番号の順に配列されており，横の行を周期といい，縦の列を族という。18族元素を除く周期表の全体的な傾向は，表の左下側に向かうにしたがい D 金属性が増し，右上に向かうにしたがい E 非金属性が増す。また，3～11族の元素は F 遷移元素とよばれ，すべて金属元素である。

18族元素は G 貴ガス元素とよばれ，その原子は最外殻に電子の満たされた安定な電子配置をもつ。このような電子配置を**閉殻構造**という。18族以外の原子ではその最外殻電子を H 価電子とよぶ。原子から最外殻電子1個を取り去るのに必要なエネルギーを，その原子の I イオン化エネルギーという。そのイオン化エネルギーが ア 小さいほど陽イオンになりやすい。同じ周期の元素を比較すると，1族の原子のイオン化エネルギーは最も イ 小さい値を示す。一方，原子が最外殻に1個の電子を取り込んで1価の陰イオンになるときに放出されるエネルギーを J 電子親和力という。電子親和力が ウ 大きいほど陰イオンにな

りやすい。イオン化エネルギーの小さい原子と電子親和力の大きい原子は _K イオン結合をつくりやすい。また，2個の原子が結合するとき，それぞれの _H 価電子を共有することにより，貴ガス原子と同じ電子配置をとることがある。このようにしてできた結合を _L 共有結合という。

問2

(1) 第2，3周期ともに当てはまる。

(2) 第2周期では，C，N_2，O_2，第3周期ではS，Cl_2 などが天然に単体で存在する。

(3) 第3周期の原子は，いずれもL殻の電子が8個で満たされている。

3	**電気陰性度，化学結合**

答

問1　ア　価電子　　イ　静電気力（クーロン力）
　　　ウ　イオン化エネルギー　　エ　電子親和力
　　　オ　電気陰性度

問2　ア　④　　ウ　②　　オ　⑤

問3　(b)，(c)

解説

問1

解答への道しるべ

GR ❶ (i)　電気陰性度

　電気陰性度は，原子が電子を引きつける強さの尺度を表し，電気陰性度の大きい原子ほどより電子を強く引きつける。貴ガス(18族元素)を除き，**同一周期では原子番号が大きいほど，同族元素では原子番号が小さいほど，電気陰性度は大きくなる傾向がある。**

元素は典型元素と遷移元素に分けられる。典型元素では，原子番号の増加とともに，ア価電子の数が周期的に変化するので，同一周期中の元素の化学的性質は周期的に変化する。

イオン結合は，陽イオンと陰イオンが，イ静電気力(クーロン力)で引き合ってできる結合である。陽イオンになりやすい元素は，ウイオン化エネルギーが小さい。一方，陰イオンになりやすい元素は，エ電子親和力が大きい。

金属結合は，イオン化エネルギーが小さく価電子を放出しやすい原子の間で，自由電子が共有されてできる結合である。

共有結合は，2つの原子がそれぞれの電子を出し合って生じる結合である。異なる原子間で共有結合が形成されると共有電子対はどちらかの原子のほうに強く引きつけられる。この引きつける強さを示す尺度を，オ電気陰性度といい，結合に電荷のかたよりがあることを「**結合に極性がある**」という。

問2

①〜⑥のグラフはそれぞれ，①単体の融点，②イオン化エネルギー，③電子親和力，④価電子の数，⑤電気陰性度，⑥原子の大きさであり，グラフの判断はそれぞれ最大の値をとるものを押さえておくことが重要である。

①単体の融点は，周期表の 14 族元素である炭素 C やケイ素 Si が同一周期で最大の値をとる。

②イオン化エネルギーの最大は 18 族元素の原子である He。

③電子親和力のグラフであり，同一周期で 17 族元素の原子が最大の値をとる。

④価電子の数を表すグラフであり，**18 族の貴ガスの価電子は 0 とする。また，17 族の価電子の数は 7 である。**

⑤電気陰性度のグラフであり，18 族は結合を形成しにくいので電気陰性度の値はない。また最大は F である。

⑥原子半径のグラフで，18 族を除いて，同一周期では原子番号が大きくなるほど，原子半径は小さくなる傾向がある。

問 3

解答への道しるべ

GR❸ 典型元素と遷移元素

周期表で，1 族，2 族，12 族〜 18 族元素を典型元素という。**典型元素の最外殻電子の数は，貴ガスの He を除いて族番号の 1 の位の数値と等しい**（He は 18 族元素であり，最外殻電子の数は 2 個）。

また，周期表の 3 族〜 11 族元素を遷移元素という。**遷移元素の最外殻電子の数は 2 個または 1 個である。**

典型元素では，同族元素の性質が似ており，遷移元素では，隣り合う元素の性質も似ている。

(a) 誤り。Na，Mg などは典型金属元素である。

(b) 正しい。周期表で 3 〜 11 族元素を遷移元素といい，いずれも金属元素に分類される。

(c) 正しい。単体が常温で気体の元素は，H，He，N，O，F，Ne，Cl，Ar，Kr の 9 種類である。

(d) 誤り。単体が常温で液体であるものは，Hg と Br_2 の 2 つである。Br は原子番号 35 で，Hg は原子番号 80 なので，原子番号 1 〜 36 までの元素では Br のみである。

4 | 分子の形と極性

答

問1　(a) 　$:\overset{..}{O}::C::\overset{..}{O}:$　(c)　$\underset{..}{H}:\overset{H}{\underset{}{N}}:H$　(e) 　$:\overset{..}{\underset{..}{F}}:\overset{..}{\underset{..}{B}}:\overset{..}{\underset{..}{F}}:$

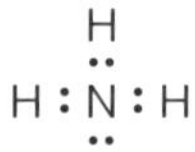

問2　(A) (f)　(B) (d)　(C) (g)

問3　(a) (オ)　(b) (カ)　(c) (イ)

問4　(イ)

問5　N原子は非共有電子対があるので，これが３つのN－H結合と立体的に反発して三角錐形となる。一方，B原子にはそれがないので３つのB－H結合はすべて等価で平面三角形となるから。(85字)

CHAPTER 1 理論化学

解説

問1

解答への道しるべ

GR① (i)　**分子**

　分子は，原子の不対電子を出し合って共有電子対をつくり，電気的に中性な粒子である。

　貴ガス原子は安定な電子配置なので，他の原子と結合をつくりにくく，単原子分子として存在しているものが多い。

GR① (ii)　**安定な電子配置**

　原子は，貴ガス型の安定な電子配置となるように，不対電子を出し合う。

　(a), (c), (e)の分子に含まれる原子は，H, B, C, N, O, Fであり，それぞれの原子の価電子の数と電子式は次の表で表される。

	H	B	C	N	O	F
価電子の数	1	3	4	5	6	7
電子式	$\overset{\bullet}{H}$	$\cdot \overset{\bullet}{\underset{\bullet}{B}} \cdot$	$\cdot \overset{\bullet}{\underset{\bullet}{C}} \cdot$	$\cdot \overset{\bullet}{\underset{\bullet}{N}} :$	$\cdot \overset{\bullet\bullet}{\underset{\bullet\bullet}{O}} :$	$: \overset{\bullet\bullet}{\underset{\bullet}{F}} :$
不対電子	1	3	4	3	2	1

(a)の CO_2 は C 原子 1 個が 4 個の不対電子を，O 原子 2 個がそれぞれ 2 個の不対電子を出し合って，4 組の共有電子対をつくる。よって，電子式は，

$$: \overset{\bullet\bullet}{O} :: C :: \overset{\bullet\bullet}{O} :$$

(c)の NH_3 は，N 原子 1 個が 3 個の不対電子を，H 原子 3 個がそれぞれ 1 個の不対電子を出し合って 3 組の共有電子対をつくる。よって，電子式は，

$$H : \overset{H}{\underset{\bullet\bullet}{N}} : H$$

(e)の BF_3 は B 原子 1 個が 3 個の不対電子を，F 原子 3 個がそれぞれ 1 個の不対電子を出し合って 3 組の共有電子対をつくる。よって，電子式は，

$$: \overset{\bullet\bullet}{\underset{\bullet\bullet}{F}} : \overset{\overset{\displaystyle : \overset{\bullet\bullet}{F} :}{}}{B} : \overset{\bullet\bullet}{\underset{\bullet\bullet}{F}} :$$

BF_3 分子では，B 原子の最外殻電子の数は 6 個となり，貴ガス型の電子配置とはなっていないことに注意。

問2

(A) 三重結合をもつ分子は，(f) N_2 であり，構造式は $N \equiv N$ で表される。

(B) 非共有電子対は，(d) CH_4 であり，電子式は，$H : \overset{H}{\underset{H}{C}} : H$

(C) 極性をもつ直線形の分子は，(g) HCl である。

問3

> **解答への道しるべ**
>
> (GR)**2** **分子の形を推定する方法（VSEPR則）**
>
> 次の手順にそって分子の形を推定することができる。
> 1. 分子の電子式を書く。
> 2. 中心原子(注目する原子)の電子対の方向を確認する。
>   - 4方向なら，四面体
>   - 3方向なら，平面三角形
>   - 2方向なら，直線形
> 3. 原子の結合している(共有電子対の)方向成分だけを残す。

(a)の CO_2 の電子式は $:\overset{..}{O}::C::\overset{..}{O}:$ であり，C原子の電子対は，2方向なので，分子の形は(オ) 直線形である。

(b)の H_2O の電子式は $H:\overset{..}{O}:H$ で表され，O原子の電子対は4方向である。この電子対が互いに反発するので，非共有電子対を含めた電子対はO原子から四面体方向存在している。そのうち，共有電子対の成分のみを残すと，分子の形は(カ) 折れ線形となる。

四面体　　共有電子対のみ残す　　折れ線形

(c)の NH_3 の電子式は $H:\overset{H}{\underset{..}{N}}:H$ で表され，N原子の電子対は4方向である。この電子が互いに反発するので，非共有電子対を含めた電子対はN原子から四面体方向に存在している。そのうち，共有電子対の成分のみを残すと，分子の形は(イ) 三角錐形となる。

四面体　　共有電子対のみ残す　　三角錐形

問4

H$_3$O$^+$の電子式は次のようになる。

$$\left[\text{H} \overset{\cdot\cdot}{:} \underset{\underset{\text{H}}{\cdot\cdot}}{\overset{\cdot\cdot}{\text{O}}} \overset{\cdot\cdot}{:} \text{H} \right]^+$$

O原子の電子対は4組あり，3組の共有電子対と1組の非共有電子対からなる。この電子対はNH$_3$分子と同様であり，H$_3$O$^+$のイオンの形もNH$_3$と同じ(イ)三角錐形である。

問5

NH$_3$の分子の形は**問3**で求めた三角錐形であるが，BF$_3$の電子式は

$$\overset{\overset{\cdot\cdot}{\,:\!\text{F}\!:}}{\underset{}{:\!\overset{\cdot\cdot}{\text{F}}\!:\!\overset{\cdot\cdot}{\text{B}}\!:\!\overset{\cdot\cdot}{\text{F}}\!:}}$$

なので，B原子の電子対は3方向であり，この電子対が互いに反発するので，分子の形は(ア)平面三角形となる。

5 | 分子間力

答

問1 ア…沸点 イ…電気陰性度 ウ…水素

問2 A…H_2O B…HF C…NH_3

問3 a…強く b…高く c…右 d…上

問4 14族元素の水素化合物はいずれも正四面形の無極性分子であり，分子量が大きいほど，ファンデルワールス力が強くはたらくから。

問5 16族元素の水素化合物は，折れ線形の極性分子であり，14族元素の水素化合物は正四面形の無極性分子である。分子量が同程度のとき，極性分子の方が無極性分子よりファンデルワールス力が強くはたらくから。

解説

問1〜3

解答への道しるべ

沸点の比較

GR1 無極性分子の場合は，分子量が大きくなるとファンデルワールス力が大きくなり，沸点が高くなる。

GR2 同程度の分子量の分子では，ファンデルワールス力は，極性分子＞無極性分子となり，極性分子の方が沸点は高い。

GR3 HF，H_2O，NH_3 など**分子間で水素結合を形成する分子は，分子量から推定される沸点より，著しく沸点が高い。**

　図は，いろいろな水素化合物の分子量と，1.01×10^5 Pa における ㋐沸点との関係を示したものである。一般に，分子構造が似ている物質では，分子量が大きいほど分子間力が a 強く，沸点は b 高くなる。

水素化合物 $_A$H$_2$O，$_B$HF および $_C$NH$_3$ の沸点が異常に高いのは，水素と水素に結合している原子との$_ア$電気陰性度の差が大きく，分子が極性を持つために，分子間に$_オ$水素結合が形成されるからである。**典型元素の電気陰性度は，貴ガス元素を除いて，周期表の同じ周期では $_C$右にいくほど，また同じ族では $_d$上にいくほど大きくなる傾向がある。**

問4

14 族元素の水素化合物である CH$_4$，SiH$_4$，GeH$_4$，SnH$_4$ は，いずれも分子の形が正四面体の無極性分子である。無極性分子の分子間にはファンデルワールス力がはたらき，**ファンデルワールス力は分子量が大きくなるほど強くはたらくので，沸点は CH$_4$ ＜ SiH$_4$ ＜ GeH$_4$ ＜ SnH$_4$ の順となる。**

問5

第 3 ～ 5 周期の 16 族元素の水素化合物である H$_2$S，H$_2$Se，H$_2$Te の分子の形はいずれも H$_2$O と同じ折れ線形であり，極性分子である。分子量が同程度の分子のファンデルワールス力は，**極性分子＞無極性分子**なので，16 族元素の水素化合物の方が 14 族元素の水素化合物より沸点が高くなる。

6	**結晶の分類**

答

問1　(ア) イオン　　(イ) 共有結合　　(ウ) 分子　　(エ) 金属

問2　(1) d　　(2) a SiO$_2$　　b NaCl　　c CO$_2$　　d Na
　　　(3) (オ) b　　(カ) a　　(キ) c　　(ク) d

解説

問1

解答への道しるべ

GR ❶ **(i) 化学結合（原子間）**

・共有結合…原子が不対電子を出し合って共有電子対を形成した結合

- イオン結合…陽イオンと陰イオンが静電気力によって引きよせられてできる結合
- 金属結合…自由電子(自由に移動できる価電子)によって，原子どうしが引きよせられてできる結合

··

GR 1 (ii) **化学結合（分子間）**

- ファンデルワールス力…分子間にはたらく普遍的な引力。
  同程度の分子量であれば，その引力は極性分子＞無極性分子となる。
- 水素結合…H_2O，NH_3，HF などの分子間にはたらく静電気的な引力。
  同程度の分子量でも，水素結合を形成する物質の沸点は，分子量から推定される沸点より**著しく高くなる。**

　構成粒子どうしが静電気的な引力で引きあう結合なので，ₐイオン結合である。また，自由電子が結晶を構成するすべての原子間に共有してできる結合は，ₑ金属結合である。

　あと，結合としては，共有結合と分子間力があるが，結合力は共有結合＞分子間力なので，ᵢ共有結合，ᵤ分子間力となる。

問 2

解答への道しるべ

GR 2 **結晶の分類**

　結晶では，化学結合によって，多くの粒子(原子，分子，イオン)が規則正しく配列したものである。

- イオン結合でたくさんつながったもの…**イオン結晶**
  NaCl など金属元素と非金属元素からなるもの
  または，アンモニウム塩など
- 金属結合でたくさんつながったもの…**金属結晶**
  Na，Cu など金属元素からなるもの
- 共有結合でたくさんつながったもの…**共有結合結晶**
  C，Si，SiO_2，SiC
- 分子間力でたくさんつながったもの…**分子結晶**
  C，Si，SiO_2，SiC やアンモニウム塩を除く，非金属元素からなるもの

(1) 単体は，1つの元素からなるものなので，d Na である。

(2) a ～ d の化学式はそれぞれ，a SiO_2，b NaCl，c CO_2，d Na となる。

(3) (オ) イオン結晶は b NaCl，(カ) 共有結合結晶は a SiO_2，(キ) 分子結晶は c CO_2，(ク) 金属結晶は d Na である。

7　結晶格子

答

問1　(ア) 体心立方　(イ) 面心立方　(ウ) 4　(エ) 8　(オ) 12

問2　$l = \dfrac{4\sqrt{3}}{3} r$ 〔cm〕，68%

問3　(1) $l = \dfrac{2\sqrt{3}}{3}(r_+ + r_-)$ 〔cm〕

(2) $d = \dfrac{3\sqrt{3}\,M}{8\,N_A(r_+ + r_-)^3}$ 〔g/cm^3〕　(3) $d = 4.0$ g/cm^3

解説

問1

解答への道しるべ

GR ① (i)　金属の結晶格子

名称	体心立方格子	面心立方格子 （立方最密構造）	六方最密構造
原子数	**2** 個	**4** 個	2 個
配位数	**8** 個	**12** 個	12 個
充填率	68%	74%（最密）	74%（最密）

結晶構造の名称と，単位格子に含まれる原子数は，次の表のようになる。

名称	(ア) **体心立方格子**	(イ) **面心立方格子**	六方最密構造
原子数	2 個	(ウ) 4 個	2 個
配位数	(エ) 8 個	12 個	(オ) 12 個

体心立方格子では，単位格子に含まれる原子の数は，頂点部分に $\dfrac{1}{8} \times 8$ 個，立方体の中心に 1 個だから，合計 2 個。また，配位数は 8 個となる。

　面心立方格子では，単位格子に含まれる原子の数は，頂点部分に $\dfrac{1}{8} \times 8$ 個，面の中心に $\dfrac{1}{2} \times 6$ 個だから，合計 4 個。また，配位数は 12 個

　さらに，六方最密構造では，問題文の六角柱あたり 6 個の原子が含まれ，この六角柱は単位格子 3 個分だから，単位格子に含まれる原子の数は，$6 \times \dfrac{1}{3}$ ＝ 2 個であり，面心立方格子は立方最密構造ともいい，六方最密構造と同じ**最密構造**なので，ともに配位数は 12 個となる。

問 2

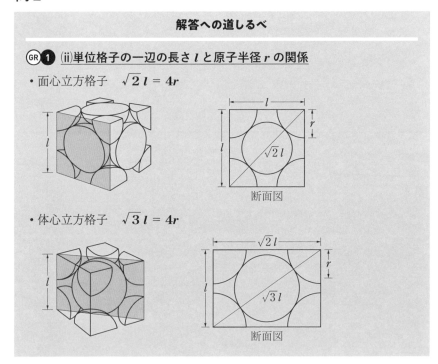

解答への道しるべ

GR① **(ii)単位格子の一辺の長さ l と原子半径 r の関係**

・面心立方格子　$\sqrt{2}\,l = 4r$

断面図

・体心立方格子　$\sqrt{3}\,l = 4r$

断面図

　体心立方格子の一辺の長さを l〔cm〕，原子の半径を r〔cm〕とすると，$\sqrt{2}\,l = 4r$ の関係が成り立つので，単位格子の一辺の長さは，

$$l = \frac{4}{\sqrt{3}}\,r = \frac{4\sqrt{3}}{3}\,r$$

また，体心立方格子の単位格子中には2個の原子が含まれ，原子の体積は，

$$2 \times \frac{4\pi r^3}{3} \ [\mathrm{cm}^3]$$

よって，充填率は，

$$\frac{2 \times \dfrac{4\pi r^3}{3}}{l^3} \times 100 = \frac{2 \times \dfrac{4\pi r^3}{3}}{\left(\dfrac{4\sqrt{3}}{3}r\right)^3} \times 100 = \frac{\sqrt{3}\,\pi}{8} \times 100 = 67.9 \fallingdotseq 68\%$$

問3

解答への道しるべ

(GR)(2) (i) イオン結晶の単位格子

名称	NaCl 型	CsCl 型
粒子数	陽イオン：4個	陽イオン：1個
	陰イオン：4個	陰イオン：1個
配位数	6個	8個

(GR)(2) (ii) イオン結晶の単位格子の一辺の長さ l と陽イオンの半径 r_+，陰イオンの半径 r_- との関係

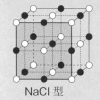

NaCl 型

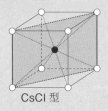

CsCl 型

NaCl 型は，$l = 2(r_+ + r_-)$

CsCl 型は，$\sqrt{3}\,l = 2(r_+ + r_-)$

(GR)(3) 結晶の密度

密度を $d\ [\mathrm{g/cm^3}]$，原子量 M，アボガドロ定数を $N_\mathrm{A}\ [\mathrm{mol^{-1}}]$，単位格子の一辺の長さを $l\ [\mathrm{cm}]$，単位格子に含まれる原子数を $n\ [個]$ とすると，

$$d = \frac{単位格子の質量\ [\mathrm{g}]}{単位格子の体積\ [\mathrm{cm^3}]} = \frac{\dfrac{M}{N_\mathrm{A}} \times n}{l^3} = \frac{nM}{N_\mathrm{A}\,l^3}$$

(1) CsCl 型の結晶格子では，結晶格子の断面 ABCD について，右図から考えてみる。

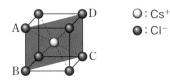

○：Cs⁺
●：Cl⁻

単位格子の一辺の長さは l〔cm〕なので，$AC = \sqrt{3}\,l = 2(r_+ + r_-)$ となるので，$l = \dfrac{2}{\sqrt{3}}(r_+ + r_-) = \dfrac{2\sqrt{3}}{3}(r_+ + r_-)$

(2) 単位格子中に CsCl が1個含まれるので，結晶の密度は，

$$d = \frac{\dfrac{M}{N_A} \times 1}{l^3} = \frac{M}{N_A} \times \frac{3\sqrt{3}}{2^3(r_+ + r_-)^3} = \frac{3\sqrt{3}\,M}{8N_A(r_+ + r_-)^3}$$

(3) $d = \dfrac{3\sqrt{3}\,M}{8N_A(r_+ + r_-)^3} = \dfrac{3 \times 1.73 \times 168}{8 \times 6.02 \times 10^{23}(1.74 \times 10^{-8} + 1.81 \times 10^{-8})^3} = 4.04$

$= 4.0 \text{ g/cm}^3$

8　結晶格子（限界半径比）

答

問1　ア　共有結合　　イ　分子　　ウ　4　　エ　4　　オ　6

問2　$\dfrac{r}{R} = 0.41$　　問3　58%

問4　陰イオンの半径が大きくなると，陰陽イオン間の距離が長くなり，静電的な引力が減少するため。（44字）

解説

問1

（ア）　ダイヤモンド C，ケイ素 Si，黒鉛 C の結晶は，共有結合結晶に分類される。

（イ）　ドライアイス CO_2，ヨウ素 I_2 の結晶は，分子結晶に分類される。

（ウ）～（オ）は，31 ページ **GR 2** (i)を参照すること。

問2

解答への道しるべ

GR 1 限界半径比

(1) NaCl型

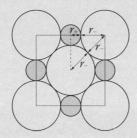

左図より，

$$2(r_+ + r_-) = 2r_-$$
$$r_+ + r_- = \frac{2r_-}{\sqrt{2}} = \sqrt{2}\,r_-$$

したがって，

$$\frac{r_+}{r_-} = \sqrt{2} - 1 = 0.41$$

(2) CsCl型

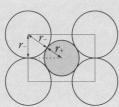

左図より，

$$r_+ + r_- = \sqrt{3}\,r_-$$

したがって，

$$\frac{r_+}{r_-} = \sqrt{3} - 1 = 0.73$$

陽イオンの半径を r，陰イオンの半径を R とすると，図2のbの場合のイオン半径比は，

$$AB = 2(r + R), \quad AC = 4R$$

$AB : AC = 1 : \sqrt{2}$ より，

$$\sqrt{2} \times 2(r + R) = 4R \qquad \sqrt{2}\,(r + R) = 2R$$

よって，$\dfrac{r}{R} = \sqrt{2} - 1 = 0.41$

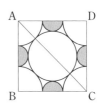

問3

解答への道しるべ

GR 2 イオン結晶の充塡率

$$充塡率(\%) = \frac{陽イオンの体積 \times 数 + 陰イオンの体積 \times 数}{単位格子の体積} \times 100$$

NaCl 型の単位格子内には，陽イオンが 4 個，陰イオンが 4 個含まれる。また，単位格子の一辺の長さは $l = 2(r + R)$ である。よって，一辺の長さ l は，

$$l = 2(0.12 + 0.18) = 0.60 \text{ nm}$$

よって，求める充填率は，

$$\frac{\frac{4}{3}\pi \times 0.12^3 \times 4 + \frac{4}{3}\pi \times 0.18^3 \times 4}{0.60^3} = \frac{\frac{4}{3} \times 3.1 \times 4 \times (0.12^3 + 0.18^3)}{0.60^3} \times 100$$

$$= 57.8 \fallingdotseq 58\%$$

問 4

解答への道しるべ

GR ③ クーロン力

イオン結合は，陰陽イオンの価数が大きいほど，またイオン間の距離が小さいほどクーロン力は強くなる。同じ結晶格子であれば，クーロン力が強いほどイオン結晶の融点は高くなる。

イオン結晶のイオン間結合力は静電気力（クーロン力）であり，陽イオンの価数を a，陰イオンの価数を b，陰陽イオン間距離を r とすると，クーロン力 F は次式で表される（k は比例定数）。

$$F = k \times \frac{a \times b}{r^2}$$

よって，**クーロン力はイオンの価数の積に比例し，イオン間距離 r の 2 乗には反比例する**。NaF，NaCl，NaBr はいずれも 1 価の陽イオンと 1 価の陰イオンからなるイオン結晶であり，陽イオンは Na^+ と等しいが，陰イオンは F^-（Ne 型），Cl^-（Ar 型），Br^-（Kr 型）なので，大きさは $F^- < Cl^- < Br^-$ となる。

よって，イオン間距離は NaF < NaCl < NaBr となるので，融点は，NaF > NaCl > NaBr となる。

9	熱化学（1）

答

問1　CH₄ の体積：O₂ の体積 = 1：4　　問2　6.0×10^4 Pa

問3　$H_2(気) + \dfrac{1}{2}O_2(気) = H_2O(気) + 242$ kJ

問4　75 kJ/mol　　問5　463 kJ

解説

問1

燃焼前の CH_4 と O_2 の物質量をそれぞれ x〔mol〕，y〔mol〕とすると，燃焼前の気体について，次の関係式が成り立つ。

$x + y = 0.25$ mol

また，燃焼後に生成した H_2O の物質量は $\dfrac{1.80}{18} = 0.10$ mol より，燃焼前 CH_4 の物質量は，(1)式より，$0.10 \times \dfrac{1}{2} = 0.050$ mol（ $= x$ ）

よって，$y = 0.25 - 0.050 = 0.20$ mol

ゆえに，$CH_4 : O_2 = 0.050 : 0.20 = 1 : 4$

また混合気体では，物質量比＝体積比が成り立つので，CH_4 と O_2 の体積比も 1：4。

問2

(1)式より，CH_4 の完全燃焼における量的関係は，

	CH₄	+	2O₂	⟶	CO₂	+	2H₂O
反応前	0.050		0.20		0		0
変化量	− 0.050		− 0.10		+ 0.050		+ 0.10
反応後	0		0.10		0.050		0.10

反応後の気体は O_2 と CO_2 であり，物質量は $0.10 + 0.050 = 0.15$ mol だから，

$$1.0 \times 10^5 \times \dfrac{0.15}{0.25} = 6.0 \times 10^4 \text{ Pa}$$

問3

> **解答への道しるべ**
>
> **GR ❶ 熱化学方程式の書き方の注意点**
>
> 1. 物質の状態(固体，液体，気体)，同素体の種類をきちんと書く。
> 2. **基準となる物質の係数を 1 とする。** 生成熱であれば生成物，燃焼熱であれば燃焼させる物質，溶解熱であれば溶解させる物質など。
> 3. **発熱反応であれば＋，吸熱反応であれば－の符号をつけて反応熱を右辺の最後に書く。**
> 4. 「→」を「＝」に変える。

H_2O(気)の生成熱は 242 kJ/mol より，H_2O(気)の生成熱を表す熱化学方程式は，

$$H_2(気) + \frac{1}{2} O_2(気) = H_2O(気) + 242 \text{ kJ}$$

問4

> **解答への道しるべ**
>
> **GR ❷ 反応熱の計算 （結合エネルギーを含まない）**
>
> 反応熱は，反応物のもつエネルギーの総和と生成物のもつエネルギーの総和の差が反応熱となる。反応物の生成熱の総和を x [kJ]，生成物の生成熱の総和を y [kJ] とすると，反応熱 Q [kJ] は，$Q = y - x$ で表される。
>
> このとき，$Q > 0$ $(x < y)$ のとき発熱反応，$Q < 0$ $(x > y)$ のとき吸熱反応となる。

CH_4(気)の生成熱を Q [kJ/mol] とすると，熱化学方程式は(2)式で表される。

$$C(黒鉛) + 2H_2(気) = CH_4(気) + Q \text{ [kJ]} \quad \cdots\cdots(2)$$

また，CO_2(気)の生成熱，H_2O(液)の蒸発熱から熱化学方程式はそれぞれ式(3)，式(4)で表される。

$$C(黒鉛) + O_2(気) = CO_2(気) + 394 \text{ kJ} \quad \cdots\cdots(3)$$

$$H_2O(液) = H_2O(気) - 44 \text{ kJ} \quad \cdots\cdots(4)$$

問3と式(4)より，式(5)が得られる。

$$H_2(気) + \frac{1}{2}O_2(気) = H_2O(液) + 286\,\text{kJ} \quad \cdots\cdots(5)$$

よって，式(1)＝式(3)＋式(5)×2 −式(2)より，

$$891 = 394 + 286 \times 2 - Q \quad \therefore \quad Q = 75\,\text{kJ/mol}$$

問5

解答への道しるべ

GR③ 反応熱の計算（結合エネルギーを含む）

反応熱は，反応物のもつエネルギーの総和と生成物のもつエネルギーの総和の差が反応熱となる。反応物の結合エネルギーの総和を x〔kJ〕，生成物の結合エネルギーの総和を y〔kJ〕とすると，反応熱 Q〔kJ〕は，$Q = y - x$ で表される。

このとき，$Q > 0$ $(x < y)$ のとき発熱反応，$Q < 0$ $(x > y)$ のとき吸熱反応となる。

分子を用いた結合エネルギーの計算では，物質の状態は液体や固体でなく，気体から考える。

求める H_2O(気)中の $O-H$ 結合の結合エネルギーを q〔kJ/mol〕とすると，H_2O(気)の解離を表す熱化学方程式は，式(6)で表される。

$$H_2O(気) = 2\,H(気) + O(気) - 2\,q\;\text{〔kJ〕} \quad \cdots\cdots(6)$$

また，H_2(気)，O_2(気)の解離を表す熱化学方程式は，それぞれ式(7)，式(8)で表される。

$$H_2(気) = 2\,H(気) - 436\,\text{kJ} \quad \cdots\cdots(7)$$

$$O_2(気) = 2\,O(気) - 494\,\text{kJ} \quad \cdots\cdots(8)$$

問3で求めた熱化学方程式と，式(6)〜式(8)より，

$$242 = 2\,q - \left(436 + \frac{1}{2} \times 494\right) \quad \therefore \quad q = 462.5 \fallingdotseq 463\,\text{kJ}$$

10 | 熱化学（2） 格子エネルギー

答

問1 （1） Na^+ の数 = 4 個　　（2） Na^+ の数 = 1.85×10^{22} 個

問2 ② Cl_2（気）$= 2\,Cl$（気）$- 239\,kJ$

　　③ Na（気）$= Na^+$（気）$+ e^- - 498\,kJ$

　　④ Cl（気）$+ e^- = Cl^-$（気）$+ 353\,kJ$

　　⑤ Na（固）$+ \dfrac{1}{2}\,Cl_2$（気）$= NaCl$（固）$+ 410\,kJ$

問3　784 kJ　　　問4　$-4\,kJ/mol$

解説

問1

（1）　$NaCl$ の結晶では単位格子中に Na^+ は 4 個，Cl^- は 4 個含まれている。

（2）　$NaCl$ の単位格子の一辺の長さを l〔cm〕とすると，

$$l = 2(1.10 \times 10^{-8} + 1.90 \times 10^{-8}) = 6.0 \times 10^{-8}\,cm$$

よって，単位格子 $(6.0 \times 10^{-8})^3\,cm^3$ あたり Na^+ は 4 個含まれるので，$1.00\,cm^3$ あたりに含まれる Na^+ の数は，

$$4 \times \frac{1.00}{(6.0 \times 10^{-8})^3} = 1.851 \times 10^{22} \fallingdotseq 1.85 \times 10^{22}\,個$$

問2

解答への道しるべ

GR ❶ おもな反応熱

- **結合エネルギー**…結合 1 mol を切断するときに**必要なエネルギー**
- **イオン化エネルギー**…気体状の原子から電子 1 個を取り去って 1 価の陽イオンとするときに**必要なエネルギー**
- **電子親和力**…気体状の原子に電子 1 個を与えて 1 価の陰イオンとすると

・**生成熱**…成分元素の単体から化合物 1 mol を生成するときに**出入りする熱量**

①〜⑤の熱化学方程式は次のように表される。

① 昇華熱は，固体 1 mol を昇華させて気体とするために必要なエネルギーなので，吸熱反応となる。

$$Na(固) = Na(気) - 109\ kJ$$

② 結合エネルギーは結合を切るために必要なエネルギーなので，吸熱反応となる。$Cl_2(気) = 2\ Cl(気) - 239\ kJ$

③ イオン化エネルギーは，原子から電子1個を取り去るために必要なエネルギーなので，吸熱反応となる。

$$Na(気) = Na^+(気) + e^- - 498\ kJ$$

④ 電子親和力は，原子が電子を電子1個を受け取り，1価の陰イオンになるときに放出するエネルギーなので発熱反応となる。

$$Cl(気) + e^- = Cl^-(気) + 353\ kJ$$

⑤ 生成熱は，成分元素の単体から生成物 1 mol を生成するときに出入りする熱なので，

$$Na(固) + \frac{1}{2} Cl_2(気) = NaCl(固) + 410\ kJ$$

問3

解答への道しるべ

GR❷ (i) ヘスの法則（総熱量保存の法則）

反応熱は，反応物と生成物の状態によって決まり，途中の反応の経路は関係しない。

GR❷ (ii) 格子エネルギー

イオン結晶をクーロン力のはたらかない気体状の陽イオンと陰イオンにするときに必要なエネルギー。

求める格子エネルギーを Q 〔kJ/mol〕とすると，エネルギー図は右のようになる。

よって，求める格子エネルギーは，ヘスの法則より，

$$Q = 498 - 353 + 239 \times \frac{1}{2}$$
$$+ 109 + 410$$
$$= 783.5 \fallingdotseq 784 \text{ kJ}$$

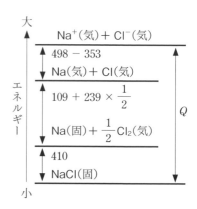

問 4

解答への道しるべ

(GR) 3 (i)　溶解熱

溶解熱…物質 1 mol を多量の溶媒に溶解したときに出入りする熱量。

. . . .

(GR) 3 (ii)　イオン結晶の溶解熱の求め方

イオン結晶 MX の水への溶解熱を Q 〔kJ/mol〕とすると，

$\text{MX(固)} + \text{aq} = \text{M}^+\text{aq} + \text{X}^-\text{aq} + Q$ 〔kJ〕

① 格子エネルギーを Q_1 〔kJ/mol〕とすると，

$\text{MX(固)} = \text{M}^+\text{(気)} + \text{X}^-\text{(気)} - Q_1$ 〔kJ〕

② 水和エネルギーを Q_2 〔kJ〕（$= q_1 + q_2$）とすると，

$\text{M}^+\text{(気)} + \text{aq} = \text{M}^+\text{aq} + q_1$ 〔kJ〕

$\text{X}^-\text{(気)} + \text{aq} = \text{X}^-\text{aq} + q_2$ 〔kJ〕

よって，溶解熱は，$Q = Q_2 - Q_1$

求める溶解熱を q 〔kJ/mol〕とすると，

$$q = 780 - 784 = -4 \text{ kJ/mol}$$

11 熱化学(3) 反応熱の測定

答 問1 A　　　問2 2.1 kJ　　　問3 42 kJ/mol

問4 56 kJ/mol　　　問5 9.8 kJ

解説

問1

解答への道しるべ

GR ❶ 水への溶解のグラフの温度の読み取り方

① 固体を水に溶かすとき，発生した熱が温度計の目盛りに反映されるのに少し時間がかかる。

② まわりの温度より高くなると，熱は逃げて，液温は下がる。

NaOH は粒状の固体で，水に溶解するとき熱を発生するので，水溶液の温度は上昇するが，まわりの温度より温度が高くなると熱が放出されて徐々に温度が下がる。図1のグラフでは最高温度はBと読めるが，溶解によって生じた熱がすべて温度計の目盛りに瞬間的に反映されないので，実は0〜2分の温度が上がっているときにも熱が放出されている。よって，生じた熱を計算するときには，**グラフの2分以降の直線の傾きで0分まで線を引いた(これを外挿という)** Aが反応熱を求める最高温度となる。

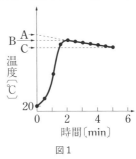

図1

問2

解答への道しるべ

GR ❷ 比熱を用いた計算

水溶液の質量を m〔g〕，比熱を c〔J/(g·K)〕，温度変化を Δt〔K〕とすると，

> 熱量 Q〔J〕は，$Q = mc\Delta t$ で表される。

$Q = mc\Delta t$ より，求める熱量を q_1〔kJ〕とすると，

$$q_1 = (2.0 + 48) \times 4.2 \times (30 - 20) = 2.1 \times 10^3 \, \mathrm{J} = 2.1 \, \mathrm{kJ}$$

問3

NaOH（式量 40）の溶解熱を Q_1〔kJ/mol〕とすると，

$$Q_1 \times \frac{2.0}{40} = 2.1 \qquad Q_1 = 42 \, \mathrm{kJ/mol}$$

問4

> ### 解答への道しるべ
>
> **GR 3** **中和熱**
>
> 　酸の水溶液中の 1 mol の H^+ と塩基の水溶液中の 1 mol の OH^- から中和反応によって 1 mol の H_2O が生じるときに**発生する熱量**。
>
> $$H^+aq + OH^-aq = H_2O(液) + Q \, \mathrm{kJ}$$

混合前の NaOH と HCl の物質量は，それぞれ次のようになる。

$$\mathrm{NaOH} : \frac{2.0}{40} = 0.050 \, \mathrm{mol} \qquad \mathrm{HCl} : 2.0 \times \frac{50}{1000} = 0.10 \, \mathrm{mol}$$

溶液を混合すると，中和反応が起こるが，中和のモル比は NaOH：HCl = 1：1 なので，0.050 mol の中和が起こり，HCl が 0.050 mol 残る。

よって，$Q = mc\Delta t$ より，生じた熱を q_2〔kJ〕とすると

$$q_2 = (50 + 50) \times 4.2 \times 6.7 = 2.81 \times 10^3 \, \mathrm{J} = 2.81 \, \mathrm{kJ}$$

よって，中和熱を Q_2〔kJ/mol〕とすると，

$$Q_2 \times 0.050 = 2.81 \qquad Q_2 = 56.2 \fallingdotseq 56 \, \mathrm{kJ/mol}$$

問5

4.0 g の NaOH を水に溶解するとき発生する熱量は，問2で 2.0 g の NaOH を水に溶解したとき 2.1 kJ の熱が生じたことから，

$$2.1 \times \frac{4.0}{2.0} = 4.2 \, \mathrm{kJ}$$

また，4.0 g の NaOH は 0.10 mol であり，HCl が 0.10 mol なので，中和は 0.10 mol である。問 4 より，0.050 mol の中和で 2.81 kJ の熱が生じたので，0.10 mol の中和では，

$$2.81 \times \frac{0.10}{0.050} = 5.62 \text{ kJ}$$

よって，この実験で発生した熱量は，

$$4.2 + 5.62 = 9.82 \fallingdotseq 9.8 \text{ kJ}$$

---

12 酸・塩基（1）

答

問 1　ア：電離度　　イ：強酸　　ウ：弱酸　　エ：酸
　　　オ：塩基　　　カ：塩基　　キ：塩基
　　　〔a〕H^+　　　〔b〕OH^-　　〔c〕H^+　　　〔d〕H^+
　　　〔e〕$CO_3{}^{2-}$　　〔f〕$HCO_3{}^-$　　〔g〕OH^-　　〔h〕CO_2

問 2　$H_3PO_4 > CH_3COOH > H_2CO_3 > C_6H_5OH$

問 3　小さくなる。

解説

問 1

解答への道しるべ

GR 1 **酸，塩基の定義**

(ⅰ) **アレーニウスの定義**
　　酸…水溶液中で H^+ を放出する物質
　　塩基…水溶液中で OH^- を放出する物質

(ⅱ) **ブレンステッド・ローリーの定義**
　　酸…H^+ を与える物質
　　塩基…H^+ を受け取る物質

アレーニウスの定義では，**酸は水溶液中で水素イオン H⁺ を放出する物質であり，塩基は水溶液中で水酸化物イオン OH⁻ を放出する物質である。**水溶液中で酸としてはたらく HCl，塩基としてはたらく NaOH は，それぞれ次のように電離する。

　　　酸：$HCl \longrightarrow H^+ + Cl^-$

　　　塩基：$NaOH \longrightarrow Na^+ + OH^-$

また，ブレンステッド・ローリーの定義では，**酸は H⁺ を与える物質，塩基は H⁺ を受け取る物質である。**水溶液中で酸としてはたらく CH₃COOH，塩基としてはたらく NH₃ は，それぞれ次のように電離する。

　　　酸：$CH_3COOH + H_2O \rightleftharpoons CH_3COO^- + H_3O^+$

　　　塩基：$NH_3 + H_2O \rightleftharpoons NH_4^+ + OH^-$

問2

酸塩基反応において，**強い酸と強い塩基から弱い酸と弱い塩基が生成する方向に偏る**ので，実験１〜３では，反応式の正反応の方向（反応物）の酸と逆反応の方向（生成物）の酸の強弱は，正反応の酸の方が逆反応の酸より強いことがわかる。したがって，実験１〜３それぞれの正反応と逆反応の酸を考える。

　実験１：重曹 NaHCO₃ に酢酸 CH₃COOH に加えたときの反応は，次式で表される。

$$NaHCO_3 + \underset{SA}{CH_3COOH} \longrightarrow CH_3COONa + H_2O + \underset{(H_2CO_3)：WA}{CO_2}$$

　正反応は CH₃COOH，逆反応は H₂CO₃（H₂O ＋ CO₂）なので，酸の強さは，CH₃COOH ＞ H₂CO₃ となる。

　実験２：酢酸ナトリウム CH₃COONa にリン酸 H₃PO₄ を加えたときの反応は，次式で表される。

$$\text{H}_3\text{PO}_4 + \text{CH}_3\text{COONa} \longrightarrow \text{NaH}_2\text{PO}_4 + \text{CH}_3\text{COOH}$$

SA　　　　　　　　　　　　　　　　WA

正反応は H_3PO_4，逆反応は CH_3COOH なので，酸の強さは，
$\text{H}_3\text{PO}_4 > \text{CH}_3\text{COOH}$ となる。

　実験3：ナトリウムフェノキシド $\text{C}_6\text{H}_5\text{Na}$ の水溶液に，CO_2 を通じたとき
の反応は，次式で表される。

$$\text{C}_6\text{H}_5\text{ONa} + \text{CO}_2 + \text{H}_2\text{O} \longrightarrow \text{NaHCO}_3 + \text{C}_6\text{H}_5\text{OH}$$

（H_2CO_3）：SA　　　　　　　　　WA

　正反応は H_2CO_3（$\text{CO}_2 + \text{H}_2\text{O}$），逆反応は $\text{C}_6\text{H}_5\text{OH}$ なので，酸の強さは，
$\text{H}_2\text{CO}_3 > \text{C}_6\text{H}_5\text{OH}$ となる。

　以上より，$\text{H}_3\text{PO}_4 > \text{CH}_3\text{COOH} > \text{H}_2\text{CO}_3 > \text{C}_6\text{H}_5\text{OH}$ となる。

問3

解答への道しるべ

(GR) 3 水のイオン積

　純水は水溶液中でわずかに電離する。

$$\text{H}_2\text{O} \rightleftarrows \text{H}^+ + \text{OH}^-$$

このとき，25℃では，$[\text{H}^+] = [\text{OH}^-] = 1.0 \times 10^{-7}\,\text{mol/L}$ となり，
$K_\text{w} = [\text{H}^+][\text{OH}^-] = 1.0 \times 10^{-14}\,(\text{mol/L})^2$ が成り立つ。この K_w を**水のイオン積**といい，水溶液では常に成り立つ。

　水の電離の熱化学方程式は次のようになる。

$$\text{H}_2\text{O} \rightleftarrows \text{H}^+ + \text{OH}^- - 57\,\text{kJ}$$

上式のように，**水の電離は吸熱反応であり，温度を高くするとルシャトリエの原理より，吸熱方向に平衡が移動する。**よって，水の電離が大きくなる方向に平衡が移動するので，水素イオン濃度 $[\text{H}^+]$，水酸化物イオン濃度 $[\text{OH}^-]$ はともに大きくなる。

　ここで，ある酸の水溶液の 25℃における pH = 2.0（$[\text{H}^+] = 10^{-2.0}$），
pOH = 12.0（$[\text{OH}^-] = 10^{-12.0}$）であることより，25℃における水のイオン積は，

$$K_\text{w} = [\text{H}^+][\text{OH}^-] = 10^{-2.0} \times 10^{-12.0} = 10^{-14.0}\,(\text{mol/L})^2$$

　また，80℃では，25℃と比べて水の電離が大きくなるので，水のイオン積 K_w
の値は 1.0×10^{-14} より大きくなり，pH = 2.5（$[\text{H}^+] = 10^{-2.5}$）のときの $[\text{OH}^-]$ は，

$[\text{OH}^-] = \dfrac{K_\text{W}}{[\text{H}^+]} = \dfrac{10^{-14} \text{より大きい}}{10^{-2.5}}$ より，$[\text{OH}^-]$ は $10^{-11.5}$ より大きくなる。よって，pOH の値は 11.5 より小さくなる。

---

13 | 酸・塩基(2) 食酢の定量

答

問1　1.26 g　　　問2　$1.00 \times 10^{-1}\,\text{mol/L}$

問3　無色から淡赤色

問4　$\text{CH}_3\text{COOH} + \text{NaOH} \longrightarrow \text{CH}_3\text{COONa} + \text{H}_2\text{O}$

問5　酢酸イオンが加水分解により，次式のように水酸化物
　　　イオンを生成するため。
　　　$\text{CH}_3\text{COO}^- + \text{H}_2\text{O} \rightleftharpoons \text{CH}_3\text{COOH} + \text{OH}^-$

問6　メチルオレンジの変色域は酸性側であり，中和点に達
　　　する前に変色してしまうため。

問7　$7.1 \times 10^{-1}\,\text{mol/L}$　　　問8　4.2%

解説

問1

0.100 mol/L シュウ酸水溶液 100 mL に含まれるシュウ酸 $\text{H}_2\text{C}_2\text{O}_4$ の物質量は，

$$0.100 \times \frac{100}{1000} = 1.00 \times 10^{-2}\,\text{mol}$$

シュウ酸二水和物 $\text{H}_2\text{C}_2\text{O}_4 \cdot 2\text{H}_2\text{O}$（式量 126）を水に溶かしたとき，次の反応が起こる。$\text{H}_2\text{C}_2\text{O}_4 \cdot 2\text{H}_2\text{O} \longrightarrow \text{H}_2\text{C}_2\text{O}_4 + 2\text{H}_2\text{O}$

よって，1 mol の $\text{H}_2\text{C}_2\text{O}_4 \cdot 2\text{H}_2\text{O}$ あたり，1 mol の $\text{H}_2\text{C}_2\text{O}_4$ が生じるので，1.00×10^{-2} mol の $\text{H}_2\text{C}_2\text{O}_4$ を含む水溶液を調製するために必要な $\text{H}_2\text{C}_2\text{O}_4 \cdot 2\text{H}_2\text{O}$ の質量は，

$$126 \times 1.00 \times 10^{-2} = 1.26\,\text{g}$$

問2

解答への道しるべ

GR ④ 中和反応の量的関係

酸の価数を n_1，モル濃度を C_1 〔mol/L〕，体積を v_1 〔mL〕，塩基の価数を n_2，モル濃度を C_2 〔mol/L〕，体積を v_2 〔mL〕とすると，次の関係が成り立つ。

$$\frac{n_1 C_1 v_1}{1000} = \frac{n_2 C_2 v_2}{1000}$$

シュウ酸は2価の酸であり，水酸化ナトリウムは1価の塩基なので，中和反応の量的関係より，求める NaOH 水溶液のモル濃度を x 〔mol/L〕とすると，

$$2 \times 0.100 \times \frac{10.0}{1000} = 1 \times x \times \frac{20.00}{1000} \qquad \therefore \quad x = 1.00 \times 10^{-1}\,\mathrm{mol/L}$$

問3

解答への道しるべ

GR ② 指示薬の選び方

指示薬の変色域で pH が大きく変化しているものを選ぶ。

フェノールフタレインであれば，pH < 8.0 で無色，9.8 < pH で赤色。

メチルオレンジでは，pH < 3.1 で赤色，4.4 < pH で黄色。

よって，使用できる指示薬は，

1. 中和点が塩基性側であれば，フェノールフタレイン
2. 中和点が酸性側にあればメチルオレンジ
3. 中和点が中性で強酸，強塩基の中和滴定であればフェノールフタレイン，メチルオレンジの両方

酢酸 CH₃COOH は弱酸であり，水酸化ナトリウム NaOH は強塩基である。操作4では，フェノールフタレインを指示薬として用い，弱酸に強塩基を加えているので，水溶液は酸性から中性，さらに塩基性に変化する。また中和点は酢酸ナトリウム CH₃COONa の水溶液となり，塩基性を示す。よって，溶液の色の変化は，無色から淡赤色に変化する。

問4

酢酸と水酸化ナトリウムの中和反応は次式で表される。

$$CH_3COOH + NaOH \longrightarrow CH_3COONa + H_2O$$

問5

　中和点は酢酸ナトリウム CH_3COONa の水溶液になっており，水溶液中で CH_3COONa は完全に電離している。

$$CH_3COONa \longrightarrow CH_3COO^- + Na^+$$

　ここで，Na^+は加水分解しないが，酢酸イオンが加水分解して，次式のように水酸化物イオンを生成するために水溶液は塩基性を示す。

$$CH_3COO^- + H_2O \rightleftharpoons CH_3COOH + OH^-$$

問6

　CH_3COOH に $NaOH$ を滴下したときの滴定曲線は右図のようになり，メチルオレンジを指示薬に用いたときは，中和点よりも手前で変色してしまうので，中和点までの体積を知ることができない。

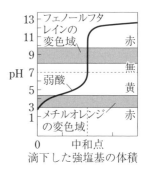

滴下した強塩基の体積

問7

　中和反応の量的関係より，求める食酢中の酢酸のモル濃度を y〔mol/L〕とすると，

$$1 \times y \times \frac{1.00}{1000} = 1 \times 1.00 \times 10^{-1} \times \frac{7.10}{1000} \qquad \therefore \quad y = 7.1 \times 10^{-1}\,\mathrm{mol/L}$$

問8

食酢の密度は 1.01 g/cm³，また，CH₃COOH の分子量は 60 より，

$$\frac{60 \times 7.10 \times 10^{-1}}{1.01 \times 1000} \times 100 = 4.21 ≒ 4.2\%$$

<table>
<tr><td rowspan="7">答</td><td>**14**</td><td colspan="2">**酸・塩基（3）　逆滴定**</td></tr>
</table>

14	**酸・塩基（3）　逆滴定**

問1　18 mol/L

問2　(b)　$H_2SO_4 + 2NH_3 \longrightarrow (NH_4)_2SO_4$

　　　(c)　$H_2SO_4 + 2NaOH \longrightarrow Na_2SO_4 + 2H_2O$

問3　黄色　　　問4　3.2×10^{-3} mol　　　問5　14 g

問6　濡れていても影響しない。理由はコニカルビーカーが濡れていても硫酸の物質量は同じだから。

問7　濡れていると影響する。理由はビュレットに入る水酸化ナトリウム水溶液の濃度が薄まり，滴下量が増えてタンパク質を少なく見積もるから。

解説

問1

質量パーセント濃度 98%，密度 1.8 g/cm³ の濃硫酸のモル濃度を求めるときは，濃硫酸 1 L（= 1000 mL）あたりに含まれる H_2SO_4（分子量 98）の物質量を求める。

$$\frac{1.8 \times 1000 \times \dfrac{98}{100}}{98} = 18 \text{ mol/L}$$

問2

(b) 発生した NH_3 を希硫酸に吸収させているので、その反応は次式で表される。

$$H_2SO_4 + 2\,NH_3 \longrightarrow (NH_4)_2SO_4$$

(c) NH_3 を吸収した後の未反応の H_2SO_4 と $NaOH$ の反応であり、その反応は次式で表される。

$$H_2SO_4 + 2\,NaOH \longrightarrow Na_2SO_4 + 2\,H_2O$$

問3

下線部(c)の滴定で、メチルレッドを指示薬として用いている。

$NaOH$ を滴下する前は、$(NH_4)_2SO_4$ と H_2SO_4 の混合水溶液なので、溶液は強い酸性を示す。**滴定の終点では $(NH_4)_2SO_4$ と Na_2SO_4 の混合水溶液となり、弱酸性を示す**。よって、溶液の色は赤色から黄色に変化する。

問4、5について、この実験の流れは次のようになる。

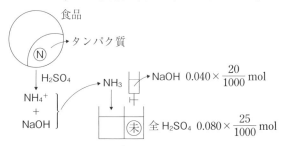

問4

解答への道しるべ

GR① 中和反応の量的関係

酸の価数×酸の物質量＝塩基の価数×塩基の物質量

操作3で発生した NH_3 を x 〔mol〕とすると、中和反応の量的関係より、

$$2 \times 0.080 \times \frac{25}{1000} = 1 \times x + 0.040 \times \frac{20}{1000} \qquad x = 3.2 \times 10^{-3}\,mol$$

問5

2.0 g の食品に含まれるタンパク質の質量を y〔g〕とすると,

$$\frac{14 \times 3.2 \times 10^{-3}}{y} \times 100 = 16\% \qquad y = 0.28\,\text{g}$$

よって,食品 100 g に含まれるタンパク質は,

$$0.28 \times \frac{100}{2.0} = 14\,\text{g}$$

問6

解答への道しるべ

GR 2　滴定に用いるガラス器具の使い方

1.　純水で濡れたままで用いることができる。
　　メスフラスコ，コニカルビーカー
2.　使用する溶液ですすいでから用いる。
　　ビュレット，ホールピペット

　これらのガラス器具(コニカルビーカー以外)は,加熱乾燥しない。ガラスなので,加熱,冷却によって目盛りの誤差が生じてしまうから。

コニカルビーカーの内壁が純水で濡れていたとしても,コニカルビーカー内の H_2SO_4 の物質量は変化しないので,実験結果に影響しない。

問7

　ビュレットの内壁が純水で濡れている場合は,滴定に用いた NaOH 水溶液の濃度が 0.040 mol/L より薄くなってしまう。よって,真の滴下量より多く NaOH 水溶液を滴下しなければならないので,操作3で発生した NH_3 の物質量より小さく見積もってしまう。したがって,食品中に含まれるタンパク質の含有率を低く見積もってしまう。

14

酸・塩基(3)　逆滴定

<table>
<tr><td rowspan="4">**15**</td><td colspan="2">二段滴定</td></tr>
</table>

答	問1　$6.0 \times 10^{-2}\,\mathrm{mol/L}$　　　　問2　$5.7 \times 10\%$
	問3　$\mathrm{NaHCO_3 + HCl \longrightarrow NaCl + H_2O + CO_2}$
	問4　$1.8 \times 10\,\mathrm{mL}$

解説

問1, 2

解答への道しるべ

(GR) 1 Ba^{2+} による $CO_3{}^{2-}$ の沈殿

NaOH と Na_2CO_3 を含む混合水溶液に $BaCl_2$ 水溶液を加えると，$BaCO_3$ の白色沈殿が生成する。

$$\mathrm{Ba^{2+} + CO_3{}^{2-} \longrightarrow BaCO_3}$$

溶液 B 20.0 mL に含まれる NaOH と Na_2CO_3 の物質量をそれぞれ x [mol]，y [mol] とする。**実験Ⅱ**では，メチルオレンジを指示薬として滴定しているので，次の反応が起こる。

$\mathrm{NaOH + HCl \longrightarrow NaCl + H_2O}$
x [mol]　x [mol]

$\mathrm{Na_2CO_3 + 2\,HCl \longrightarrow 2NaCl + H_2O + CO_2}$
　y [mol]　　$2y$ [mol]

よって，終点までに加えた HCl の物質量の関係は次の(1)式で表される。

$$x + 2y = 1.00 \times 10^{-1} \times \frac{24.0}{1000} \quad \cdots\cdots(1)$$

また，**実験Ⅲ**で，塩化バリウム $BaCl_2$ 水溶液を加えたときに起こる反応は次式で表される。

$$\mathrm{BaCl_2 + Na_2CO_3 \longrightarrow 2\,NaCl + BaCO_3}$$

よって，$BaCO_3$ が沈殿するので，HCl と反応する物質は NaOH のみとなる。

フェノールフタレインを指示薬として滴定しているので，次の反応が起こり，終点までに加えた HCl の物質量の関係は(2)式で表される

$$NaOH + HCl \longrightarrow NaCl + H_2O$$
$$x \text{〔mol〕} \quad x \text{〔mol〕}$$

$$x = 1.00 \times 10^{-1} \times \frac{12.0}{1000} = 1.20 \times 10^{-3}\,\text{mol} \quad \cdots\cdots(2)$$

よって，(1)式と(2)式より，$x = 1.20 \times 10^{-3}\,\text{mol}$，$y = 6.0 \times 10^{-4}\,\text{mol}$
したがって，溶液 B 中の NaOH のモル濃度は，

$$1.20 \times 10^{-3} \times \frac{1000}{20.0} = 6.0 \times 10^{-2}\,\text{mol/L}$$

また，混合物 A 中の Na_2CO_3 の質量パーセントは，

$$\frac{Na_2CO_3\text{の質量}}{NaOH\text{の質量}+Na_2CO_3\text{の質量}} \times 100$$

$$= \frac{106 \times 6.0 \times 10^{-4}}{40 \times 1.20 \times 10^{-3} + 106 \times 6.0 \times 10^{-4}} \times 100$$

$$= 56.9 \doteqdot 57\%$$

15

二段滴定

問 3

解答への道しるべ

GR 2 塩基の強さ

化合物	イオン	塩基の強弱	指示薬	HCl との反応
NaOH	OH^-	強い ↑ 弱い	P.P…赤	①
Na_2CO_3	CO_3^{2-}		P.P…赤	②
$NaHCO_3$	HCO_3^-		P.P…無色 M.O…黄色	③

フェノールフタレイン…P.P（無色　変色 pH 8.0 〜 9.8　赤色）
メチルオレンジ…M.O（赤色　変色 pH 3.1 〜 4.4　黄色）
反応①　$NaOH + HCl \longrightarrow NaCl + H_2O$
反応②　$Na_2CO_3 + HCl \longrightarrow NaHCO_3 + NaCl$
反応③　$NaHCO_3 + HCl \longrightarrow NaCl + H_2O + CO_2$
　NaOH と Na_2CO_3 が残っているときは，フェノールフタレインの赤色は消えない。

Na$_2$CO$_3$ と HCl の反応では，次の 2 段階の反応が起こる。

Na$_2$CO$_3$ + HCl $\longrightarrow$ NaHCO$_3$ + NaCl

NaHCO$_3$ + HCl $\longrightarrow$ NaCl + H$_2$O + CO$_2$

第一中和点の pH が約 8.5 であり，フェノールフタレインの変色域にあるので，フェノールフタレインを指示薬として用いることができ，第一中和点の水溶液は NaCl と NaHCO$_3$ の混合水溶液となっている。

よって，第一中和点から第二中和点までに起こる反応は，

NaHCO$_3$ + HCl $\longrightarrow$ NaCl + H$_2$O + CO$_2$

問4

BaCl$_2$ 水溶液を加えない場合，Na$_2$CO$_3$ が取り除かれないので，問 3 を参考にすると次の反応が起こる。

NaOH + HCl $\longrightarrow$ NaCl + H$_2$O
x〔mol〕 x〔mol〕

Na$_2$CO$_3$ + HCl $\longrightarrow$ NaCl + NaHCO$_3$
y〔mol〕 y〔mol〕

よって，求める HCl の体積を v〔mL〕とすると，必要な HCl の物質量は，

$$x + y = 1.20 \times 10^{-3} + 6.0 \times 10^{-4} = 1.00 \times 10^{-1} \times \frac{v}{1000}$$

$$\therefore \quad v = 1.8 \times 10 \ \text{mL}$$

---

16 | 酸化還元 (1)

問1　（ア）酸化剤 I$_2$（0 → −1），還元剤 SO$_2$（+4 → +6）
　　　（イ）酸化剤 SO$_2$（+4 → 0），還元剤 H$_2$S（−2 → 0）
　　　（ウ）酸化剤 H$_2$O$_2$（−1 → −2），還元剤 SO$_2$（+4 → +6）
　　　（エ）酸化剤 H$_2$O$_2$（−1 → −2），還元剤 KI（−1 → 0）

問2　（イ），（オ）

解説

問1

GR ① 酸化剤と還元剤

酸化剤は，相手を酸化する物質であり，自身は還元されている。
還元剤は，相手を還元する物質であり，自身は酸化されている。

（ア）　$SO_2 + I_2 + 2 H_2O \longrightarrow H_2SO_4 + 2 HI$

SO_2 は還元剤としてはたらき，電子を含むイオン反応式は次式で表される。

$$SO_2 + 2 H_2O \longrightarrow SO_4{}^{2-} + 4 H^+ + 2 e^-$$

このとき，S の酸化数変化は $+4 \rightarrow +6$ である。

また，I_2 は酸化剤としてはたらき，電子を含むイオン反応式は次式で表される。

$$I_2 + 2 e^- \longrightarrow 2 I^-$$

このとき，I の酸化数変化は $0 \rightarrow -1$ である。

（イ）　$2 H_2S + SO_2 \longrightarrow 2 H_2O + 3 S$

H_2S は還元剤としてはたらき，電子を含むイオン反応式は次式で表される。

$$H_2S \longrightarrow S + 2 H^+ + 2 e^-$$

このとき，S の酸化数変化は $-2 \rightarrow 0$ である。

また，SO_2 は酸化剤としてはたらき，電子を含むイオン反応式は次式で表される。

$$SO_2 + 4 H^+ + 4 e^- \longrightarrow S + 2 H_2O$$

このとき，S の酸化数変化は $+4 \rightarrow 0$ である。

（ウ）　$H_2O_2 + SO_2 \longrightarrow H_2SO_4$

H_2O_2 は酸化剤としてはたらき，電子を含むイオン反応式は次式で表される。

$$H_2O_2 + 2 H^+ + 2 e^- \longrightarrow 2 H_2O$$

このとき，O の酸化数変化は $-1 \rightarrow -2$ である。

また，SO_2 は還元剤としてはたらき，電子を含むイオン反応式は次式で表される。

$$SO_2 + 2 H_2O \longrightarrow SO_4{}^{2-} + 4 H^+ + 2 e^-$$

このとき，S の酸化数変化は $+4 \rightarrow +6$ である。

（エ）　$H_2O_2 + 2KI + H_2SO_4 \longrightarrow 2H_2O + I_2 + K_2SO_4$

　H_2O_2 は酸化剤としてはたらき，電子を含むイオン反応式は次式で表される。

　　　$H_2O_2 + 2H^+ + 2e^- \longrightarrow 2H_2O$

　このとき，O の酸化数変化は $-1 \rightarrow -2$ である。

　また，KI は還元剤としてはたらき，電子を含むイオン反応式は次式で表される。

　　　$2I^- \longrightarrow I_2 + 2e^-$

　このとき，I の酸化数変化は $-1 \rightarrow 0$ である。

問2

解答への道しるべ

GR 2 （ i ）　酸化還元反応の進み方

　一般的に，酸化還元反応の進み方は，「強い酸化剤＋強い還元剤→弱い酸化剤＋弱い還元剤」の方向

GR 2 （ ii ）　ハロゲン単体の酸化力，ハロゲン化物イオンの還元力

　ハロゲン単体の酸化力　$F_2 > Cl_2 > Br_2 > I_2$
　ハロゲン化物イオンの還元力　$I^- > Br^- > Cl^- > F^-$

GR 2 （ iii ）　金属の単体の還元力，イオンの酸化力

　イオン化傾向は，金属単体の酸化されやすさの傾向なので，イオン化傾向が大きい金属の単体ほど還元力が大きい。

　また，イオン化傾向の小さい金属のイオンほど酸化力は大きい。

　酸化還元反応は，「**強い酸化剤＋強い還元剤 $\longrightarrow$ 弱い酸化剤＋弱い還元剤**」**の方向に反応が進みやすい**。したがって，（ア）〜（オ）について，イオン反応式から考えると，

（ア）　$Pb^{2+} + Zn \longrightarrow Pb + Zn^{2+}$

	正反応	逆反応
酸化剤	Pb^{2+}（強）	Zn^{2+}（弱）
還元剤	Zn（強）	Pb（弱）

よって，反応は進む。

（イ）　$Cu + Zn^{2+} \longrightarrow Zn + Cu^{2+}$

	正反応	逆反応
酸化剤	Zn^{2+}（弱）	Cu^{2+}（強）
還元剤	Cu（弱）	Zn（強）

よって，反応は進まない。

（ウ）　$2I^- + Br_2 \longrightarrow 2Br^- + I_2$

	正反応	逆反応
酸化剤	Br_2（強）	I_2（弱）
還元剤	I^-（強）	Br^-（弱）

よって，反応は進む。

（エ）　$2Br^- + Cl_2 \longrightarrow 2Cl^- + Br_2$

	正反応	逆反応
酸化剤	Cl_2（強）	Br_2（弱）
還元剤	Br^-（強）	Cl^-（弱）

よって，反応は進む。

（オ）　$2Cl^- + I_2 \longrightarrow 2I^- + Cl_2$

	正反応	逆反応
酸化剤	I_2（弱）	Cl_2（強）
還元剤	Cl^-（弱）	I^-（強）

よって，反応は進まない。

17 　酸化還元（2）　ヨウ素滴定

問1　(i)　$2KI + H_2O_2 + H_2SO_4 \longrightarrow I_2 + 2H_2O + K_2SO_4$

(ii)　$I_2 + 2Na_2S_2O_3 \longrightarrow 2NaI + Na_2S_4O_6$

(iii)　$0.25\,mol/L$

(iv)　色の変化で滴定の終点を判断できる指示薬がないから。（25字）

問2　(i)　$I_2 + H_2S \longrightarrow 2HI + S$　　(ii)　$8.0 \times 10^{-2}\,mol/L$

解説

問1

(i) 実験1において，硫酸酸性の条件下でヨウ化物イオン I^- が還元剤としてはたらくので，過酸化水素 H_2O_2 は酸化剤としてはたらく。このときの変化はそれぞれ，次の(1)式，(2)式で表される。

$$2\,I^- \longrightarrow I_2 + 2\,e^- \quad \cdots\cdots(1)$$
$$H_2O_2 + 2\,H^+ + 2\,e^- \longrightarrow 2\,H_2O \quad \cdots\cdots(2)$$

(1)式＋(2)式より，イオン反応式は，

$$H_2O_2 + 2\,I^- + 2\,H^+ \longrightarrow I_2 + 2H_2O$$

両辺に，$2K^+$，SO_4^{2-} を加えると，次式が得られる。

$$H_2O_2 + 2\,KI + H_2SO_4 \longrightarrow I_2 + 2\,H_2O + K_2SO_4$$

(ii) ヨウ素 I_2 は酸化剤として，チオ硫酸イオン $S_2O_3^{2-}$ は還元剤としてはたらく。このときの変化はそれぞれ，次の(3)式，(4)式で表される。

$$I_2 + 2\,e^- \longrightarrow 2\,I^- \quad \cdots\cdots(3)$$
$$2\,S_2O_3^{2-} \longrightarrow S_4O_6^{2-} + 2\,e^- \quad \cdots\cdots(4)$$

(3)式＋(4)式より，

$$I_2 + 2\,S_2O_3^{2-} \longrightarrow 2\,I^- + S_4O_6^{2-}$$

両辺に $4Na^+$ を加えると，次式が得られる。

CHAPTER 1 理論化学

$$I_2 + 2\,Na_2S_2O_3 \longrightarrow 2\,NaI + Na_2S_4O_6$$

解答への道しるべ

GR 2 酸化還元滴定の量的関係

酸化還元反応では，受け取る電子の物質量と放出する電子の物質量が等しくなるので，次の関係が成り立つ。

「酸化剤の物質量×価数＝還元剤の物質量×価数」

(iii) 求める H_2O_2 のモル濃度を x 〔mol/L〕とすると，

$$x \times \frac{20}{1000} \times 2 = 1.0 \times \frac{10.0}{1000} \qquad \therefore \quad x = 2.5 \times 10^{-1}\,mol/L$$

(iv) 過酸化水素 H_2O_2 が酸化剤，チオ硫酸ナトリウム $Na_2S_4O_6$ が還元剤としてはたらくとき，酸化還元反応は次式で表される（(2)式＋(4)式）。

$$H_2O_2 + 2H^+ + 2S_2O_3{}^{2-} \longrightarrow 2H_2O + S_4O_6{}^{2-}$$

この反応では，ヨウ素滴定のデンプン水溶液のような，指示薬がないので，滴定の終点を判別することができない。

問2

(i) 実験2において，ヨウ素 I_2 が酸化剤としてはたらき，硫化水素 H_2S が還元剤としてはたらく。I_2 の酸化剤としての変化は，(3)式で表され，H_2S の還元剤としての変化は，次の(5)式で表される。

$$H_2S \longrightarrow S + 2H^+ + 2e^- \quad \cdots\cdots(5)$$

(3)式＋(5)式より，求める化学反応式が得られる。

$$I_2 + H_2S \longrightarrow S + 2HI$$

(ii) 実験2は次のように考えられる。ここで，I_2 は酸化剤，H_2S と $Na_2S_2O_3$ は還元剤としてはたらいている。

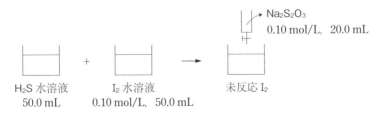

よって，求める H_2S のモル濃度を y〔mol/L〕とすると，

$$y \times \frac{50.0}{1000} \times 2 + 0.10 \times \frac{20.0}{1000} = 0.10 \times \frac{50.0}{1000} \times 2 \quad y = 8.0 \times 10^{-2}\,\text{mol/L}$$

---

18 | 酸化還元（3）

問1　+4　　問2　4.8 mg/L　　問3　6.0×10^{-5} mol

問4　2.4 mg/L

解説

問1

化合物中の酸化数は O が -2，OH^- は -1 なので，

$$x + (-2) + (-1) \times 2 = 0 \quad \therefore \quad x = +4$$

問2

解答への道しるべ

GR❶ 複雑な酸化還元反応から計算する場合

　溶存酸素量(DO)を求める問題のように，複数の酸化還元反応を用いて解答を導くとき，まず求める物質の物質量を x〔mol〕とする，次に，次の反応式をみて，同じ物質についての物質量比を反応式から求めていく。

　溶存酸素量(DO)は，試料水 1 L に含まれる O_2 の量〔mg/L〕であり，水質検査の一つである。試料水（湖水）100 mL に含まれる O_2 を x〔mol〕とすると，(2)，(3)，(4)式より，

$$2\,Mn(OH)_2 + O_2 \longrightarrow 2\,MnO(OH)_2 \quad \cdots\cdots(2)$$
$$\,x\,\text{〔mol〕}\quad 2x\,\text{〔mol〕}$$

$$MnO(OH)_2 + 4\,H^+ + 2\,I^- \longrightarrow Mn^{2+} + 3\,H_2O + I_2 \quad \cdots\cdots(3)$$
$$2x\,\text{〔mol〕}\phantom{+ 4\,H^+ + 2\,I^- \longrightarrow Mn^{2+} + 3\,H_2O}\,2x\,\text{〔mol〕}$$

$$I_2 + 2\,Na_2S_2O_3 \longrightarrow 2\,NaI + Na_2S_4O_6 \quad \cdots\cdots(4)$$
$$2x\,\text{〔mol〕}\quad 4x\,\text{〔mol〕}$$

よって，O_2 が x〔mol〕含まれていれば，$Na_2S_2O_3$ は $4x$〔mol〕必要となる。実験 I より，$Na_2S_2O_3$ の滴下量から，試料水 100 mL に含まれる O_2 は，

$$2.00 \times 10^{-2} \times \frac{3.00}{1000} \times \frac{1}{4} = 1.50 \times 10^{-5} \, mol$$

したがって，DO は，$32 \times 1.50 \times 10^{-5} \times \dfrac{1000}{100} \times 10^3 = 4.8 \, mg/L$

問3

解答への道しるべ

COD の計算（その1）

1. 酸化剤($KMnO_4$ など)，還元剤($Na_2C_2O_4$，試料水中の還元性物質など)を区別する。
2. 還元剤の $Na_2C_2O_4$ と過不足なく反応する $KMnO_4$ の物質量を求める。
3. 「全 $KMnO_4$ の物質量」－「2 で求めた $KMnO_4$ の物質量」より，試料水中の還元性物質と反応した $KMnO_4$ の物質量を求める。

化学的酸素要求量COD は，試料水 1 L に含まれる還元性物質（おもに有機物）を酸化するために必要な O_2 の量〔mg/L〕である。いま，湖水 100 mL に還元性物質が含まれていると，実験の流れは次のようになる。

① 有機物(還元性物質)を $KMnO_4$ を加えて酸化した。このとき，$KMnO_4$ が残る。
② $Na_2C_2O_4$ を加えて，残っていた $KMnO_4$ を還元する。このとき，$Na_2C_2O_4$ は残る。
③ 残っていた $Na_2C_2O_4$ を $KMnO_4$ で滴定する。

①〜③より，酸化剤は $KMnO_4$，還元剤は $Na_2C_2O_4$ と有機物になる。

よって，「全 $KMnO_4$ の物質量－$Na_2C_2O_4$ と反応した $KMnO_4$ の物質量＝有機物と反応した $KMnO_4$」となる。

(5)式より，$Na_2C_2O_4$：$KMnO_4$ ＝ 5：2 の物質量比で過不足なく反応するので，$Na_2C_2O_4$ と反応した $KMnO_4$ の物質量は，

$$2.00 \times 10^{-3} \times \frac{30.0}{1000} \times \frac{2}{5} = 2.4 \times 10^{-5} \, mol$$

よって，有機物と反応した $KMnO_4$ の物質量は，

$$2.00 \times 10^{-3} \times \frac{10.0 + 5.00}{1000} - 2.4 \times 10^{-5} = 6.0 \times 10^{-6}\,\text{mol}$$

湖水（試料水）1.00L 中では,

$$6.0 \times 10^{-6} \times \frac{1000}{100} = 6.0 \times 10^{-5}\,\text{mol}$$

問4

解答への道しるべ

COD の計算（その2）

COD は，試料水中の有機物（還元性物質）を酸化分解するために必要な酸化剤としての酸素の質量で換算したものなので，酸化剤として 1 mol の $KMnO_4$ を酸素に変換すると $\frac{5}{4}\,\text{mol}$ になる。

問3より，湖水の COD を求めるときに，酸化剤の $KMnO_4$ を O_2 に変換しないといけない。いま，酸化剤として a〔mol〕の $KMnO_4$ は $5\,a$〔mol〕の電子を受け取る。これを酸素 O_2 に変換すると，同じ $5\,a$〔mol〕の電子を受け取るためには，O_2 が $\frac{5}{4}\,a$〔mol〕必要となる。

$$MnO_4{}^- + 8\,H^+ + 5\,e^- \longrightarrow Mn^{2+} + 4\,H_2O$$
$\quad a\,\text{〔mol〕} \qquad\qquad 5\,a\,\text{〔mol〕}$

$$O_2 + 4\,H^+ + 4\,e^- \longrightarrow 2\,H_2O$$
$\frac{5}{4}\,a\,\text{〔mol〕} \qquad\quad 5\,a\,\text{〔mol〕}$

よって，求める COD は,

$$32 \times 6.0 \times 10^{-5} \times \frac{5}{4} \times 10^3 = 2.4\,\text{mg/L}$$

19	酸化還元(4)　COD(空試験あり)

答

問1　塩化物イオンが塩化銀の沈殿となり，溶液から取り除かれるから。

問2　$2\,KMnO_4 + 5\,H_2C_2O_4 + 3\,H_2SO_4$
$\longrightarrow 2\,MnSO_4 + K_2SO_4 + 8\,H_2O + 10\,CO_2$

問3　$3.5 \times 10^{-5}\,mol$　　　問4　$5.6\,mg/L$

解説

問1

解答への道しるべ

GR❶　塩化物イオンの除去

塩化物イオン Cl^- は還元剤としてはたらき，$KMnO_4$ によって酸化されてしまう。よって，COD を求めるとき Cl^- が含まれていると，正しい値より多くの $KMnO_4$ が必要になり，正確な COD を求められない。よって，あらかじめ Cl^- は AgCl として沈殿させておく必要がある。

COD を求めるときに，過マンガン酸カリウムを酸化剤として用いる場合，試料水に塩化物イオンが含まれていると，塩化物イオンが還元剤としてはたらくので，正しい COD の値を求められない。よって，試料水に $AgNO_3$ または Ag_2SO_4 を加えて，塩化物イオンを AgCl として沈殿させたのちに，試料水を COD 測定に用いる。

問2

硫酸酸性中での $KMnO_4$ と $H_2C_2O_4$ の反応では，$KMnO_4$ が酸化剤，$H_2C_2O_4$ が還元剤としてはたらく。このとき，電子を含むイオン反応式はそれぞれ(1)式，(2)式で表される。

$$MnO_4^- + 8\,H^+ + 5\,e^- \longrightarrow Mn^{2+} + 4\,H_2O \quad \cdots\cdots(1)$$

$$H_2C_2O_4 \longrightarrow 2\,CO_2 + 2\,H^+ + 2\,e^- \quad \cdots\cdots(2)$$

(1)式× 2 +(2)式× 5 より，

$$2\,MnO_4^- + 6\,H^+ + 5\,H_2C_2O_4 \longrightarrow 2\,Mn^{2+} + 8\,H_2O + 10\,CO_2$$

両辺に $2\,K^+$，$3\,SO_4{}^{2-}$ を加えると，

$$2\,KMnO_4 + 5\,H_2C_2O_4 + 3\,H_2SO_4$$
$$\longrightarrow 2\,MnSO_4 + K_2SO_4 + 8\,H_2O + 10\,CO_2$$

問3

解答への道しるべ

(GR) 2 空試験（ブランクテスト）

　滴定実験の際には，実験の誤差をできるだけ少なくしなければいけないので，中和滴定では，複数回滴定をして平均の滴下量をも求める場合がある。この酸化還元滴定では，問題の(v)のように，滴定誤差を少なくするために，試料水の代わりに純水を用いて同じ実験をすることで，(iv)と(v)のKMnO$_4$の滴下量の差から，試料水中の還元性物質の物質量をより正確に求めることができる。この(v)の操作を空試験（ブランクテスト）という。

　CODの測定においては，実験誤差も生じることがあり，その補正をするために(v)のような空試験（ブランクテスト）を行う。(i)〜(iv)と同じ操作を試料水ではなく蒸留水を用いて行うと，試料水のように酸化されやすい物質が含まれていなくても(v)の結果のように，KMnO$_4$水溶液が 0.20 mL 必要であったことから，(iv)において，KMnO$_4$水溶液の正しい実験における滴下量は，1.6 − 0.20 = 1.4 mL であることがわかる。この操作の流れは次のようになる。

(ii)　試料水に含まれる酸化されやすい物質を KMnO$_4$ を加えて酸化した。このとき，KMnO$_4$ が残る。

(iii)　$H_2C_2O_4$ を加えて，残っていた KMnO$_4$ を還元する。このとき，Na$_2$C$_2$O$_4$ は残る。

(iv)　残っていた $H_2C_2O_4$ を KMnO$_4$ で滴定する。

　(ii)〜(iv)より，酸化剤は KMnO$_4$，還元剤は $H_2C_2O_4$ と**酸化されやすい物質**になる。

　よって，「**全 KMnO$_4$ の物質量**−$H_2C_2O_4$ **と反応した** KMnO$_4$ **の物質量＝酸化されやすい物質と反応した** KMnO$_4$」となる。

問2の反応式から，$H_2C_2O_4$ と反応した $KMnO_4$ の物質量は，

$$0.0125 \times \frac{10.0}{1000} \times \frac{2}{5} = 5.0 \times 10^{-5} \, \text{mol}$$

よって，酸化されやすい物質と反応した $KMnO_4$ の物質量は，

$$0.0050 \times \frac{10.0 + 1.4}{1000} - 5.0 \times 10^{-5} = 7.0 \times 10^{-6} \, \text{mol}$$

また，(1)式より，$KMnO_4$ が受け取った電子の物質量は，

$$7.0 \times 10^{-6} \times 5 = 3.5 \times 10^{-5} \, \text{mol}$$

この値は，酸化されやすい物質が $KMnO_4$ に与えた電子の物質量と等しい。

〈**別解**〉操作(iv)で滴下した $KMnO_4$ 水溶液の体積は，試料水では 1.6 mL，空試験では 0.20 mL である。したがって，酸化されやすい物質と反応した $KMnO_4$ の物質量は，

$$0.0050 \times \frac{1.6 - 0.20}{1000} = 7.0 \times 10^{-6} \, \text{mol}$$

よって，$KMnO_4$ が受け取った電子の物質量は，

$$7.0 \times 10^{-6} \times 5 = 3.5 \times 10^{-5} \, \text{mol}$$

問4

問3より，試料水 50 mL に含まれる酸化されやすい物質が $KMnO_4$ に与えた電子の物質量は，$3.5 \times 10^{-5} \, \text{mol}$ なので，この電子を酸素が受け取る場合に必要な O_2 の物質量は，次式より，

$$O_2 + 4H^+ + 4e^- \longrightarrow 2H_2O$$

$3.5 \times 10^{-5} \times \dfrac{1}{4} \, \text{mol}$ となり，COD の値は，

$$32 \times 3.5 \times 10^{-5} \times \frac{1}{4} \times \frac{1000}{50} \times 10^3 = 5.6 \, \text{mg/L}$$

20 | 電池（1） 標準電極電位

答

問1　あ　低い　　い　低い　　う　高い

問2　ア　2.22 V　　　エ　0.55 V

問3　(1)　正極…$PbO_2 + SO_4^{2-} + 4H^+ + 2e^-$
$$\longrightarrow PbSO_4 + 2H_2O$$

　　　　　負極…$Pb + SO_4^{2-} \longrightarrow PbSO_4 + 2e^-$

　　　　　全体の反応…$Pb + PbO_2 + 2H_2SO_4$
$$\longrightarrow 2PbSO_4 + 2H_2O$$

　　　(2)　$+1.69$ V

解説

問1

解答への道しるべ

GR①　標準電極電位

　水素イオンH^+の還元反応$2H^+ + 2e^- \longrightarrow H_2$を基準として，その他の反応との電位差を求めたものを標準電極電位という。標準電極電位が高い（値が大きい）反応ほど還元反応が起こりやすい。

　電池を考えるときには，標準電極電位の高いほうが還元反応（正反応）が起こりやすいので正極に，標準電極電位の低いほうが酸化反応（逆反応）が起こりやすいので負極となる。

　標準電極電位は，還元反応の進行のしやすさを電位として数値で表したものであり，n価の陽イオンM^{n+}が還元されるときの反応は，①式で表される。

　　　$M^{n+} + ne^- \longrightarrow M$　……①

　このとき，**標準電極電位の値が大きいほど，上の反応が起こりやすい**。また，**標準電極電位の値が小さいほど，次に示す逆反応（②式）が起こりやすい**。

　　　$M \longrightarrow M^{n+} + ne^-$　……②

よって，電子を放出しやすい金属は②式の反応が起こりやすいので，標準電極電位は₂低い値をもつ。

　また，電池では，電子は，負極から流れ出て正極に入るので，電子を放出する反応の②式が負極の反応，電子を受け取る反応の①式が正極の反応となり，₁低い標準電極電位をもつ物質が負極活物質，₃高い標準電極電位をもつ物質が正極活物質となる。

問2

解答への道しるべ

(GR) 2 標準電極電位を用いた反応の進み方の判定

電位差が正のとき…反応は進む

電位差が負のとき…反応は進まない（逆反応に進む）

　反応が自発的に進行するときには，標準電極電位から求めた起電力（電位差）の値が正の値をとる。また，標準電極電位は，反応前後の物質の変化から，問1での①式，②式どちらのようにはたらくかを考えることで，表1から読み取ることができる。

アは，$Co^{3+} + e^- \longrightarrow Co^{2+}$　　$Cr^{2+} \longrightarrow Cr^{3+} + e^-$

　よって，起電力は$+1.81 - (-0.41) = 2.22$ V となり，反応は自発的に起こる。

イは，$Zn^{2+} + 2e^- \longrightarrow Zn$　　$Cd \longrightarrow Cd^{2+} + 2e^-$

　よって，起電力は$-0.76 - (-0.40) = -0.36$ V となり，反応は自発的に進行しない。

ウは，$Ti^{4+} + e^- \longrightarrow Ti^{3+}$　　$Ce^{3+} \longrightarrow Ce^{4+} + e^-$

　よって，起電力は$0.00 - (+1.61) = -1.61$ V となり，反応は自発的に進行しない。

エは，$Br_2 + 2e^- \longrightarrow 2Br^-$　　$2I^- \longrightarrow I_2 + 2e^-$

　よって，起電力は$+1.09 - (+0.54) = 0.55$ V となり，反応は自発的に進行する。

オは，$In^{3+} + e^- \longrightarrow In^{2+}$　　$Mn^{2+} \longrightarrow Mn^{3+} + e^-$

　よって，起電力は$-0.49 - (+1.51) = -2.00$ V となり，反応は自発的に進行しない。

問3

⑤④ 鉛蓄電池

　鉛蓄電池は，充電が可能な**二次電池**であり，放電のとき，負極の鉛 Pb は酸化されて $PbSO_4$ に，正極の酸化鉛(IV)PbO_2 は還元されて $PbSO_4$ に変化し，極板に付着する。

(1)　鉛蓄電池の負極，正極で起こる変化はそれぞれ次式で表される。

　　（負極）　$Pb + SO_4{}^{2-} \longrightarrow PbSO_4 + 2e^-$

　　（正極）　$PbO_2 + SO_4{}^{2-} + 4H^+ + 2e^- \longrightarrow PbSO_4 + 2H_2O$

　　負極と正極の式を足すと，電池全体の反応式となる。

　　　$Pb + PbO_2 + 2H_2SO_4 \longrightarrow 2PbSO_4 + 2H_2O$

(2)　正極の反応の標準電極電位を x とすると，

　　　$2.05 = x - (-0.36)$　　$x = 1.69\,V$

21	**電池(2)　燃料電池**

答

問1　（あ）　$O_2 + 4H^+ + 4e^- \longrightarrow 2H_2O$

　　（い）　$H_2 \longrightarrow 2H^+ + 2e^-$

問2　1.6 A　　　問3　負極…0.896 L　正極…0.448 L

問4　正極…$O_2 + 2H_2O + 4e^- \longrightarrow 4OH^-$

　　負極…$H_2 + 2OH^- \longrightarrow 2H_2O + 2e$

解説

問1

解答への道しるべ

(GR) ❶ 燃料電池の電極の反応（酸型）

　負極と正極を合わせた全体の反応は，完全燃焼の反応式で表される。

（負極）　燃料として使われる物質が酸化される。

　　（例）　$H_2 \longrightarrow 2H^+ + 2e^-$

（正極）　酸素が還元される。

　　（例）　$O_2 + 4H^+ + 4e^- \longrightarrow 2H_2O$

燃料電池（酸型）の電極では，それぞれ次のように反応する。

　（負極）　(い)$H_2 \longrightarrow 2H^+ + 2e^-$　　　　　……(1)

　（正極）　(あ)$O_2 + 4H^+ + 4e^- \longrightarrow 2H_2O$　……(2)

　　なお，(1)式×2＋(2)式より，電池全体の反応式は次のようになる。

　　　$2H_2 + O_2 \longrightarrow 2H_2O$

燃料電池は，全体の反応が完全燃焼の反応式で表される。

問2

解答への道しるべ

(GR) ❷ 電気量

　i〔A〕の電流がt〔秒〕流れたときの電気量Q〔C〕は，$Q = i \times t$

　また，流れた電子の物質量は，電子の物質量$= \dfrac{Q\,〔C〕}{F\,〔C/mol〕} = \dfrac{i \times t}{9.65 \times 10^4}$

　問1の全体の反応式から，負極で反応するH_2の物質量と電池全体で生成するH_2Oの物質量は等しいので，負極で反応したH_2の物質量は，

$$\frac{0.720}{18} = 4.00 \times 10^{-2}\,mol$$

　よって，求める電流値をi〔A〕とすると，(1)式より，1 mol のH_2が反応すると，2 mol のe^-が流れるので，

$$4.00 \times 10^{-2} \times 2 = \frac{i \times 80.0 \times 60}{9.65 \times 10^4} \qquad i = 1.60 \fallingdotseq 1.6 \, \text{A}$$

問3

放電時に流れた電子の物質量は，$4.00 \times 10^{-2} \times 2 = 8.00 \times 10^{-2}$ mol なので，電極で消費された気体の物質量は，

負極での H_2 は，$22.4 \times 8.00 \times 10^{-2} \times \dfrac{1}{2} = 0.896$ L

正極での O_2 は，$22.4 \times 8.00 \times 10^{-2} \times \dfrac{1}{4} = 0.448$ L

問4

解答への道しるべ

GR 3 燃料電池の電極の反応（アルカリ型）

負極と正極を合わせた全体の反応は，完全燃焼の反応式で表される。
- （負極）燃料として使われる物質が酸化される。
  - （例）$H_2 + 2\,OH^- \longrightarrow 2\,H_2O + 2\,e^-$
- （正極）酸素が還元される。
  - （例）$O_2 + 2\,H_2O + 4\,e^- \longrightarrow 4\,OH^-$

燃料電池（アルカリ型）の電極では，それぞれ次のように反応する。
- （負極）$H_2 + 2\,OH^- \longrightarrow 2\,H_2O + 2\,e^-$ ……(3)
- （正極）$O_2 + 2\,H_2O + 4\,e^- \longrightarrow 4\,OH^-$ ……(4)

なお，(3)式×2 +(4)式より，電池全体の反応式は次のようになる。
- $2H_2 + O_2 \longrightarrow 2H_2O$

燃料電池は，全体の反応が完全燃焼の反応式で表される。

22　電池（3）　リチウムイオン電池

答

問1　イ

問2　(1)　$Li_{0.5}C_6 + 0.5\,Li^+ + 0.5\,e^- \longrightarrow LiC_6$

(2)　965 C　　(3)　3.92 g

解説

問1

解答への道しるべ

GR ❶ 一次電池と二次電池

- **一次電池**…充電できない電池（ダニエル電池，酸化銀電池，マンガン乾電池など）
- **二次電池**…充電可能な電池（鉛蓄電池，リチウムイオン電池など）

充電により繰り返し使用することができる電池を(ぁ)二次電池という。

問2

解答への道しるべ

GR ❷ リチウムイオン電池

負極と正極の間を Li^+ が移動することで，充電，放電が可能な二次電池であり，充電時の反応は次式で表される。

（負極）　$6\,C + x\,Li^+ + x\,e^- \longrightarrow Li_xC_6$

（正極）　$LiCoO_2 \longrightarrow Li_{1-x}CoO_2 + x\,Li^+ + x\,e^-$

(1)　負極が充電率 50% のときの組成式が $Li_{0.5}C_6$ であり，満充電のときの組成式が LiC_6 であることから，負極の充電反応は次式で表される。

$$Li_{0.5}C_6 + 0.5\,Li^+ + 0.5\,e^- \longrightarrow LiC_6$$

この反応で，負極の充電反応は，電子 e^- が負極の黒鉛の層間に入ること

によって，電気的に中性になるように Li^+ が黒鉛の層間に入る反応である。

　よって，充電反応では，負極に入る電子 e^- の物質量と負極の黒鉛の層間に取り込まれる Li^+ の物質量は等しくなる。

(2)　充電率 50% から満充電までには，0.50 mol の Li^+ が黒鉛に取り込まれる際の炭素 C は 6 mol（$= 12 \times 6 = 72$ g）なので，1.44 g の炭素あたり充電された電気量は，

$$\frac{1.44}{72} \times 0.50 \times 9.65 \times 10^4 = 965 \text{ C}$$

(3)　充電時の電池全体の変化は，負極の反応式 × 1 ＋正極の反応式 × 2 より，

$$6\,C + 2\,LiCoO_2 \longrightarrow LiC_6 + 2\,Li_{0.5}CoO_2$$

よって，黒鉛 1.44 g の物質量は，$\frac{1.44}{12} = 0.12$ mol であり，正極で必要な $LiCoO_2$（式量 98）は，

$$98 \times 0.12 \times \frac{2}{6} = 3.92 \text{ g}$$

23　電気分解（1）　直列回路

答

問1　A　$2\,H_2O + 2\,e^- \longrightarrow 2\,OH^- + H_2$
　　　B　$2\,Cl^- \longrightarrow Cl_2 + 2\,e^-$
　　　C　$Cu^{2+} + 2\,e^- \longrightarrow Cu$
　　　D　$2\,H_2O \longrightarrow O_2 + 4\,H^+ + 4\,e^-$

問2　(1)　B　2.0×10^{-2} mol,　D　1.0×10^{-2} mol

　　　(2)　pH = 0.70　　　(3)　2.0 A

解説

解答への道しるべ

GR ❶ 電気分解の陰極と陽極

電気分解では，電子が入る電極が「**陰極**」，電子が出る電極が「**陽極**」。「陰

極」では，電子が流れ込んでくるので，その電子を水溶液中の陽イオンに渡す。「陽極」では，電子を作り出して，電池の正極に送る。

....

(GR) 2 (i) 陰極の反応

　電気分解の陰極では，水溶液中の2種類以上の陽イオンが存在するとき，単体のイオン化傾向の小さいほうの陽イオンが電子を受け取る。

　ここで，H^+ が選ばれたとき，H_2O 以外からの H^+ がない場合，次の反応が起こる。

$$2H_2O + 2e^- \longrightarrow H_2 + 2OH^-$$

....

(GR) 2 (ii) 陽極の反応

　電気分解の陽極の反応は，次の(i)，(ii)の場合分けをして考える。

(i) 陽極が C，Pt のとき…水溶液中の陰イオンから電子を受け取る。

　優先順位（取られやすい順）

　　① Cl^- ＞ ② OH^- ＞ ③ NO_3^-，SO_4^{2-}

　　　（例：$4OH^- \longrightarrow O_2 + 2H_2O + 4e^-$）

　　　（水溶液の電気分解では，NO_3^-，SO_4^{2-} は反応しない。）

　ここで，OH^- が選ばれたとき，H_2O 以外からの OH^- がない場合，次の反応が起こる。

$$2H_2O \longrightarrow O_2 + 4H^+ + 4e^-$$

(ii) 陽極が C，Pt 以外のとき…陽極板が反応する。

　　　（例：陽極が銅板のとき $Cu \longrightarrow Cu^{2+} + 2e^-$）

問1

解答への道しるべ

(GR) 3 電極に流れる電気量

　電極で起こる反応について，直列回路の場合に移動する電子は，電池の負極から流れ出て，電解槽Ⅰ，電解槽Ⅱを流れたのち電池の正極に戻る。このときの電子の物質量は変化しない。だから，それぞれの電極で同じだけの電子が移動する。

電子 e⁻ は電池の負極から電極 A に入り，電極 B を出て電極 C に入り，電極 D から電池の正極に入る。

電気分解装置では，電子の入る電極が陰極，電子が出る電極が陽極となる。よって，電極 A と C が陰極，電極 B と D が陽極となる。

電解槽 I の電解液は NaCl 水溶液なので，

$$NaCl \longrightarrow Na^+ \text{ と } Cl^-$$
$$H_2O \longrightarrow H^+ \text{ と } OH^-$$

電極 A(陰極)では，イオン化傾向は Na > H₂ なので，H⁺ が電子を受け取る。この H⁺ は H₂O 由来なので，次の反応が起こる。

$$2\,H_2O + 2\,e^- \longrightarrow H_2 + 2\,OH^- \quad \cdots\cdots\text{①}$$

電極 B(陽極)では，Cl⁻ が電子を放出する。

$$2\,Cl^- \longrightarrow Cl_2 + 2\,e^- \quad \cdots\cdots\text{②}$$

電解槽 II の電解液は硫酸銅(II)水溶液なので，

$$CuSO_4 \longrightarrow Cu^{2+} \text{ と } SO_4^{2-}$$
$$H_2O \longrightarrow H^+ \text{ と } OH^-$$

電極 C(陰極)では，イオン化傾向は H₂ > Cu なので，Cu²⁺ が電子を受け取る。

$$Cu^{2+} + 2\,e^- \longrightarrow Cu \quad \cdots\cdots\text{③}$$

電極 D(陽極)では，OH⁻ が電子を放出する。この OH⁻ は H₂O 由来なので，次の反応が起こる。

$$2\,H_2O \longrightarrow O_2 + 4\,H^+ + 4\,e^- \quad \cdots\cdots\text{④}$$

問2

解答への道しるべ

i〔A〕の電流が t〔秒〕流れたときの電気量 Q〔C〕は，$Q = i \times t$

また，流れた電子の物質量は，電子の物質量 $= \dfrac{Q\,〔C〕}{F\,〔C/mol〕} = \dfrac{i \times t}{9.65 \times 10^4}$

(1)　問1の①式と②式より，2 mol の電子が移動すると，1 mol の H₂(分子量 2.0)と 1 mol の Cl₂(分子量 71.0)が発生する。よって，2 mol の電子あたり，2.0 + 71.0 = 73.0 g 水溶液の質量は減少する。電解槽 I を流れた電子を x〔mol〕とすると，

$x \, [\text{mol}] : 2 \, [\text{mol}] = 1.46 \, \text{g} : 73.0 \, \text{g}$　　　$\therefore \quad x = 4.0 \times 10^{-2} \, \text{mol}$

よって，電極 B で発生した Cl_2 の物質量は②式より，

$$4.0 \times 10^{-2} \, \text{mol} \times \frac{1}{2} = 2.0 \times 10^{-2} \, \text{mol}$$

また，電極 D で発生した O_2 の物質量は④式より，

$$4.0 \times 10^{-2} \, \text{mol} \times \frac{1}{4} = 1.0 \times 10^{-2} \, \text{mol}$$

(2) 電解槽 II の反応で H^+ または OH^- が生成すると，水溶液の pH は変化する。④式より，H^+ が生成しているので，電気分解によって生成した H^+ の物質量は，

$$4.0 \times 10^{-2} \, \text{mol} \times 1 = 4.0 \times 10^{-2} \, \text{mol}$$

また，電気分解後の水溶液の水素イオンのモル濃度 $[H^+]$ は，

$$[H^+] = \frac{4.0 \times 10^{-2}}{0.200} = 2.0 \times 10^{-1} \, \text{mol/L}$$

よって，$\text{pH} = -\log_{10}[H^+] = -\log_{10}(2.0 \times 10^{-1}) = 1 - \log_{10} 2 = 0.70$

(3) 求める電流値を $i \, [\text{A}]$ とすると，

$$4.0 \times 10^{-2} = \frac{i \times 1930}{9.65 \times 10^4}　　　よって，i = 2.0 \, \text{A}$$

24 　電気分解（2）　並列回路

答

問1　$9.0 \times 10^2 \, \text{C}$

問2　発生した気体：H_2　電解槽 A に流れた電気量：$5.8 \times 10^2 \, \text{C}$

問3　$Cl_2 + Ca(OH)_2 \longrightarrow CaCl(ClO) \cdot H_2O$

問4　反応式：$Cu + 2H_2SO_4 \longrightarrow CuSO_4 + 2H_2O + SO_2$
　　　気体の体積：$3.7 \times 10 \, \text{mL}$

解説

問1

500 mA の電流を 30 分間流したので，流れた電気量 Q 〔C〕は，

$Q = 0.50 \times 30 \times 60 = 9.0 \times 10^2$ C

問2

電解槽 A の陰極で起こる反応は，次式で表される。

$2\,H_2O + 2\,e^- \longrightarrow H_2 + 2\,OH^-$

よって，発生した気体は H_2 である。

また，流れた電気量は，発生した H_2 の体積が標準状態で 67.2 mL であることから，

$$9.65 \times 10^4 \times \frac{67.2}{22.4 \times 10^3} \times 2 = 579 \fallingdotseq 5.8 \times 10^2 \text{ C}$$

問3

解答への道しるべ

GR 1 塩素の反応

塩基に Cl_2 を通じたときには，次のように分けて考えるとよい。

1. 塩素 Cl_2 と水の反応から HCl と $HClO$ の生成
2. HCl と $HClO$ と塩基の反応

電解槽 A の陽極で起こる反応は，次式で表される。

$2\,Cl^- \longrightarrow Cl_2 + 2\,e^-$

発生した Cl_2 を $Ca(OH)_2$ に吸収させたときに起こる反応は次のように考えるとよい。

① まず，Cl_2 は水に溶ける。

$Cl_2 + H_2O \rightleftharpoons HCl + HClO$

② HCl と $HClO$ は酸なので，OH^- と反応する。

$HCl + OH^- \longrightarrow Cl^- + H_2O$

$HClO + OH^- \longrightarrow ClO^- + H_2O$

③ ①+②より,
$$Cl_2 + 2\,OH^- \longrightarrow Cl^- + ClO^- + H_2O$$
④ 両辺に Ca^{2+} を加えると,
$$Cl_2 + Ca(OH)_2 \longrightarrow CaCl(ClO)\cdot H_2O$$
生成した $CaCl(ClO)\cdot H_2O$ はさらし粉とよばれ,さらし粉に含まれる次亜塩素酸イオン ClO^- は酸化力が強いので,漂白剤に用いられている。

問4

解答への道しるべ

GR 2 並列回路の電気量

電解槽 A と電解槽 B が並列につながれた電気分解装置では,
「電源から流れた電気量」＝
　　　　「電解槽 A を流れた電気量」＋「電解槽 B を流れた電気量」
が成り立つ。

電解槽 B に流れた電気量は,$900 - 579 = 321\,C$
電解槽 B の陰極で起こる反応は,$Cu^{2+} + 2\,e^- \longrightarrow Cu$
よって,陰極で析出した Cu の物質量は,

$$\frac{321}{9.65\times 10^4} \times \frac{1}{2} = 1.66 \times 10^{-3}\,mol$$

この Cu が析出した白金板を濃硫酸に加えて加熱すると,Cu のみ反応する。
$$Cu + 2\,H_2SO_4 \longrightarrow CuSO_4 + 2\,H_2O + SO_2$$
よって,発生した SO_2 の体積は,
$$22.4 \times 1.66 \times 10^{-3} \times 10^3 = 3.71 \times 10 \fallingdotseq 3.7 \times 10\,mL$$

---

25 | 電気分解(3)　電解精錬

答

問1　粗銅板　　　問2　$5.03 \times 10^{-1}\,A$

問3　$Cu^{2+} + 2\,e^- \longrightarrow Cu$　　問4　$9.0 \times 10\%$

解説

問1

解答への道しるべ

(GR) 1 銅の電解精錬

陰極に純銅，陽極に粗銅，電解液に硫酸酸性の硫酸銅(Ⅱ)水溶液を用いた銅の電解精錬では，陰極，陽極でそれぞれ次の反応が起こる。

（陰極）　$Cu^{2+} + 2e^- \longrightarrow Cu$

（陽極）　$Cu \longrightarrow Cu^{2+} + 2e^-$

粗銅中に含まれる不純物については，次の反応が起こる。

・銅よりイオン化傾向が大きい金属(Fe, Ni, Zn など)

　　$Fe \longrightarrow Fe^{2+} + 2e^-$

　　$Ni \longrightarrow Ni^{2+} + 2e^-$

　　$Zn \longrightarrow Zn^{2+} + 2e^-$

・銅よりイオン化傾向が小さい金属(Ag, Au など)

　　単体のまま陽極の下に沈殿する(陽極泥)

電極に銅板，電解液に硫酸銅(Ⅱ)水溶液を用いた電気分解では，陰極，陽極でそれぞれ次の反応が起こる。

　　（陰極）　$Cu^{2+} + 2e^- \longrightarrow Cu$

　　（陽極）　$Cu \longrightarrow Cu^{2+} + 2e^-$

よって，陰極の質量は増加し，陽極の質量は減少する。純銅板の質量は増加し，粗銅板の質量は減少しているので，**陰極に純銅板，陽極に粗銅板を用いる**。よって，電源の正極につないだ電極(陽極)は，粗銅板である。

問2

純銅板(陰極)の質量変化から，流れた電子の物質量は，

$$\frac{128.8-100}{64} \times 2 = 0.900 \text{ mol}$$

よって，求める電流の大きさを i〔A〕とすると，

$$\frac{i \times 48 \times 60^2}{9.65 \times 10^4} = 0.900 \qquad \therefore \quad i = 5.026 \times 10^{-1} \fallingdotseq 5.03 \times 10^{-1}\,\text{A}$$

問3

純銅板は陰極であり，次の反応が起こる。

（陰極）　$Cu^{2+} + 2e^- \longrightarrow Cu$

問4

　純銅板の質量変化は $128.8 - 100 = 28.8\,g$ であり，粗銅板の質量変化は $100 - 71.4 = 28.6\,g$ であった。粗銅板 $28.6\,g$ 中の Cu を $x\,[mol]$，Ni を $y\,[mol]$ とする。また陽極泥は Cu よりイオン化傾向が小さい Ag であり，その質量は $0.050\,g$ なので，溶解した粗銅の質量については，次の①式が成り立つ。

　　　$64x + 59y + 0.050 = 28.6$　……①

　また，**粗銅板で Cu と Ni の溶解するときに放出した電子の物質量は，純銅板で Cu^{2+} が受け取った電子の物質量と等しい**ので，次の②式が成り立つ。

　　　$64(x + y) = 28.8$　……②

　よって，$x = 0.400\,mol,\ y = 0.050\,mol$
　ゆえに，粗銅板の銅の純度は，

$$\frac{64 \times 0.400}{28.6} \times 100 = 89.5 \fallingdotseq 9.0 \times 10\%$$

---

26 水銀柱

答

問1　$0\,Pa$　　　問2　$4.00 \times 10^{-1}\,L$

問3　$5.00 \times 10^4\,Pa$　　　問4　$8.03 \times 10^{-3}\,mol$

問5　$3.46 \times 10^4\,Pa$

解説

問1

解答への道しるべ

(GR) 1 トリチェリの真空

　水銀で満たした容器にガラス管を倒立させるとガラス管の上部に水銀の蒸気だけが存在する空間ができる。このとき，常温では水銀の蒸気圧は非常に小さいので，**空間はほぼ真空になる。**

　水銀柱の上の部分は，水銀の蒸気圧は無視できるので，圧力は 0 Pa となる。なお，これを**トリチェリの真空**という。

問2

　ガラス管内上部の体積は，断面積が 5.00 cm^2，高さは $a - b$ 〔mm〕より求められるので，

$$5.00 \times (1180 - 380) \times 10^{-1} \times 10^{-3} = 4.00 \times 10^{-1}\,\text{L}$$

問3

解答への道しるべ

(GR) 2 水銀柱の圧力

　ガラス管内の気体の圧力を P，水銀柱の圧力を P_{Hg}，大気圧を $P_\text{大}$ とすると，次の関係式が成り立つ。　　$P_\text{大} = P + P_{Hg}$

　「**外圧＝気体 A の圧力＋水銀柱の圧力**」が成り立つので，気体 A の圧力を P〔Pa〕とすると，

$$1.0 \times 10^5 = P + \frac{380}{760} \times 1.0 \times 10^5 \qquad P = 5.00 \times 10^4\,\text{Pa}$$

問4

　気体 A の物質量を n〔mol〕とすると，

$$5.00 \times 10^4 \times 0.400 = n \times 8.3 \times 10^3 \times (273 + 27)$$

$$n = 8.032 \times 10^{-3} \fallingdotseq 8.03 \times 10^{-3}\,\text{mol}$$

問5

解答への道しるべ

GR 3 (i)　気体の法則

絶対温度 T 〔K〕, 物質量 n 〔mol〕の気体の圧力を P 〔Pa〕, 体積を V 〔L〕, 気体定数を R 〔Pa·L/(K·mol)〕とする。

1.　理想気体の状態方程式　$PV = nRT$

2.　ボイルの法則（n, T が一定のとき）　$PV = $ 一定

3.　シャルルの法則（n, P が一定のとき）　$\dfrac{V}{T} = $ 一定, $V = kT$

4.　ボイル・シャルルの法則（n が一定のとき）　$\dfrac{PV}{T} = $ 一定

GR 3 (ii)　混合気体

全圧＝分圧の和（ドルトンの分圧の法則）

気体 B を注入した後の混合気体の全圧を P 〔Pa〕とすると,

$$1.0 \times 10^5 = P + \frac{190}{760} \times 10^5 \qquad P = 7.50 \times 10^4\,\text{Pa}$$

また, 混合気体の体積は,

$$5.00 \times (1180 - 190) \times 10^{-1} \times 10^{-3} = 4.95 \times 10^{-1}\,\text{L}$$

気体 A の分圧は, ボイルの法則より,

$$PV = 5.00 \times 10^4 \times 4.00 \times 10^{-1} = P_A \times 4.95 \times 10^{-1}$$

$$P_A = 4.040 \times 10^4 \fallingdotseq 4.04 \times 10^4\,\text{Pa}$$

よって, 気体 B の分圧は,

$$7.50 \times 10^4 - 4.040 \times 10^4 = 3.460 \times 10^4 \fallingdotseq 3.46 \times 10^4\,\text{Pa}$$

26

水銀柱

27 | 物質の三態

答

問1　ア　熱運動　　イ　引力　　　ウ　純物質
　　　エ　固体　　　オ　小さ　　　カ　固体
　　　キ　融解曲線　ク　蒸気圧曲線　ケ　三重点
　　　コ　低（小さ）

問2　A　氷　　B　水　　C　水蒸気

問3　密度が液体と気体の間となる。（14字）

問4　融解曲線の傾きが負となっている。（16字）

問5

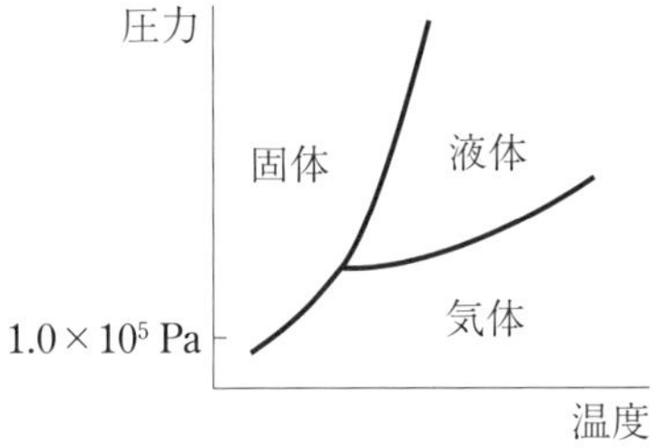

解説

問1，2

　物質の状態は，粒子の_ア熱運動の激しさと，粒子間にはたらく_イ引力の相互関係によって決まる。

状態	熱運動	粒子間引力	粒子の状態
固体	小さい	大きい	移動できないが振動している。
液体	↕	↕	位置を変えながら移動している。
気体	大きい	小さい	自由に移動している。

　ゥ純物質の状態変化は一定圧力下では一定温度で起こり，液体とェ固体では粒子が密につまっているので，圧力や温度変化に対して，体積変化はォ小さい。水を除いて，一般に密度はヵ固体が最も大きい。

　水の状態図は次のようになる。

　大気圧下において，水の状態は，温度の低いほうから順にA氷，B水，C水蒸気となる。

　ここで，固体と液体が同時に存在する曲線をォ融解曲線，気体と液体が同時に存在する曲線をヮ蒸気圧曲線，固体と気体が同時に存在する曲線を昇華圧曲線という。点Dでは，固体，液体，気体すべてが同時に存在しており，ヶ三重点という。水の場合は，三重点の圧力が大気圧よりっ低いので，大気圧下で液体の水が存在することがわかる。

問3

解答への道しるべ

GR 1 状態図

　状態図は，ある温度，ある圧力で，物質の状態が固体，液体，気体のいずれとして存在しているかを示したもの。

- 融解曲線…固体と液体の境界線（例外，**水の場合，傾きが負となる**）
- 蒸気圧曲線…液体と気体の境界線
- 昇華圧曲線…固体と気体の境界線
  曲線上は，二つの状態が共存している。
- 三重点…固体，液体，気体がすべて共存している。

　臨界点以上の温度，圧力では液体と気体の区別ができない物質（超臨界流体）として存在している。密度は液体と気体の間である。

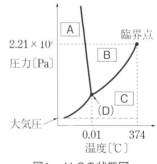

図1．H_2Oの状態図

GR 2 状態図で H_2O かどうかを見わけるポイント

状態図の融解曲線の傾きが H_2O は負となるが，それ以外は正となる。

問4

H_2O の状態図とその他の物質の状態図の大きな違いは，H_2O の状態図では，融解曲線の傾きが負となっていることである。固体の状態で，圧力を加えていくと，融解曲線と交わるので，物質は融解する。このことと，ルシャトリエの原理より，圧力を高くすると圧力が小さくなる(体積が小さくなる)方向に平衡が移動することから，同じ質量で体積は固体＞液体なので，密度は固体＜液体となる。よって，氷は水より密度が小さいので，氷が水に浮く。

問5

CO_2 の三重点(-56.6℃，5.18×10^5 Pa)なので，大気圧より三重点の圧力は高く，また，固体は液体に沈むので，融解曲線の傾きは正である。これらを踏まえると，解答のような状態図が描ける。

---

28 | 気体(1) 混合気体

答

(1) 2.0　　(2) 0.50　　(3) 29

(4) $CH_4 + 2\,O_2 \longrightarrow CO_2 + 2\,H_2O$

(5) 1.0　　(6) 3.6×10^3　　(7) 1.54

解説

問1

GR 1 コックでつながれた容器内の気体

1. コックを開く前後で，反応が起こらなければ，物質量は変化しない。
2. コックを開くと気体は拡散して均一になる。

(1), (2) 温度一定で，コック C を開き，また反応は起こっていないので，O_2, CH_4 のモル数は，変化しない。よって，ボイルの法則より．

- O_2 について，

  $PV = 3.0 \times 10^5 \times 1.0 = P_{O_2} \times (1.0 + 0.5)$　　∴　$P_{O_2} = 2.0 \times 10^5 \, Pa$

- CH_4 について，

  $PV = 1.5 \times 10^5 \times 0.5 = P_{CH_4} \times (1.0 + 0.5)$　　∴　$P_{CH_4} = 0.50 \times 10^5 \, Pa$

  また，全圧 P は，$P = 2.0 \times 10^5 + 0.50 \times 10^5 = 2.5 \times 10^5 \, Pa$

(3) 平均分子量 M は，

$$M = 32 \times \frac{2.0 \times 10^5}{2.5 \times 10^5} + 16 \times \frac{0.5 \times 10^5}{2.5 \times 10^5} = 28.8 \fallingdotseq 29$$

(4) メタン CH_4 の完全燃焼の反応式は次式で表される。

$$CH_4 + 2O_2 \longrightarrow CO_2 + 2H_2O$$

(5)〜(7)

解答への道しるべ

(GR)❷ 化学反応式から得られる情報

　化学反応式は，反応に関係する物質の物質量比を表す。気体の反応のとき，温度，体積が一定なら，モル比＝分圧の比が成り立つ。

(GR)❸ 飽和蒸気圧

　飽和蒸気圧（蒸気圧）は，蒸気の取れる最大の圧力である。

　蒸気圧を含む問題の考え方

1. すべて気体と仮定して，蒸気圧の関係する物質（たとえば H_2O など）の圧力を求める。このときの圧力を P とする。
2. 蒸気圧と比較する。
   (a) $P \leqq$ 蒸気圧のとき，すべて気体として存在し，圧力は P
   (b) $P >$ 蒸気圧のとき，気体と液体が共存し，圧力は蒸気圧（**気液平衡**）

　コックを開いた状態で，反応前後では温度と体積が一定なので，モル比＝分圧の比が成り立つ。

	CH$_4$	+	2 O$_2$	⟶	CO$_2$	+	2 H$_2$O
燃焼前	0.50		2.0		0		0
変化量	− 0.50		− 1.0		+ 0.50		+ 1.0
燃焼後	0		1.0		0.50		1.0

（単位：$\times 10^5$ Pa）

　よって，水がすべて気体と仮定したときの水蒸気の分圧は，1.0×10^5 Pa となる。ここで，水の蒸気圧は 3.6×10^3 Pa であり，すべて気体と仮定した値より小さいので，仮定は誤りであり，水は気液平衡となる。よって，水蒸気の分圧は 3.6×10^3 Pa である。

　また，容器内の圧力 P は，

$$P = 1.0 \times 10^5 + 0.50 \times 10^5 + 3.6 \times 10^3 = 1.536 \times 10^5 ≒ 1.54 \times 10^5 \text{ Pa}$$

29 気体（2）　気体，蒸気圧（定積）

答　問1　0.93 g　　　問2　2.0×10^5 Pa　　　問3　2.2 g

解説

問1

　100℃の容器内で，水は気液平衡になっており，水蒸気の分圧は 1.0×10^5 Pa である。ここで，全圧は 1.5×10^5 Pa より，空気の分圧は，

$$1.5 \times 10^5 - 1.0 \times 10^5 = 5.0 \times 10^4 \text{ Pa}$$

　また，空気は体積比が N$_2$（分子量 28）：O$_2$（分子量 32）$= 4 : 1$ の混合気体であり，体積比＝モル比なので，空気の平均分子量 M は，

$$M = 28 \times \frac{4}{5} + 32 \times \frac{1}{5} = 28.8$$

　求める空気の質量を w〔g〕とすると，$PV = \dfrac{w}{M}RT$ より，

$$5.0 \times 10^4 \times 2 = \frac{w}{28.8} \times 8.3 \times 10^3 \times (100 + 273) \qquad \therefore \quad w = 0.930 ≒ 0.93 \text{ g}$$

問2

解答への道しるべ

ⒼⓇ❶ 定積変化

体積一定で温度を変化させたときを定積変化という。

1. すべて気体であれば，

$$P = kT = k(t + 273)となる\left(k = \frac{nR}{V}\right)。$$

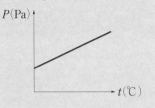

2. 気液平衡であれば，圧力はそれぞれの
   温度の蒸気圧となる。

3. 1と2のグラフをあわせると，
   右図のようになる。

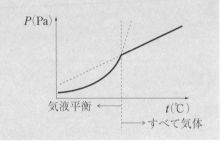

　A点での空気の分圧は，物質量，体積が一定なので，絶対温度と圧力は比例するから，120℃における空気の圧力を P〔Pa〕とすると，

$$\frac{P}{T} = \frac{5.0 \times 10^4}{100 + 273} = \frac{P}{120 + 273} \quad \therefore \quad P = 5.26 \times 10^4\,\text{Pa}$$

　よって，水蒸気の分圧は，全圧が $2.5 \times 10^5\,\text{Pa}$ より，

$$2.5 \times 10^5 - 5.26 \times 10^4 = 1.97 \times 10^5 \fallingdotseq 2.0 \times 10^5\,\text{Pa}$$

問3

解答への道しるべ

GR 2 状態方程式についての注意点

状態方程式は，気体として存在する物質の関係式なので，気液平衡の物質については，気体についてのみ使える。

120℃以上では，水はすべて気体なので，A 点に存在する水蒸気の質量を w〔g〕とすると，$PV = \frac{w}{M}RT$ より，

$$1.97 \times 10^5 \times 2 = \frac{w}{18} \times 8.3 \times 10^3 \times (120 + 273) \qquad \therefore \quad w = 2.17 \fallingdotseq 2.2\,\text{g}$$

CHAPTER 1 理論化学

30 気体(3) 気体，蒸気圧(等温)

答

問1 A：2.0×10^4 Pa　B：2.0×10^4 Pa　C：1.4×10^4 Pa

問2 60℃　問3 2.0×10^{-2} mol

解説

問1

解答への道しるべ

GR 1 等温変化

温度一定で，圧力と体積を変化させたときを等温変化という。

1. すべて気体であれば，この問題では，N_2 について，$PV =$一定のボイルの法則が成り立つ。

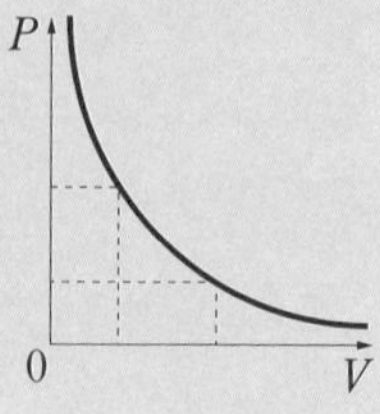

2. 水は体積 V が大きいときは，すべて気体と
して存在できるが，圧力が蒸気圧に達すると，
それより体積を小さくしても気液平衡となり，
圧力は一定となる。

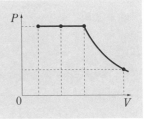

温度一定で，容器内に H_2O と N_2 をモル
比 2：1 で入れて体積を変化させたときの圧
力変化は，A → B と B → C でグラフが異な
る。これは，A → B では，H_2O が気液平衡
になっており，B → C では H_2O はすべて気
体になっている。また，N_2 はすべて気体で
ある。

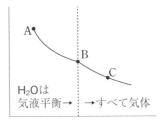

B 点(2.8 L，3.0×10^4 Pa)では，N_2，H_2O どちらもすべて気体であり，さら
に H_2O の圧力は蒸気圧の値と等しいので，

$$P_{N_2} = 3.0 \times 10^4 \times \frac{1}{3} = 1.0 \times 10^4 \, \text{Pa}$$

$$P_{H_2O} = 3.0 \times 10^4 - 1.0 \times 10^4 = 2.0 \times 10^4 \, \text{Pa}$$

A 点(1.0 L，4.8×10^4 Pa)では，N_2 はすべて気体，H_2O は気液平衡なので，
H_2O の圧力は，蒸気圧である 2.0×10^4 Pa。

$$P_{H_2O} = 2.0 \times 10^4 \, \text{Pa （蒸気圧）}$$

$$P_{N_2} = 4.8 \times 10^4 - 2.0 \times 10^4 = 2.8 \times 10^4 \, \text{Pa}$$

C 点（4.0 L，2.1×10^4 Pa)では，N_2，H_2O どちらもすべて気体である。

$$P_{N_2} = 2.1 \times 10^4 \times \frac{1}{3} = 7.0 \times 10^3 \, \text{Pa}$$

$$P_{H_2O} = 2.1 \times 10^4 - 7.0 \times 10^3 = 1.4 \times 10^4 \, \text{Pa}$$

問 2

解答への道しるべ

GR 2 飽和蒸気圧

飽和蒸気圧は温度によって変化するが，体積には関係しない。よって，
蒸気圧曲線を使って，飽和蒸気圧の値から，温度を読み取ることができる。

問1より，水の蒸気圧が 2.0×10^4 Pa となるので，図2より，60℃

問3

B点での H_2O はすべて気体であり，P_{H_2O} は 2.0×10^4 Pa なので，求める水の物質量を n〔mol〕とすると，

$$2.0 \times 10^4 \times 2.8 = n \times 8.3 \times 10^3 \times (60 + 273)$$
$$\therefore \quad n = 2.02 \times 10^{-2} \fallingdotseq 2.0 \times 10^{-2}\,\text{mol}$$

---

31 | 気体（4） 蒸気圧

答

問1 8.0×10^4 Pa   問2 3.1×10^2 mL

問3 （e）   問4 1.9×10^2 mL

解説

問1

解答への道しるべ

GR① **定圧変化**

可動式ピストンのとき，外圧と容器内の圧力は等しくなる。

容器内の O_2 は 1.00×10^{-2} mol，メタノール CH_3OH は 5.00×10^{-3} mol であり，容器内の圧力は外圧と等しく 1.00×10^5 Pa に保たれているので，メタノールがすべて気体と仮定すると，メタノールの分圧 P_{CH_3OH} は，

$$P_{CH_3OH} = 1.00 \times 10^5 \times \frac{5.00 \times 10^{-3}}{1.00 \times 10^{-2} + 5.00 \times 10^{-3}} = 3.33 \times 10^4\,\text{Pa}$$

この値は，図2から27℃のメタノールの蒸気圧 2.0×10^4 Pa より大きいので，仮定は誤りとなり，メタノールは気液平衡となる。

よって，メタノールの分圧は 2.0×10^4 Pa なので，酸素の分圧 P_{O_2} は，

$$P_{O_2} = 1.00 \times 10^5 - 2.0 \times 10^4 = 8.0 \times 10^4\,\text{Pa}$$

問2

O_2 に注目すると，求める体積を V〔L〕とすると，

$$8.0 \times 10^4 \times V = 1.00 \times 10^{-2} \times 8.3 \times 10^3 \times (27 + 273)$$
$$\therefore \ V = 3.11 \times 10^{-1}\,L = 3.1 \times 10^2\,mL$$

問3

メタノールがすべて蒸発したときの容器内の蒸気圧は，

$$P_{CH_3OH} = 1.00 \times 10^5 \times \frac{5.00 \times 10^{-3}}{1.00 \times 10^{-2} + 5.00 \times 10^{-3}} = 3.33 \times 10^4\,Pa$$

なので，グラフより，(e) 37℃となる。

問4

メタノールを完全燃焼したときの変化は次のようになる。

	$2CH_3OH$	$+$	$3O_2$	$\longrightarrow$	$2CO_2$	$+$	$4H_2O$
燃焼前	0.500		1.00		0		0
変化量	-0.500		-0.75		$+0.500$		$+1.00$
燃焼後	0		0.25		0.500		1.00

（単位：$\times 10^{-2}\,mol$）

燃焼後の H_2O がすべて気体と仮定すると，気体の全物質量は 1.75×10^{-2} mol なので，H_2O の分圧は

$$P = 1.0 \times 10^5 \times \frac{1.00 \times 10^{-2}}{1.75 \times 10^{-2}} = 5.71 \times 10^4\,Pa > 3.6 \times 10^3\,Pa\,（蒸気圧）$$

よって，仮定は誤りとなり，H_2O は気液平衡となる。

したがって，O_2 と CO_2 から，求める体積を V〔L〕とすると，

$$(1.00 \times 10^5 - 3.6 \times 10^3) \times V = (0.25 + 0.50) \times 10^{-3} \times 8.3 \times 10^3 \times (27 + 273)$$
$$\therefore \ V = 1.93 \times 10^{-1}\,L = 1.93 \times 10^2\,mL ≒ 1.9 \times 10^2\,mL$$

32 │ 溶液(1)

答

問1　ア　$kp = k'x$　　イ　$\dfrac{k'}{k}$

問2　ウ　ラウール　　エ　降下　　オ　上昇

問3　全蒸気圧：$6.0 \times 10\,\text{hPa}$　ベンゼンのモル分率：5.3×10^{-1}

問4　$\dfrac{n_B\,\Delta t_A}{n_A\,\Delta t_B}$　　問5　2.4 K

解説

問1

ア　**気液平衡では，凝縮速度 v と蒸発速度 v' が等しい($v = v'$)**ので，次の関係式が成り立つ。$kp = k'x$

イ　蒸気圧 p_0 のとき，$p = p_0$，$x = 1$ をアで求めた関係式に代入すると，$kp_0 = k'$ となり，$p_0 = \dfrac{k'}{k}$

問2

解答への道しるべ

GR 1 ラウールの法則

純溶媒の蒸気圧を P_0，溶液の蒸気圧を P，溶液中の溶媒のモル分率を x とすると，次式が成り立つ。

$$P = P_0 \times x$$

これをラウールの法則という。また，純溶媒と溶液の蒸気圧の差 ΔP は，$\Delta P = P_0 - P = P_0(1 - x)$ となり，$1 - x$ は溶液中の溶質のモル分率なので，ΔP は溶質のモル分率，すなわち溶質の濃度に比例する。

溶媒の蒸気圧を p_0，溶液の蒸気圧を p，溶媒のモル分率を x とすると，$p = p_0 \times x$ の関係が成り立つ。この関係を$_ウ$ラウールの法則という。

また，溶媒と溶液の蒸気圧の差 Δp は次式で表される。

$$\Delta p = p_0 - p = p_0 - p_0 \times x = p_0(1 - x)$$

ここで，$1 - x$ は溶質のモル分率であり，溶質のモル分率が大きくなるほど，蒸気圧の差 Δp が大きくなり，蒸気圧がェ降下することがわかる。さらに，外圧と蒸気圧が等しくなると沸騰が起こりそのときの温度を沸点というが，溶液では，溶媒と比べて蒸気圧は低いので，外圧と等しい蒸気圧となるためには，溶媒の沸点より温度が高くなければ沸騰は起こらない。このように，溶液では沸点がォ上昇する。

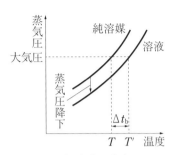

T：純溶媒の沸点
T'：溶液の沸点
Δt_b：沸点上昇度

問3

純粋なベンゼンとトルエンの蒸気圧はそれぞれ 126 hPa，38 hPa なので，混合溶液でのベンゼンの蒸気圧を P_B，トルエンの蒸気圧を P_T とすると，ラウールの法則より，

$$P_B = 126 \times \frac{1}{1+3} = 31.5 \text{ hPa}, \quad P_T = 38 \times \frac{3}{1+3} = 28.5 \text{ hPa}$$

よって，求める全蒸気圧 P は，$P = 31.5 + 28.5 = 6.0 \times 10 \text{ hPa}$

また，蒸気中におけるベンゼンのモル分率は，

$$\text{モル分率} = \frac{\text{分圧}}{\text{全圧}} \text{ より，} \quad \frac{31.5}{60} = 5.25 \times 10^{-1} \fallingdotseq 5.3 \times 10^{-1}$$

問4

沸点上昇度を Δt，質量モル濃度を m，モル沸点上昇を K_b とすると，沸点上昇を表す関係式は $\Delta t = K_b \times m$ で表される。よって，B の分子量を M_B として，A，B それぞれについて，$K_b = \dfrac{\Delta t}{m}$ に代入すると，

$$\frac{\Delta t_A}{n_A} = \frac{\Delta t_B}{\dfrac{w_B}{M_B}} \qquad \therefore \quad M_B = \frac{w_B \, \Delta t_A}{n_A \, \Delta t_B}$$

問 5

解答への道しるべ

GR ② 沸点上昇

1. 沸騰は，蒸気圧と外圧(大気圧)が等しくなるとき，内部から激しく蒸発が起こる現象である。
2. 溶液の沸点は純溶媒の沸点より高くなり，その温度差である沸点上昇度 Δt 〔K〕は，溶液の質量モル濃度 m 〔mol/kg〕に比例する。

    $\Delta t = K_b \times m$　（K_b：モル沸点上昇（溶媒に固有な値））

    ただし，m を考えるときは，電離や会合を考慮すること。

---

100 g の塩化ナトリウム水溶液で考えると，溶質の NaCl(式量 58.5)は 11.7 g，溶媒の水は $100 - 11.7 = 88.3$ g となる。また，水溶液中で NaCl は完全に Na^+ と Cl^- に電離することを考慮して，$\Delta t = K_b \times m$ に代入すると，

$$\Delta t = 0.52 \times \frac{\dfrac{11.7}{58.5} \times 2}{\dfrac{88.3}{1000}} = 2.35 \fallingdotseq 2.4 \text{ K}$$

---

33 ｜ 溶液(2)　凝固点降下，酢酸会合

答　　問1　2.2×10^2　　　問2　$C_7H_6O_2$　　　問3　89%

解説

問1

解答への道しるべ

GR ① 凝固点降下

溶液の凝固点は純溶媒の凝固点より低くなり，その温度差である凝固点降下度 Δt 〔K〕は，溶液の質量モル濃度 m 〔mol/kg〕に比例する。

$$\Delta t = K_f \times m \quad (K_f：モル凝固点降下（溶媒に固有な値）)$$

ただし，m を考えるときは，電離，会合を考慮すること。

この問題では，溶質は A，溶媒はベンゼンである。A の見かけの分子量を M とすると，$\Delta t = K_f \times m$ に代入すると，

$$0.233 = 5.12 \times \frac{\dfrac{1.000}{M}}{\dfrac{100}{1000}} \quad \therefore \quad M = 219 \fallingdotseq 2.2 \times 10^2$$

問2

A は C，H，O からなる有機化合物であり，A 1.000 g を完全燃焼すると CO_2 が 2.52 g，H_2O が 0.442 g 生成したので，C，H，O の質量はそれぞれ次のようになる。

$$C：2.52 \times \frac{12}{44} = 0.687 \, g, \quad H = 0.442 \times \frac{2}{18} = 0.049 \, g$$

$$O：1.000 - (0.687 + 0.049) = 0.264 \, g$$

よって，原子数の比は，

$$C：H：O = \frac{0.687}{12}：\frac{0.049}{1.0}：\frac{0.264}{16} = 0.057：0.049：0.016$$

$$\fallingdotseq 7：6：2$$

組成式は $C_7H_6O_2$ となり，A は RCOOH で表される（R は炭化水素基）ので，O は 2 個となり，分子式も $C_7H_6O_2$ となる。また，A の示性式は，C_6H_5COOH となる。

問3

解答への道しるべ

GR❷ カルボン酸の会合

ベンゼンなどの有機溶媒にカルボン酸 RCOOH を溶解させると，カルボキシ基 COOH 基は親水基なので，カルボキシ基どうしが水素結合によって**二量体**を形成する。

A C$_7$H$_6$O$_2$ の分子量は 122 であり，A の物質量を n 〔mol〕，会合度（会合した割合）を α とすると，次のような関係になる。

	2 RCOOH $\rightleftarrows$ (RCOOH)$_2$		総モル数
反応前	n	0	n
変化量	$-n\alpha$	$+\dfrac{1}{2}n\alpha$	$-\dfrac{1}{2}n\alpha$
平衡時	$n(1-\alpha)$	$\dfrac{1}{2}n\alpha$	$n\left(1-\dfrac{1}{2}\alpha\right)$

平衡時の全モル数 x は，$x = n\left(1 - \dfrac{1}{2}\alpha\right)$ と表されるので，

$n = \dfrac{1.000}{122}$ mol，$x = \dfrac{1.000}{219}$ mol を代入すると，

$$\dfrac{1.000}{219} = \dfrac{1.000}{122}\left(1 - \dfrac{1}{2}\alpha\right) \quad \therefore \quad \alpha = 0.885 \fallingdotseq 0.89 = 89\%$$

34 溶液（3） 浸透圧

答

問 1 $\dfrac{2.5 \times 10^6}{M}$ Pa　　問 2 1.1 倍

問 3 30 g，$M = 3.4 \times 10^3$　　問 4 0.9 mg

解説

問 1

解答への道しるべ

GR ① ファントホッフの法則

物質量 n 〔mol〕の溶質が溶解した溶液の体積を V 〔L〕，絶対温度 T 〔K〕，モル濃度 C 〔mol/L〕，気体定数を R 〔Pa·L/(K·mol)〕とすると，浸透圧 π 〔Pa〕は，次のようになる。

$$\pi = CRT \quad \text{または，} \quad \pi V = nRT$$

ファントホッフの式 $\pi V = nRT$ に代入すると，

$$\pi \times \frac{100}{1000} = \frac{100 \times 10^{-3}}{M} \times 8.3 \times 10^{3} \times 300$$

$$\therefore \quad \pi = \frac{2.49 \times 10^{6}}{M} \fallingdotseq \frac{2.5 \times 10^{6}}{M}$$

問2

おもりを外すと，図2のように液面差が 6.60 cm となったので，水側が $\frac{6.60}{2}$ cm 下がり，水溶液側が $\frac{6.60}{2}$ cm 上がったことがわかる。よって，水溶液の体積は，$100 + \frac{6.60}{2} \times 4.00 = 113.2$ mL となる。

図1と図2では，水溶液側の溶質の物質量，温度は変化しないので，$\pi V = nRT$ では nRT が等しく，$\pi V = $ 一定と考えられる。よって，図1の浸透圧を π_1，図2の浸透圧を π_2 とすると，

$$\pi V = \pi_1 \times \frac{100}{1000} = \pi_2 \times \frac{113}{1000} \qquad \therefore \quad \frac{\pi_1}{\pi_2} = \frac{113}{100} = 1.13 \fallingdotseq 1.1 \text{ 倍}$$

問3

解答への道しるべ

GR 2　液柱の高さの変換

物質 A の密度 d_A〔g/cm^3〕，高さ h_A〔cm〕，物質 B の密度 d_B〔g/cm^3〕，高さ h_B〔cm〕とすると，A の液柱のつくる圧力と B の液柱のつくる圧力の関係は，次のようになる。

$$d_A \times h_A = d_B \times h_B$$

図2での浸透圧は，液面差 6.60 cm の液柱のつくる圧力と等しい。

よって，図1のおもりの圧力は，問2より，$6.60 \times 1.13 = 7.45$ cm の液柱のつくる圧力と等しくなるので，おもりの質量は，

$1.0 \times 7.45 \times 4.00 = 29.8 \fallingdotseq 30$ g

また，図2において，液中の高さ 6.60 cm を水銀柱の高さ h_{Hg}〔cm〕に換算すると，密度×高さは等しいので，

$$1.0 \times 6.60 = 13.6 \times h_{Hg} \qquad \therefore \quad h_{Hg} = \frac{6.60}{13.6} \text{ cm}$$

よって，$P = 1.01 \times 10^5 \times \dfrac{\dfrac{6.60}{13.6}}{76.0} = 6.44 \times 10^2 \text{ Pa}$

したがって，求める分子量 M は，

$$6.44 \times 10^2 \times \frac{113}{1000} = \frac{100 \times 10^{-3}}{M} \times 8.3 \times 10^3 \times 300$$

$$\therefore \quad M = 3.42 \times 10^3 = 3.4 \times 10^3$$

問4

解答への道しるべ

GR 3 浸透圧と溶質粒子の物質量の関係

温度，体積が等しいとき，浸透圧が等しい場合は，溶質粒子の物質量も等しい。

塩化ナトリウムを加えて，液面の高さは等しくなったので，浸透圧は等しくなっている。加えた NaCl を x〔mg〕とし，NaCl は水中で完全に電離しているので，**A 側の溶質**（Na^+，Cl^-）**の総物質量と B 側の溶質 X の物質量が等しくなる**。

$$\frac{x \times 10^{-3}}{58.5} \times 2 = \frac{100 \times 10^{-3}}{3.4 \times 10^3} \qquad \therefore \quad x = 0.86 \fallingdotseq 0.9 \text{ mg}$$

---

35 | 溶解度（固体，気体）

答

問1　ア　28　　イ　32　　ウ　再結晶（法）　　エ　ヘンリー

オ　2.0×10^{-2}　　カ　1.0

問2　A　$\dfrac{nRT}{P}$　　B　$\dfrac{n'RT}{P'}$　　C　$\dfrac{P'}{P}$

問3　キ　ルシャトリエ　　ク　発熱　　ケ　正

解説

問1

解答への道しるべ

(GR)1 (i) **固体の溶解度**

固体の溶解度は，溶媒 100 g に溶ける溶質の最大量〔g〕を表す。

$$\frac{溶質の質量}{溶媒の質量} = \frac{S}{100} \qquad または \qquad \frac{溶質の質量}{溶液の質量} = \frac{S}{100+S}$$

ここで，S は溶解度で，溶媒 100 g に溶けうる溶質の質量〔g〕である。

···

(GR)2 (ii) **結晶水を含むとき**

固体の溶解度の計算で，析出する物質が結晶水を含むときは，水溶液中の水の質量も減少する。

$$\left[\begin{array}{l} CuSO_4 \cdot 5\,H_2O \quad (250) \\ CuSO_4 \qquad\quad (160) \\ 5\,H_2O \qquad\quad\ (90) \end{array}\right. \longrightarrow \left[\begin{array}{l} x\ (g) \\[4pt] \dfrac{160}{250}x\ (g) \\[6pt] \dfrac{90}{250}x\ (g) \end{array}\right.$$

ア 80℃での $CuSO_4$ の溶解度は，56 g/ 水 100 g なので，飽和水溶液 78 g に溶けている $CuSO_4$ は，

$$78 \times \frac{56}{100+56} = 28\ g$$

イ この溶液を 20℃まで冷却したとき，析出した $CuSO_4 \cdot 5\,H_2O$ の質量を x〔g〕とすると，

$$\frac{溶質}{溶液} = \frac{20}{100+20} = \frac{28-x \times \dfrac{160}{250}}{78-x} \qquad \therefore \quad x = 31.6 ≒ 32\ g$$

ウ 温度による溶解度の差を利用して，物質を精製する方法を再結晶という。

エ 気体の溶解度に関する法則は，ヘンリーの法則である。

オ，カ 密閉容器に水を 5.0 L，O_2 を 0.20 mol 封入して，77℃，5.5×10^5 Pa に保っているので，水に溶けた O_2 を x〔mol〕，気相中の O_2 を y〔mol〕とすると，気相の水の蒸気圧が 5.0×10^4 Pa なので，O_2 分圧は，

35

溶解度（固体、気体）

$$5.5 \times 10^5 - 5.0 \times 10^4 = 5.0 \times 10^5 \, \text{Pa}$$

よって，水 5.0L に溶けた O_2 は，

$$x = 0.80 \times 10^{-3} \times \frac{5.0 \times 10^5}{1.0 \times 10^5} \times 5 = 2.0 \times 10^{-2} \, \text{mol}$$

また，気相中の O_2 は，$y = 0.20 - 2.0 \times 10^{-2} = 0.18 \, \text{mol}$

よって，気相の体積を V〔L〕とすると，O_2 に注目して，

$$5.0 \times 10^5 \times V = 0.18 \times 8.3 \times 10^3 \times (77 + 273)$$

$$\therefore \quad V = 1.04 \fallingdotseq 1.0 \, \text{L}$$

問 2

A　状態方程式 $PV = nRT$ より，$V = \dfrac{nRT}{P}$

B　A と同様に，$V = \dfrac{n'RT}{P'}$

C　A，B より，$\dfrac{n'}{n} = \dfrac{P'}{P}$

これより，溶ける気体のモル数は圧力に比例することがわかる。

問 3

気相中の酸素を O_2(気)，水中の酸素を $O_2 \, \text{aq}$ とすると，熱化学方程式は次式で表される。

$$O_2(\text{気}) + \text{aq} = O_2 \, \text{aq} + Q \, \text{〔kJ〕}$$

また、$_キ$ルシャトリエの原理より、温度が低くなると、$_ク$発熱方向に平衡が移動する。O_2 については、温度が低くなると、溶解度は大きくなることより、平衡は右に移動しているので、$_ケ Q > 0$ となり、O_2 の水への溶解は発熱反応であることがわかる。

<table>
<tr><td rowspan="4">**36**</td><td rowspan="4">**反応速度（1）**</td></tr>
</table>

36	**反応速度（1）**

答

問1 （ア）(c)　（イ）(f)　（ウ）(a)　（エ）(e)

問2　2.3×10^{-3}　　問3　9.7×10^{-7}

問4　$4.5 \times 10^{-4}\,\mathrm{s}^{-1}$

解説

問1

解答への道しるべ

GR① (i)　**反応速度式**

反応速度 v と反応物のモル濃度の関係式を反応速度式という。

GR① (ii)　**素反応と多段階反応**

多くの反応は、いくつかの反応が組み合わされて一つの反応が起こっている。それぞれの反応を素反応といい、いくつかの素反応からなる反応を多段階反応という。反応速度式を求める場合は、素反応のうちの最も起こりにくい（遅い）反応に注目し、その起こりにくい反応を律速段階という。

五酸化二窒素 N_2O_5 の分解反応は、次式で表される。

$$2\,N_2O_5 \longrightarrow 4\,NO_2 + O_2$$

この反応は、式(1)〜式(3)の三段階の反応を組み合わせたものである。（ア）〜（ウ）に当てはまる化学式を決めていくときに、まず、式(3)から（ウ）が $_{(a)}NO$ と決まる。

$$N_2O_5 + NO \longrightarrow 3NO_2 \quad \cdots(3)$$

次に，式(2)の(ウ)に NO を当てはめると，（ア）は(c) N_2O_3 と決まる。

$$N_2O_3 \longrightarrow NO + NO_2 \quad \cdots(2)$$

最後に，式(1)の(ア)に N_2O_3 を当てはめると，（イ）は(f) O_2 と決まる。

$$N_2O_5 \longrightarrow N_2O_3 + O_2 \quad \cdots(1)$$

また，問題文から式(1)の反応は式(2)，式(3)の反応に比べて非常に遅いことから，式(1)の反応が起これば，速やかに式(2)，式(3)の反応は起こるので，N_2O_5 の分解反応は(エ)(e) N_2O_5 のモル濃度に比例すると考えることができる。このように，**多段階反応における最も反応速度の遅い反応を律速段階といい，律速段階の反応速度式を多段階反応の反応速度式と考える。**

問2

解答への道しるべ

(GR) 2 平均濃度

時間 t_1 〔s〕における濃度を C_1〔mol/L〕，時間 t_2〔s〕における濃度を C_2〔mol/L〕とすると，平均濃度 $\overline{C}$ は次式で表される。

$$\overline{C} = \frac{C_2 + C_1}{2}$$

4000 s から 5000 s での平均の濃度 $\bar{c}$ は，

$$\bar{c} = \frac{2.82 \times 10^{-3} + 1.85 \times 10^{-3}}{2} \fallingdotseq 2.3 \times 10^{-3} \, \text{mol/L}$$

問3

解答への道しるべ

(GR) 3 反応速度

時間 t_1〔s〕における濃度を C_1〔mol/L〕，時間 t_2〔s〕における濃度を C_2〔mol/L〕とすると，反応速度 v〔mol/(L·s)〕は次式で表される。

$$v = -\frac{C_2 + C_1}{t_2 - t_1}$$

4000 s から 5000 s での平均の反応速度 $\bar{v}$ は，

$$\bar{v} = -\frac{1.85\times10^{-3}-2.82\times10^{-3}}{5000-4000} = 9.7 \times 10^{-7}\,\mathrm{mol/(L \cdot s)}$$

問4

図1中の点Aは，5000 s から 6000 s での平均の濃度と反応速度を示した点であることがわかる。また，反応速度は濃度に比例することが読み取れるので，この反応は一次反応であることがわかり，反応速度定数を $k\,[s^{-1}]$ とすると，**反応速度式は，$v = k \times c$ と表される。**よって，求める反応速度定数は，

$$k = \frac{v}{c} = \frac{5.8\times10^{-7}}{1.3\times10^{-3}} \fallingdotseq 4.5 \times 10^{-4}\,\mathrm{s}^{-1}$$

37	**反応速度（2）**

答

問1 (1) ア：(a)　　イ：(d)　　ウ：(b)　　エ：(g)　　オ：(h)
　　　　カ：(f)　　キ：(h)　　ク：(i)

(2) 関係式：$\log_e k = -\dfrac{E_\mathrm{a}}{RT} + \log_e A$

傾き：$-\dfrac{E_\mathrm{a}}{R}$　　切片：$\log_e A$

問2 正反応：$6.31 \times 10^{-2}\,\mathrm{L/(mol \cdot s)}$
逆反応：$1.16 \times 10^{-3}\,\mathrm{L/(mol \cdot s)}$

解説

問1

解答への道しるべ

GR 1　アレニウスの式

　反応速度定数 k は，活性化エネルギー E_a，絶対温度 T，気体定数 R，比例定数（頻度因子）を A とすると，次式で表される。

$$k = Ae^{-\frac{E_a}{RT}}$$

この式をアレニウスの式という。また，式の両辺に底をeとして対数をとると，次式が得られる。

$$\log_e k = \log_e A - \frac{E_a}{RT}$$

これより，絶対温度Tを高くしたり，触媒を加えて活性化エネルギーE_aを小さくすると，反応速度定数kは大きくなることがわかる。

反応速度は，反応物の濃度，(ア)温度，(イ)触媒などによって影響を受ける。式①はアレニウスの式という。

$$k = Ae^{-\frac{E_a}{RT}}$$

式①の両辺に底をeとして対数をとると，次式が得られる。

$$\log_e k = \log_e A - \frac{E_a}{RT}$$

ここで，縦軸を$\log_e k$，横軸を(ウ)絶対温度の逆数$\frac{1}{T}$とすると，次のような直線のグラフが描ける。

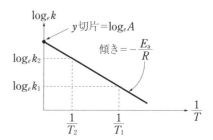

このグラフから，縦軸の切片は$\log_e A$，直線の傾きは$-\dfrac{E_a}{R}$と求められ，(エ)活性化エネルギーE_aの値が大きいほど，直線の傾きが大きくなり，温度の変動に対する，$\log_e k$の値の変動は大きくなるので，反応速度定数kの変動が(オ)大きくなることを表している。

化学反応は，分子が活性化エネルギー以上のエネルギーをもち，また分子が衝突することによって起こる。温度が高くなると分子のもつ(カ)運動エネルギーが増大するので，活性化エネルギー以上のエネルギーをもつ分子の割合が増大する。よって，反応速度は(キ)大きくなる。また，触媒を用いると活性化エネルギーの値が(ク)小さくなるので，活性化エネルギー以上のエネルギーをもつ分子の割合が増大するため，反応速度は大きくなる。

問2

H_2, I_2, HI のモル濃度をそれぞれ $[H_2]$, $[I_2]$, $[HI]$ とし，正反応の反応速度を v_1，正反応の反応速度定数を k_1，逆反応の反応速度を v_2，逆反応の反応速度定数を k_2 とすると，正反応，逆反応の反応速度式はそれぞれ次式で表される。

正反応：$v_1 = k_1[H_2][I_2]$

逆反応：$v_2 = k_2[HI]^2$

よって，

$$k_1 = \frac{v_1}{[H_2][I_2]} = \frac{82.0 \times 10^{-9}}{1.14 \times 10^{-3} \times 1.14 \times 10^{-3}}$$
$$= 6.309 \times 10^{-2} \fallingdotseq 6.31 \times 10^{-2} \, \text{L/(mol·s)}$$

$$k_2 = \frac{v_2}{[HI]^2} = \frac{82.0 \times 10^{-9}}{(8.41 \times 10^{-3})^2} = 1.159 \times 10^{-3} \fallingdotseq 1.16 \times 10^{-3} \, \text{L/(mol·s)}$$

---

38 | **反応速度，化学平衡**

答

問1　$H_2 + I_2 \rightleftharpoons 2\,HI$

問2　水素 A，ヨウ素 A，ヨウ化水素 B

問3　$K = \dfrac{[HI]^2}{[H_2][I_2]}$　（600℃における K の値）40.1

問4　水素 0.31 mol，ヨウ素 0.31 mol，ヨウ化水素 1.38 mol

問5　活性化状態

問6

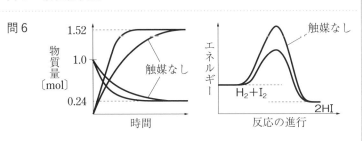

解説

問1

水素とヨウ素からヨウ化水素が生成する可逆反応は次式で表される。

$H_2 + I_2 \rightleftarrows 2HI$

問2

反応開始時に H_2 と I_2 がともに 1.0 mol，HI が 0 mol なので，図1より，H_2，I_2 の曲線はともに A，HI の曲線は B である。

問3

化学平衡の法則より，この反応の平衡定数 K は，次式で表される。

$$K = \frac{[HI]^2}{[H_2][I_2]}$$

また，平衡時の濃度は，体積を V〔L〕とすると，それぞれ次のようになる。

$$[H_2] = [I_2] = \frac{0.24}{V} \text{〔mol/L〕}, \quad [HI] = \frac{1.52}{V} \text{〔mol/L〕}$$

これらを平衡定数 K に代入すると，

$$K = \frac{\left(\dfrac{1.52}{V}\right)^2}{\left(\dfrac{0.24}{V}\right)^2} = 40.11 \fallingdotseq 40.1$$

問4

解答への道しるべ

GR② **平衡定数**

　平衡定数の式に代入する数値は，平衡時の濃度であり，反応前の濃度を代入しても平衡定数の値とは一致しない。また，濃度平衡定数 K_C のときは平衡時のモル濃度,圧平衡定数 K_P のときは平衡時の分圧を代入すること。

　H_2 を 1 mol，I_2 を 1 mol 入れて平衡に達するまでの変化は，変化した H_2 の物質量を x〔mol〕とすると，次のようになる。

$$H_2 \quad + \quad I_2 \quad \rightleftharpoons \quad 2\,HI$$

反応前 　　1	1	0
変化量 　$-x$	$-x$	$+2x$
平衡時 　$1-x$	$1-x$	$2x$

容器の体積を V〔L〕とすると，平衡時の各物質のモル濃度は，

$$[H_2] = \frac{1-x}{V}\ \text{〔mol/L〕},\ \ [I_2] = \frac{1-x}{V}\ \text{〔mol/L〕},\ \ [HI] = \frac{2x}{V}\ \text{〔mol/L〕}$$

これらを $K = \dfrac{[HI]^2}{[H_2][I_2]}$ に代入して，$K = \dfrac{\left(\dfrac{2x}{V}\right)^2}{\left(\dfrac{1-x}{V}\right)^2} = 20$

ここで，$0 < x < 1$ より，$\dfrac{2x}{1-x} = 2\sqrt{5} = 4.48$　　∴　$x = 0.691$ mol

よって，$H_2 = I_2 = 1 - 0.691 = 0.309 \fallingdotseq 0.31$ mol

　　　　$HI = 2 \times 0.691 = 1.382 \fallingdotseq 1.38$ mol

問5

　化学反応が起こるためには，反応物どうしが衝突し，エネルギーの高い状態を経て生成物に変わる。このエネルギーの高い状態を活性化状態という。**活性化状態にあるものを活性錯体という。**

問6

解答への道しるべ

GR 3 活性化エネルギーと触媒

化学反応が起こるために必要なエネルギーを**活性化エネルギー**という。触媒を加えると，活性化エネルギーが小さくなり，反応速度が大きくなるが，反応前後の物質は変わらないので，反応熱は変化しない。

触媒は活性化エネルギーが小さくなる反応経路をとり，反応速度が大きくなるが，平衡は移動させない。よって，図1では，正反応，逆反応ともに反応速度が大きくなる。しかし，平衡時の物質量は変化しない。また，図2では，反応物と生成物のもつエネルギーは変化しないが活性化状態のもつエネルギーが小さくなるので，活性化エネルギーは小さくなる。

39 化学平衡(1)

答

問1 ア：NO_2 イ：発熱

問2 (i) 0.300 mol (ii) $K_p = 4.9 \times 10^{-6}\ Pa^{-1}$

問3 (い)

解説

問1

解答への道しるべ

GR 1 ルシャトリエの原理(平衡移動の原理)

反応系に外部から影響を与えると，その影響をやわらげる方向に平衡が移動し，新しい平衡状態になる。これを，**ルシャトリエの原理**という。具体的には，

1. 温度を高くすると，**吸熱方向**に平衡が移動する。
2. 圧力を高くすると，（圧力を低くしたいので）**気体の粒子数が減少する方向**に平衡が移動する。
3. 平衡状態にある物質を加えて濃度を大きくすると，**その物質の濃度が小さくなる方向**に平衡が移動する。

1，2，3について，小さくする場合には，平衡は逆に移動する。

ア二酸化窒素 NO_2 は赤褐色の気体であり，四酸化二窒素 N_2O_4 は無色の気体である。①式の平衡について，温度を下げると気体の色が薄くなり，温度を上げると濃い赤褐色になる。$2NO_2 \rightleftarrows N_2O_4$ ……①

よって，温度を下げると，ルシャトリエの原理より発熱方向へ平衡が移動するので，①式の平衡は右へ移動し，温度を上げると，ルシャトリエの原理より吸熱方向へ平衡が移動するので，①式の平衡は左に移動したことがわかる。よって，正反応はィ発熱反応であることがわかる。

問 2

(i) 平衡時に生成した N_2O_4 の物質量を x 〔mol〕とすると，平衡時の物質量はそれぞれ次のように表される。

	$2NO_2$ $\rightleftarrows$	N_2O_4	全物質量
反応前	0.600	0	0.600
変化量	$-2x$	$+x$	
平衡時	$0.600 - 2x$	x	$0.600 - x$

また，平衡時は 8.31 L，1.53×10^5 Pa，340 K（67℃）で，混合気体の物質量は $0.600 - x$〔mol〕だから，$PV = nRT$ より，

$$1.53 \times 10^5 \times 8.31 = (0.600 - x) \times 8.31 \times 10^3 \times 340$$

$$x = 0.150 \text{ mol}$$

よって，平衡時の NO_2 の物質量は，$0.600 - 2 \times 0.150 = 0.300$ mol

また，N_2O_4 の物質量は，$x = 0.150$ mol

(ii) 分圧＝全圧×モル分率より，平衡時の NO_2 と N_2O_4 の分圧 P_{NO_2}，$P_{N_2O_4}$ はそれぞれ次のよう求められる。

$$P_{NO_2} = 1.53 \times 10^5 \times \frac{0.300}{0.300 + 0.150} = 1.02 \times 10^5 \text{ Pa}$$

$$P_{N_2O_4} = (1.53 - 1.02) \times 10^5 = 0.51 \times 10^5 \text{ Pa}$$

よって, 圧平衡定数 K_P は, $K_P = \dfrac{P_{N_2O_4}}{(P_{NO_2})^2} = \dfrac{0.51 \times 10^5}{(1.02 \times 10^5)^2} = 4.90 \times 10^{-6}\,\text{Pa}^{-1}$

問3

解答への道しるべ

GR② 触媒による反応速度と平衡の関係

　触媒を加えると, 活性化エネルギーが小さくなるので, 同じ温度であっても, 小さくなった活性化エネルギー以上の運動エネルギーをもつ分子の割合が増加するので, 反応速度が大きくなる。

　しかし, 触媒は正反応と逆反応の活性化エネルギーがともに小さくなり, 反応速度がともに速くなる。したがって, 平衡は移動しない。

　触媒は, 活性化エネルギーを小さくするので, 反応速度は大きくなるが, 平衡は移動させない。よって, (い)。

40	**化学平衡(2)**

答

問1　ア　触媒　　イ　化学平衡(質量作用)

　　　ウ　ルシャトリエ(平衡移動)　　エ　活性化

問2　A (b)　　B (b)　　C (b)　　D (b)　　E (a)

問3　46 kJ/mol

問4　窒素…2.0 mol　　水素…6.0 mol　　アンモニア…2.0 mol

問5　(1) (c)　　(2) (b)

解説

問1，2

解答への道しるべ

GR ❶ ルシャトリエの原理（平衡移動の原理）

反応系に外部から影響を与えると，その影響をやわらげる方向に平衡が移動し，新しい平衡状態になる。これを，**ルシャトリエの原理**という。具体的には，

1. 温度を高くすると，**吸熱方向**に平衡が移動する。
2. 圧力を高くすると，（圧力を低くしたいので）**気体の粒子数が減少する方向**に平衡が移動する。
3. 平衡状態にある物質を加えて濃度を大きくすると，**その物質の濃度が小さくなる方向**に平衡が移動する。

1，2，3について，小さくする場合には，平衡は逆に移動する。

アンモニアの工業的製法である**ハーバー・ボッシュ法**は，鉄を主成分とする ₇触媒を用いて，窒素と水素から合成される。平衡状態では，反応物と生成物の濃度の間には，ᵢ化学平衡（質量作用）の法則が成り立つ。

平衡状態にある反応系において，ある条件を加えると，その影響を ₐ小さくする方向に平衡が移動して，新しい平衡状態に達する。これを，ᵤルシャトリエの原理という。

窒素と水素からアンモニアが合成する反応が発熱反応であることより，熱化学方程式は次式で表される。

$$N_2（気）+ 3 H_2（気）= 2 NH_3（気）+ Q \text{ kJ}$$

この反応において，温度を高くすると，温度を下げる方向，すなわち吸熱方向に平衡が移動するので平衡は左に移動し，アンモニアの割合が ʙ小さくなる。このとき，N_2 と H_2 の物質量は増加し，NH_3 の物質量は減少する。ここで，平衡定数 K は次式で表される。

$$K = \frac{[NH_3]^2}{[N_2][H_2]^3}$$

よって，温度を高くすると，分子の $[NH_3]$ が小さくなり，分母の $[N_2]$ や $[H_2]$ が大きくなるので，K は ｃ小さくなる。

一方，触媒は平衡は移動させないので，平衡定数 K は変化させないが，反応の$_{エ}$活性化エネルギーが触媒によって $_D$ 小さくなるので，反応速度は大きくなる。また，圧力を高くすると粒子数が減少する，すなわちアンモニアの割合が $_E$ 大きくなる方向に平衡は移動する。

問3

求める反応熱を Q〔kJ/mol〕とすると，アンモニアの生成熱を表す熱化学方程式は，式①で表される。

$$\frac{1}{2} N_2(気) + \frac{3}{2} H_2(気) = NH_3(気) + Q \text{ kJ} \quad \cdots\cdots①$$

結合エネルギーの値より，N_2，H_2，NH_3 の解離反応の熱化学方程式は，②式〜④式で表される。

N_2（気）$= 2 N$（気）$- 946 \text{ kJ}$　$\cdots\cdots②$

H_2（気）$= 2 H$（気）$- 436 \text{ kJ}$　$\cdots\cdots③$

NH_3（気）$= N$（気）$+ 3 H$（気）$- 3 \times 391 \text{ kJ}$　$\cdots\cdots④$

式①＝式②$\times \dfrac{1}{2} +$式③$\times \dfrac{3}{2} -$式④より，

$$Q = (-946) \times \frac{1}{2} + (-436) \times \frac{3}{2} - (-3 \times 391) = 46 \text{ kJ}$$

問4

3.0 mol の N_2 と 9.0 mol の H_2 を混合し，平衡時まで変化した N_2 を x〔mol〕とすると，

	N_2	$+$	$3 H_2$	$\rightleftarrows$	$2 NH_3$	全モル数
反応前	3.0		9.0		0	12.0
変化量	$-x$		$-3x$		$+2x$	
平衡時	$3.0 - x$		$9.0 - 3x$		$2x$	$12.0 - 2x$

平衡時の NH_3 の割合が 20％であることより，

$$\frac{2x}{12.0 - 2x} \times 100 = 20 \qquad x = 1.0 \text{ mol}$$

よって，平衡時の各物質の物質量は，

$N_2 = 3.0 - 1.0 = 2.0 \text{ mol}$ 　　　　$H_2 = 9.0 - 3 \times 1.0 = 6.0 \text{ mol}$

$NH_3 = 2 \times 1.0 = 2.0 \text{ mol}$

問5

解答への道しるべ

GR 2 グラフの選択のポイント

縦軸にアンモニアの生成率，横軸に反応時間をとったグラフの概形を考えるときには，次の1，2の2点に注目するとよい。

1. グラフが水平になっている部分については平衡状態に達しているので，生成率の大小はルシャトリエの原理から考える。
2. 反応時間0でのグラフの接線の傾きは反応開始時の反応速度に相当する。

(1) 触媒を加えると，反応速度は大きくなるが，平衡は移動しないので，平衡時での NH_3 の生成率は変化しない。よって，(c)

(2) 低温で反応させると，反応速度は小さくなる。また，ルシャトリエの原理より，問3で求めた生成熱の値は正であることから，温度を低くすると，平衡は NH_3 が生成する正反応の方向に移動するので，①式の NH_3 の合成反応の平衡は右へ移動する。したがって NH_3 の生成率は大きくなる。

よって，(b)

41 電離平衡(1)

41 電離平衡(1)

答

問1 $\alpha = \sqrt{\dfrac{K_a}{C}}$ 　問2 電離度：1.7×10^{-2}，pH：2.8

問3 (1) 4.6 　(2) $\dfrac{C_2}{C_1} = 0.28$ 　(3) 4.4 　(4) 緩衝作用

問4 8.8

解説

問1

解答への道しるべ

(GR) ①　酢酸の電離平衡

C 〔mol/L〕 の酢酸水溶液中の CH_3COOH, CH_3COO^-, H^+ のモル濃度は,

$[CH_3COOH] = C(1 - \alpha)$　　$[CH_3COO^-] = [H^+] = C\alpha$

$1 - \alpha \fallingdotseq 1$ となるとき,

$$K_a = C\alpha^2 \qquad \alpha = \sqrt{\frac{K_a}{C}} \qquad [H^+] = \sqrt{CK_a}$$

$CH_3COOH = C$ 〔mol/L〕, 電離度 α とすると, 次のような平衡が成り立つ。

$$CH_3COOH \rightleftharpoons CH_3COO^- + H^+$$

反応前　　　　C　　　　　　　　0　　　　　　0

平衡時　　$C(1 - \alpha)$　　　　　　$C\alpha$　　　　　$C\alpha$

これを電離定数 $K_a = \dfrac{[CH_3COO^-][H^+]}{[CH_3COOH]}$ に代入すると,

$$K_a = \frac{C\alpha \times C\alpha}{C(1 - \alpha)} = \frac{C\alpha^2}{1 - \alpha}$$

ここで, $1 - \alpha \fallingdotseq 1$ と近似すると, $K_a = C\alpha^2$ となり, $\alpha = \sqrt{\dfrac{K_a}{C}}$

問2

解答への道しるべ

(GR) ②　酢酸緩衝液の pH

緩衝液中の $CH_3COOH = C_1$ 〔mol/L〕, $CH_3COONa = C_2$ 〔mol/L〕 のとき, 酢酸はほとんど電離していないと考えることができ, 平衡時のモル濃度は, $[CH_3COOH] = C_1$, $[CH_3COO^-] = C_2$ と近似できる。よって, 電離定数 K_a に代入すると, 次式が成り立つ。

$$K_a = \frac{C_2 \times [H^+]}{C_1} \qquad \left(\frac{C_2}{C_1} = 濃度比 = モル比 \right)$$

$$\alpha = \sqrt{\frac{K_a}{C}} = \sqrt{\frac{2.8 \times 10^{-5}}{0.10}} = \sqrt{280} \times 10^{-3} = 1.7 \times 10^{-2}$$

また，$[H^+] = C\alpha = 0.10 \times 1.7 \times 10^{-2} = 1.7 \times 10^{-3} \text{ mol/L}$

$$pH = -\log_{10}(1.7 \times 10^{-3}) = 3 - \log_{10}1.7 = 2.77 \fallingdotseq 2.8$$

問3

(1) $K_a = \dfrac{C_2 \times [H^+]}{C_1} = \dfrac{0.10 \times [H^+]}{0.10} = [H^+] = 2.8 \times 10^{-5} \text{ mol/L}$

よって，$pH = -\log_{10}(28 \times 10^{-6}) = 6 - \log_{10}28 = 4.55 \fallingdotseq 4.6$

(2) $pH = 4.0$ とすると，$[H^+] = 1.0 \times 10^{-4} \text{ mol/L}$ より，$K_a = \dfrac{C_2 \times [H^+]}{C_1}$ は，

次のように変形できるので，$\dfrac{C_2}{C_1} = \dfrac{K_a}{[H^+]} = \dfrac{2.8 \times 10^{-5}}{1.0 \times 10^{-4}} = 0.28$

(3) (1)の水溶液中の CH_3COOH，CH_3COONa の物質量は，

$$CH_3COOH = CH_3COONa = 0.10 \times \frac{20}{1000} = 2.0 \times 10^{-3} \text{ mol}$$

加えた HCl の物質量は，$0.20 \times \dfrac{20}{1000} = 4.0 \times 10^{-3} \text{ mol}$

よって，HCl を加えたのちの量的関係は，

	CH_3COONa	$+$	HCl	$\longrightarrow$	CH_3COOH	$+$	$NaCl$
反応前	2.0		0.40		2.0		0
変化量	-0.40		-0.40		$+0.40$		$+0.40$
反応後	1.6		0		2.4		0.40

（単位 $\times 10^{-2} \text{ mol}$）

反応後の溶液中では，$\dfrac{C_2}{C_1} = \dfrac{1.6 \times 10^{-2}}{2.4 \times 10^{-2}} = \dfrac{2}{3}$ なので，

$$K_a = \frac{C_2 \times [H^+]}{C_1} = \frac{2 \times [H^+]}{3} = 2.8 \times 10^{-5}$$

$[H^+] = 4.2 \times 10^{-5} \text{ mol/L}$

$pH = -\log_{10}(4.2 \times 10^{-5}) = 5 - \log_{10}4.2 = 4.38 \fallingdotseq 4.4$

(4) 酢酸と酢酸ナトリウムの混合水溶液のように，**少量の酸，または塩基を加えてもpHの変化が小さい溶液を緩衝液**といい，そのはたらきを**緩衝作用**という。

問4

解答への道しるべ

(GR) 3 酢酸ナトリウム水溶液の pH

CH_3COONa 水溶液の濃度を C_s〔mol/L〕，酢酸の電離定数を K_a，水の
イオン積 K_W とすると，水素イオン濃度 $[H^+]$ は，次式で表される。

$$[H^+] = \sqrt{\frac{K_a K_W}{C_s}}$$

C_s〔mol/L〕の CH_3COONa 水溶液の $[H^+]$ は次式で表される。

$$[H^+] = \sqrt{\frac{K_a K_W}{C_s}} = \sqrt{\frac{2.8 \times 10^{-5} \times 1.0 \times 10^{-14}}{0.10}} = \sqrt{28} \times 10^{-9.5} \, mol/L$$

$$pH = -\log_{10}(\sqrt{28} \times 10^{-9.5}) = 9.5 - \frac{1}{2}\log_{10}28 = 8.77 ≒ 8.8$$

42 　電離平衡（2）　リン酸

答

問1　(1)　$K_①$ … 4.5×10^{-13}　　$K_②$ … 1.6×10^{-7}　　(2)　塩基性

問2　6.3 mL

解説

問1

解答への道しるべ

(GR) 1 電離定数の値について

ある酸 HA について水溶液中で次の電離平衡が成り立つ。

$$HA \rightleftharpoons H^+ + A^-$$

この反応の電離平衡は次式で表される。

$$K_a = \frac{[H^+][A^+]}{[HA]}$$

このとき電離定数 K_a の値は反応の進み方の程度を表し，K_a の値が大きいほど平衡は右に偏ることがわかる。

　したがって，異なる2つの平衡反応を考える場合でも，電離定数がより大きいほど反応が起こりやすいことを表す。

(1)　$K_①$ は K_3 と等しく，$K_① = 4.5 \times 10^{-13}$ である。

　②の電離定数は，

$$K_② = \frac{[H_2PO_4^-][OH^-]}{[HPO_4^{2-}]} = \frac{[H_2PO_4^-][OH^-][H^+]}{[HPO_4^{2-}][H^+]} = \frac{K_W}{K_2}$$

$$= \frac{1.0 \times 10^{-14}}{6.3 \times 10^{-8}} = 1.58 \times 10^{-7} = 1.6 \times 10^{-7}$$

(2)　**電離定数は反応の進行度を表し，電離定数が大きいほど，反応が進む（平衡は右辺に偏る）ことがわかる。** HPO_4^{2-} の電離定数の $K_①$ と HPO_4^{2-} の加水分解定数の $K_②$ では，$K_① \ll K_②$ より，HPO_4^{2-} は加水分解がより起こることがわかり，水溶液は塩基性を示す。

問2

解答への道しるべ

GR 2 リン酸緩衝液の pH

　緩衝液中の $NaH_2PO_4 = C_1$ [mol/L]，$Na_2HPO_4 = C_2$ [mol/L] のとき，平衡時のモル濃度は，$[H_2PO_4^-] = C_1$，$[HPO_4^{2-}] = C_2$ と近似できる。よって，電離定数 K_2 に代入すると，次式が成り立つ。

$$K_2 = \frac{C_2 \times [H^+]}{C_1} \quad \left(\frac{C_2}{C_1} = 濃度比 = モル比 \right)$$

　求める Na_2HPO_4 水溶液の体積を v [mL] とすると，緩衝液中の NaH_2PO_4 と Na_2HPO_4 の物質量は，それぞれ次のようになる。

$$NaH_2PO_4：0.10 \times \frac{10}{1000} = 1.0 \times 10^{-3}\ mol$$

$$Na_2HPO_4：0.10 \times \frac{v}{1000} = 0.10\,v \times 10^{-3}\ mol$$

　また，pH 7.0 なので，$[H^+] = 1.0 \times 10^{-7}$ mol/L である。これらを K_2 に代入

すると,

$$K_2 = \frac{(0.10v \times 10^{-3}) \times 1.0 \times 10^{-7}}{1.0 \times 10^{-3}} = 6.3 \times 10^{-8} \quad \therefore \quad v = 6.3 \text{ mL}$$

---

43 │ 溶解度積(1)

答

問1　(1)　1.0×10^{-20} mol/L　　(2)　ZnS, CdS

問2　pH = 1.5

解説

問1

解答への道しるべ

(GR)(1) 沈殿生成の判定

水溶液中で M^{2+} のモル濃度を a [mol/L], S^{2-} のモル濃度を b [mol/L] とするとき, **溶解度積** $K_{SP} = [M^{2+}][S^{2-}]$ について,

1. $a \times b < K_{SP}$ のとき, MS の沈殿は生じない。
2. $a \times b = K_{SP}$ のとき, MS の沈殿は生じない(飽和溶液)。
3. $a \times b > K_{SP}$ のとき, MS の沈殿は生じる。

(1)　$K_1 \times K_2 = \dfrac{[H^+]^2[S^{2-}]}{[H_2S]}$ より, $[S^{2-}] = \dfrac{K_1K_2[H_2S]}{[H^+]^2}$ と変形でき, pH 1.0 なので, $[H^+] = 0.10$ mol/L, また, K_1, K_2 の数値を代入すると,

$$[S^{2-}] = \frac{1.0 \times 10^{-7} \times 1.0 \times 10^{-14} \times 0.10}{(0.10)^2} = 1.0 \times 10^{-20} \text{ mol/L}$$

(2)　金属イオン M^{2+} について, 硫化物の溶解度積 K_{SP} は次式で表される。

$$K_{SP} = [M^{2+}][S^{2-}]$$

　　この式を変形すると, $[M^{2+}] = \dfrac{K_{SP}}{[S^{2-}]}$ で表され, pH 1.0 のとき $[S^{2-}] = 1.0 \times 10^{-20}$ mol/L より, 溶液中に存在できる M^{2+} の濃度の最大値を表す。よって, それぞれの金属イオンについて,

$$[\text{Zn}^{2+}] = \frac{5.0 \times 10^{-26}}{1.0 \times 10^{-20}} = 5.0 \times 10^{-6} < 1.0 \times 10^{-3} \text{ より,ZnS は沈殿する。}$$

$$[\text{Cd}^{2+}] = \frac{1.0 \times 10^{-28}}{1.0 \times 10^{-20}} = 1.0 \times 10^{-8} < 1.0 \times 10^{-3} \text{ より,CdS は沈殿する。}$$

$$[\text{Fe}^{2+}] = \frac{1.0 \times 10^{-19}}{1.0 \times 10^{-20}} = 1.0 \times 10 > 1.0 \times 10^{-2} \text{ より,FeS は沈殿しない。}$$

$$[\text{Ni}^{2+}] = \frac{1.0 \times 10^{-24}}{1.0 \times 10^{-20}} = 1.0 \times 10^{-4} = 1.0 \times 10^{-4} \text{ より,}$$

FeS は沈殿しない(飽和)。

問2

解答への道しるべ

GR 2 $K_{\text{SP}} = [\text{M}^{2+}][\text{S}^{2-}]$,$K_1 K_2 = \dfrac{[\text{H}^+]^2[\text{S}^{2-}]}{[\text{H}_2\text{S}]}$ から

$[\text{M}^{2+}] \rightarrow [\text{S}^{2-}] \rightarrow [\text{H}^+]$ の順に求めていく。

Ni^{2+}の90%を NiS として沈殿させるので,溶液の $[\text{Ni}^{2+}]$ は,はじめの10%
となる。

$$[\text{Ni}^{2+}] = 1.0 \times 10^{-4} \times \frac{10}{100} = 1.0 \times 10^{-5} \text{ mol/L}$$

溶解度積より,溶液中の $[\text{S}^{2-}]$ は,

$$[\text{S}^{2-}] = \frac{1.0 \times 10^{-24}}{1.0 \times 10^{-5}} = 1.0 \times 10^{-19} \text{ mol/L}$$

よって,$K_1 \times K_2 = \dfrac{[\text{H}^+]^2[\text{S}^{2-}]}{[\text{H}_2\text{S}]}$ より,$[\text{H}^+]$ は,

$$[\text{H}^+]^2 = \frac{K_1 K_2 [\text{H}_2\text{S}]}{[\text{S}^{2-}]} = \frac{1.0 \times 10^{-7} \times 1.0 \times 10^{-14} \times 0.10}{1.0 \times 10^{-19}}$$

$$= 1.0 \times 10^{-3} \text{ (mol/L)}^2$$

よって,$[\text{H}^+] = 10^{-1.5}$ より,pH = 1.5

44 | 溶解度積(2)

答

問1　AgCl…2.0×10^{-10} $(mol/L)^2$
　　　Ag_2CrO_4…4.0×10^{-12} $(mol/L)^3$

問2　3.2×10^{-2} %　　　　問3　1.4×10^{-5} mol/L

問4　2.0×10^{-2} mol/L　　　　問5　2.6

解説

問1

解答への道しるべ

GR①　溶解度積

溶解平衡にある反応系で，溶液中に存在するイオンのモル濃度の関係を**溶解度積** K_{SP} という。

AgCl $\rightleftarrows$ Ag^+ + Cl^-　の場合，$K_{SP} = [Ag^+][Cl^-]$

Ag_2CrO_4 $\rightleftarrows$ $2\,Ag^+$ + CrO_4^{2-}の場合，$K_{SP} = [Ag^+]^2[CrO_4^{2-}]$

溶解度積も平衡定数なので，上のように反応式の右辺の係数に着目すること。

Ag_2CrO_4 について，C 点は，$\log_{10}[CrO_4^{2-}] = -3$，$\log_{10}[Ag^+] = -4.2$ であり，

$$K_{SP} = [Ag^+]^2[CrO_4^{2-}] = (10^{-4.2})^2 \times 10^{-3} = 10^{-11.4} = 4.0 \times 10^{-12}\ (mol/L)^3$$

$\log_{10}[CrO_4^{2-}] = -8$ のとき，$\log_{10}[Ag^+] = -1.7$ であり，この値は AgCl の溶解平衡の直線 AB との交点となるので，$\log_{10}[Cl^-] = -8$，$\log_{10}[Ag^+] = -1.7$ となる。

AgCl について，

$$K_{SP} = [Ag^+][Cl^-] = 10^{-1.7} \times 10^{-8} = 10^{-9.7} = 2.0 \times 10^{-10}\ (mol/L)^2$$

問2

Ag_2CrO_4 の沈殿が生成し始めたときの $[Ag^+]$ は，

$$[\text{Ag}^+] = \sqrt{\frac{K_{SP}}{[\text{CrO}_4{}^{2-}]}} = \sqrt{\frac{4.0 \times 10^{-12}}{0.0010}} = \sqrt{4.0 \times 10^{-9}} \text{ mol/L}$$

よって，$[\text{Cl}^-] = \dfrac{K_{SP}}{[\text{Ag}^+]} = \dfrac{2.0 \times 10^{-10}}{\sqrt{4.0 \times 10^{-9}}} = \sqrt{10} \times 10^{-6} = 3.16 \times 10^{-6} \text{ mol/L}$

求める割合は，$\dfrac{3.16 \times 10^{-6}}{0.010} \times 100 = 3.16 \times 10^{-2}\%$

問3

水溶液中の Cl^- の物質量と Ag^+ の物質量は等しいので，
$$[\text{Ag}^+] = \sqrt{K_{SP}} = \sqrt{2.0 \times 10^{-10}} = 1.41 \times 10^{-5} \text{ mol/L}$$

問4

解答への道しるべ

GR 2 混合物の溶解平衡

　この問題では，Ag^+ と Cl^- の溶解平衡，Ag^+ と $\text{CrO}_4{}^{2-}$ の溶解平衡がともに成り立っている。共通なイオンは Ag^+ なので，Ag^+ のモル濃度を求めることに着目する。

$$[\text{CrO}_4{}^{2-}] = \frac{K_{SP}}{[\text{Ag}^+]^2} = \frac{4.0 \times 10^{-12}}{(\sqrt{2} \times 10^{-5})^2} = 2.0 \times 10^{-2} \text{ mol/L}$$

問5

生理食塩水 5.0 mL に含まれる Cl^- を滴定するために要する AgNO_3 の体積を v 〔mL〕とすると，

$$\frac{9.00}{58.5} \times \frac{5.0}{1000} = 0.020 \times \frac{v}{1000} \qquad v = 38.4 \text{ mL}$$

　このとき Ag_2CrO_4 の沈殿が生じ始めるためには，問4より，$[\text{CrO}_4{}^{2-}] = 2.0 \times 10^{-2} \text{ mol/L}$ となればよい。よって，

$$[\text{CrO}_4{}^{2-}] = \frac{0.50 \times \dfrac{x}{1000}}{(5.0 + x + 20.0 + 38.4) \times \dfrac{1}{1000}} = 2.0 \times 10^{-2} \qquad x = 2.64 \text{ mL}$$

45 | 17族（ハロゲン）

答

問1 あ：17　　い：ヨウ素　　う：7　　え：1　　お：大きい

問2 (i) (A)：$HClO_2$　　(B)：$HClO_4$　　(C)：次亜塩素酸
　　　　(D)：塩素酸

　　(ii) 強：エ　　弱：ア

問3 (i) $Cl_2O_7 + H_2O \longrightarrow 2\,HClO_4$

　　(ii) $2\,KMnO_4 + 16\,HCl$
　　　　　　$\longrightarrow 2\,MnCl_2 + 5\,Cl_2 + 8\,H_2O + 2\,KCl$

　　(iii) $SiO_2 + 6\,HF \longrightarrow H_2SiF_6 + 2\,H_2O$

問4 (i) Cl_2：0　　Cl^-：-1　　ClO^-：$+1$

　　(ii) 酸化剤：$Cl_2 + 2\,e^- \longrightarrow 2\,Cl^-$
　　　　還元剤：$Cl_2 + 4\,OH^- \longrightarrow 2\,ClO^- + 2\,H_2O + 2\,e^-$

　　(iii) ①式とは逆の反応が起こり，溶液から毒性の強い
　　　　　Cl_2 が発生するため。

解説

問1

解答への道しるべ

GR① ハロゲン元素

・ハロゲン単体

	色	分子量	分子間力	状態
F_2	淡黄色	38	小	気体
Cl_2	黄緑色	71	▲	気体
Br_2	赤褐色	160	▼	液体
I_2	黒紫色	254	大	固体

・酸化力　　　　　　　　還元力

$$大 \quad F_2 + 2e^- \rightleftharpoons 2F^- \quad 小$$
$$Cl_2 + 2e^- \rightleftharpoons 2Cl^-$$
$$Br_2 + 2e^- \rightleftharpoons 2Br^-$$
$$小 \quad I_2 + 2e^- \rightleftharpoons 2I^- \quad 大$$

よって，Cl_2 と I^- は反応するが，I_2 と Cl^- は反応しない。

　周期表の$_{あ}$17 族に属する F，Cl，Br，I（$_{い}$ヨウ素）などの元素をハロゲン元素という。ハロゲンの原子は$_{う}$7 個の価電子をもち，電子 1 個を得て$_{え}$1 価の陰イオンになりやすい。塩素 Cl_2 は分子量が 71 で，空気(平均分子量 29)より重い気体なので，空気より密度が$_{お}$大きい。

問 2

(i)，(ii)　塩素のオキソ酸は次のようになる。

化学式	名称	酸の強弱	酸化力の強弱
HClO	次亜塩素酸	弱い	強い
HClO$_2$	亜塩素酸		
HClO$_3$	塩素酸		
HClO$_4$	過塩素酸	強い	弱い

問 3

解答への道しるべ

(GR)❷ 試薬の保存

1. HF 水溶液…ポリ容器で保存
2. 硝酸，銀の化合物…褐色びんで保存
3. Na などアルカリ金属の単体…石油(灯油)中で保存
4. 黄リン P_4…水中で保存

(i)　Cl_2O_7 が水と反応すると $HClO_4$ が生成する。

$$Cl_2O_7 + H_2O \longrightarrow 2HClO_4$$

(ii)　過マンガン酸カリウム $KMnO_4$ は(1)式のように酸化剤としてはたらく。

$$MnO_4^- + 8H^+ + 5e^- \longrightarrow Mn^{2+} + 4H_2O \quad \cdots\cdots(1)$$

また，Cl^-は(2)式のように還元剤としてはたらく。

$$2\,Cl^- \longrightarrow Cl_2 + 2\,e^- \quad \cdots\cdots(2)$$

(1)式×2＋(2)式×5より，

$$2\,MnO_4^- + 16\,H^+ + 10\,Cl^- \longrightarrow 2\,Mn^{2+} + 8\,H_2O + 5\,Cl_2$$

両辺に$2\,K^+$，$6\,Cl^-$を加えると，

$$2\,KMnO_4 + 16\,HCl \longrightarrow 2\,MnCl_2 + 5\,Cl_2 + 8\,H_2O + 2\,KCl$$

(ⅲ) HF水はガラスの主成分であるSiO_2と反応してH_2SiF_6(ヘキサフルオロケイ酸)を生じる。

$$SiO_2 + 6\,HF \longrightarrow H_2SiF_6 + 2\,H_2O$$

したがって，**HF水はガラスびんでは保存できないので，ポリエチレン製の容器で保存する。**

問4

解答への道しるべ

GR❸ 塩素系漂白剤に塩酸を加えたときの反応

　$NaClO$を成分とする漂白剤にHClを加えると，次の反応が起こり塩素Cl_2が発生する。

$$NaClO + 2\,HCl \longrightarrow Cl_2 + NaCl + H_2O$$

(ⅰ) Cl_2，Cl^-，ClO^-のClの酸化数は，それぞれ次のように求められる。

　　　Cl_2：単体なので，酸化数は0

　　　Cl^-：単原子の1価の陰イオンなので，-1

　　　ClO^-：Clの酸化数をxとすると，$x+(-2)=-1$　∴　$x=+1$

(ⅱ) Cl_2が酸化剤としてはたらくとき，自身は還元されるので，Cl^-に変化する。

$$Cl_2 + 2\,e^- \longrightarrow 2\,Cl^-$$

また，Cl_2が還元剤としてはたらくとき，自身は酸化されるのでClO^-に変化する。

$$Cl_2 + 2\,H_2O \longrightarrow 2\,ClO^- + 4\,H^+ + 2\,e^-$$

ここで，水溶液は塩基性なので，両辺に$4\,OH^-$を加えると，

$$Cl_2 + 4\,OH^- \longrightarrow 2\,ClO^- + 2\,H_2O + 2\,e^-$$

(ⅲ) 塩酸などの酸性条件下では，H^+によって，①式の左辺のOH^-が中和されて消費されるので，①式の平衡が左に移動するため，Cl_2が発生してしまう。

| **46** | **16族（硫黄）** |

答

問1　（ア）　16　　　（イ）　ゴム状　　　（ウ）　同素体
　　　（エ）　腐卵　　（オ）　刺激　　　（カ）　酸
　　　（キ）　酸化バナジウム（V）　　　（ク）　三酸化硫黄

問2　(a)　Ag_2S，黒　　(b)　PbS，黒　　(c)　CdS，黄
　　　(d)　ZnS，白

問3　②　$Cu + 2H_2SO_4 \longrightarrow CuSO_4 + 2H_2O + SO_2$
　　　③　$NaCl + H_2SO_4 \longrightarrow NaHSO_4 + HCl$
　　　④　$CaF_2 + H_2SO_4 \longrightarrow CaSO_4 + 2HF$

問4　濃硫酸を水に溶かすと多量の熱が発生する。そのため，水
　　　を冷やしながら十分に攪拌し，少しずつ濃硫酸を加える。

問5　(c)，(e)

解説

問1

解答への道しるべ

GR①　SO_2，H_2S の性質

　SO_2　無色，**刺激臭**，水に溶けて酸性を示す。還元剤としてはたらくが，
H_2S などの還元剤には酸化剤としてはたらく。

　H_2S　無色，**腐卵臭**，水に溶けて酸性を示す。還元剤としてはたらく。

GR②　硫酸の工業的製法（接触法）

$$SO_2 \longrightarrow SO_3 \longrightarrow H_2SO_4$$

1.　SO_2 を酸化して SO_3 とする（触媒：酸化バナジウム（V）V_2O_5）。
　　$2SO_2 + O_2 \longrightarrow 2SO_3$

2.　濃硫酸に SO_3 を通じて**発煙硫酸**とし，これに希硫酸を加えて濃硫酸

をつくる。この工程をまとめると次のようになる。

$$SO_3 + H_2O \longrightarrow H_2SO_4$$

硫黄 S と酸素 O は周期表ア**16**族に属する典型元素であり，S には斜方硫黄，単斜硫黄，ィ**ゴム状硫黄**があり，それらを互いにゥ**同素体**という。

硫化水素 H_2S は硫化鉄(Ⅱ)に希硫酸を加えると発生する無色，ェ**腐卵**臭の有毒な気体である。$FeS + H_2SO_4 \longrightarrow FeSO_4 + H_2S$

二酸化硫黄 SO_2 は，銅に濃硫酸を加えて加熱すると発生する無色，ォ**刺激臭**の有毒な気体である。$Cu + 2H_2SO_4 \longrightarrow CuSO_4 + 2H_2O + SO_2$

SO_2 を水に溶かすと，その水溶液はヵ**酸**性を示す。

硫酸 H_2SO_4 の工業的製法(接触法)は，次の工程をとる。

1. SO_2 をキ**酸化バナジウム**(Ⅴ)V_2O_5 を触媒として，空気酸化するとク**三酸化硫黄** SO_3 が生成する。$2SO_2 + O_2 \longrightarrow 2SO_3$

2. SO_3 を濃硫酸に吸収させて発煙硫酸とし，発煙硫酸に希硫酸を加えて濃硫酸が得られる。この工程をまとめると，次式で表される。

$$SO_3 + H_2O \longrightarrow H_2SO_4$$

問2

H_2S は多くの金属イオンと硫化物の沈殿を形成する。(a)〜(d)の金属イオンを含む水溶液が入った試験管に H_2S を通じると，それぞれ次の反応が起こる。

(a) $2Ag^+ + H_2S \longrightarrow Ag_2S$ (黒色) $+ 2H^+$

(b) $Pb^{2+} + H_2S \longrightarrow PbS$ (黒色) $+ 2H^+$

(c) $Cd^{2+} + H_2S \longrightarrow CdS$ (黄色) $+ 2H^+$

(d) NH_3 水中で Zn^{2+} は，$[Zn(NH_3)_4]^{2+}$ を形成して溶解し，H_2S を通じたときに S^{2-} が生じる。$[Zn(NH_3)_4]^{2+} + S^{2-} \longrightarrow ZnS$(白色) $+ 4NH_3$

問3

② 銅に濃硫酸を加えて加熱すると SO_2 が発生する。

$$Cu + 2H_2SO_4 \longrightarrow CuSO_4 + 2H_2O + SO_2$$

③ 塩化ナトリウムに濃硫酸を加えて加熱すると，HCl が発生する。

$$NaCl + H_2SO_4 \longrightarrow NaHSO_4 + HCl$$

④ ホタル石 CaF_2 に濃硫酸を加えて加熱すると，HF が発生する。

$$CaF_2 + H_2SO_4 \longrightarrow CaSO_4 + 2HF$$

問4

濃硫酸を水で希釈して希硫酸を調製するときには，次の濃硫酸の性質に注意して希釈する必要がある。

1. 濃硫酸の希釈熱が大きいので，希釈するとき多量の熱が発生する。

$$H_2SO_4(液) + aq = H_2SO_4 \, aq + 95 \, kJ$$

2. 濃硫酸は水より重い。密度は，濃硫酸($1.8 \, g/cm^3$) ＞ 水($1.0 \, g/cm^3$)

よって，(1)濃硫酸に水を加える場合は，水のほうが濃硫酸より軽いので，加えた水が濃硫酸の上に浮く。その水と H_2SO_4 が反応して多量の熱が液体の上のほうに集中し，突沸して H_2SO_4 が飛び散るために危険である。また，(2)水に濃硫酸を加える場合は，濃硫酸のほうが水より重いので，加えた濃硫酸は水中に拡散していく。液体全体で水と H_2SO_4 が反応するので，多量の熱が発生するが，その熱は全体に広がっているので，突沸しにくくなる。

以上から，濃硫酸を水で希釈する場合は，(2)水に濃硫酸を加えるほうが適している。

問5

解答への道しるべ

GR 3 硫酸の性質

1. 希硫酸の性質…強酸，Ba^{2+}，Pb^{2+} を沈殿させる。
2. 濃硫酸の性質…不揮発性，脱水・吸湿作用，加熱すると酸化剤

(a) 塩化ナトリウムに濃硫酸を加えて熱すると塩化水素が発生した反応で，濃硫酸は不揮発性の酸としてはたらいている。

$$NaCl + H_2SO_4 \longrightarrow NaHSO_4 + HCl$$

(b) 銅に濃硫酸を加えて熱すると二酸化硫黄が発生した反応で，濃硫酸は酸化剤としてはたらいている。

$$Cu + 2\,H_2SO_4 \longrightarrow CuSO_4 + 2\,H_2O + SO_2$$

(c) スクロース($C_{12}H_{22}O_{11}$)に濃硫酸を加えると炭化する反応で，濃硫酸のはたらきは脱水作用である。

$$C_{12}H_{22}O_{11} \longrightarrow 12\,C + 11\,H_2O$$

(d) 濃硫酸に湿った二酸化炭素を通じると乾燥した二酸化炭素が得られたので，濃硫酸は湿った二酸化炭素中の水分を吸収するはたらきの吸湿作用である。

(e) エタノールに濃硫酸を加えて約170℃で加熱するとエチレンが生成した。

$$CH_3CH_2OH \longrightarrow C_2H_4 + H_2O$$

この反応は，エタノールの分子内脱水であり，濃硫酸はエタノールは水を取り除く脱水作用のはたらきをしている。

よって，濃硫酸の脱水作用による反応は，(c), (e)である。

---

47 15族（窒素，リン）

答

Ⅰ 問1 ハーバー・ボッシュ法

問2 高圧 理由…高圧にすると気体の分子数が減少する向きに平衡が移動するため。（30字）

問3 （B） $4 NH_3 + 5 O_2 \longrightarrow 4 NO + 6 H_2O$
（E） $NH_3 + 2 O_2 \longrightarrow HNO_3 + H_2O$

問4 NH_3，-3　　問5 （ア），（イ），（ウ）

問6 水に溶けにくく，空気中で容易に酸化されやすいため。（25字）

Ⅱ 問1 （ア）黄リン　（イ）ろう　（ウ）水
（エ）赤リン　（オ）乾燥[脱水]剤　（カ）潮解

問2 （A）高い　（B）低い

問3 ① 淡黄　② 赤褐　③ 白　④ 無

問4 $4 P + 5 O_2 \longrightarrow P_4O_{10}$

問5 $P_4O_{10} + 6 H_2O \longrightarrow 4 H_3PO_4$　　問6 3.6 g

問7 $Ca(H_2PO_4)_2$　　問8 ヌクレオチド

解説

Ⅰ 問1

工業的に N_2 と H_2 から NH_3 を合成する方法を，**ハーバー・ボッシュ法**という。

問2

$N_2 + 3H_2 \rightleftarrows 2NH_3$ の反応において，圧力を高くすると，ルシャトリエの原理より，圧力が低くなる方向(粒子数が減少する方向)に平衡が移動するので，平衡は右に移動して NH_3 の生成率が高くなる。

問3

解答への道しるべ

GR① 工業的製法

1. **ハーバー・ボッシュ法**(NH_3 の製法)

   鉄を主成分とする触媒を用いて，N_2 と H_2 から，NH_3 をつくる。

   $N_2 + 3H_2 \longrightarrow 2NH_3$

2. **オストワルト法**(HNO_3 の製法)

   アンモニア酸化法ともいう。

   NH_3 から NO，NO_2 を経て，HNO_3 を合成する。

   ① $4NH_3 + 5O_2 \longrightarrow 4NO + 6H_2O$

   ② $2NO + O_2 \longrightarrow 2NO_2$

   ③ $3NO_2 + H_2O \longrightarrow 2HNO_3 + NO$

   以上より，①〜③をまとめると，次の反応式となる。

   $NH_3 + 2O_2 \longrightarrow HNO_3 + H_2O$

(B) 白金を触媒として，NH_3 を酸化して NO が生成する反応は次式で表される。

$4NH_3 + 5O_2 \longrightarrow 4NO + 6H_2O$

(E) **オストワルト法**では，NH_3 に含まれる N 原子をすべて HNO_3 に変えることと，オストワルト法はアンモニア酸化法ともいわれることから，(B)〜(D)をまとめると，次のようになる。

$NH_3 + 2O_2 \longrightarrow HNO_3 + H_2O$

47

15族(窒素、リン)

129

問 4

(A)〜(E)の反応で N 原子を含む物質は，N_2，NH_3，NO，NO_2，HNO_3 であり，それぞれの N 原子の酸化数は以下の通り。

N_2 は単体なので，酸化数は 0

NH_3 の N 原子の酸化数を x とすると，$x+(+1)\times 3 = 0$　　∴　$x = -3$

NO の N 原子の酸化数を x とすると，$x+(-2) = 0$　　∴　$x = +2$

NO_2 の N 原子の酸化数を x とすると，$x+(-2)\times 2 = 0$　　∴　$x = +4$

HNO_3 の N 原子の酸化数を x とすると，$(+1)+x+(-2)\times 3 = 0$

∴　$x = +5$

よって，酸化数の最も小さいものは NH_3 であり，その酸化数は-3 である。

問 5

(ア)　誤り。硝酸は**無色**の液体であり，光により分解するので，褐色びんに保存する。硝酸が光によって分解する。反応は次式で表される。

$$4\,HNO_3 \longrightarrow 4NO_2 + 2H_2O + O_2$$

(イ)　誤り。硝酸 HNO_3 は水溶液中で，次のように電離する。

$$HNO_3 + H_2O \longrightarrow H_3O^+ + NO_3^-$$

上式のように，HNO_3 は H_2O に H^+ を渡してオキソニウムイオン H_3O^+ を生じるので，**濃硝酸（HNO_3 が多く H_2O が少ない）よりも希硝酸（HNO_3 が少なく H_2O が多い）のほうが酸性は強くなる。**

(ウ)　誤り。濃硝酸は酸化力のある酸であり，**イオン化傾向が水素より小さい Cu や Ag と反応する**。しかし，Al，Fe(，Co，Ni，Cr)とは不動態を形成する。よって，濃硝酸は Ni を溶かすことはできない。

(エ)　正しい。NO_3^- は窒素肥料の成分であり，植物に必要な窒素源として，根から吸収する。

(オ)　正しい。**濃硝酸と濃硫酸の混合物は混酸とよばれる**。混酸中では，次の反応が起こり，生成したニトロニウムイオン NO_2^+ がニトロ化反応に関与している。

$$HNO_3 + H_2SO_4 \longrightarrow NO_2^+ + HSO_4^- + H_2O$$

問6

解答への道しるべ

GR 2 窒素酸化物，オキソ酸の性質

1. NO　無色，水に難溶，水上置換法で捕集
   空気中で酸素と反応する。$2\,NO + O_2 \longrightarrow 2\,NO_2$
2. NO_2　赤褐色，刺激臭，水に溶けて酸性，下方置換法で捕集。
   温水との反応　$3\,NO_2 + H_2O \longrightarrow 2\,HNO_3 + NO$
3. HNO_3　無色の液体，発煙性がある，酸化力のある酸。
   濃硝酸は，Al，Fe，Co，Ni，Cr などとは不動態を形成するために，
   これらの金属は溶解できない。
   （不動態…表面にち密な酸化被膜を形成して内部を保護する状態）

銅と希硝酸を反応させたときに，次式で表される反応が起こる。

$$3\,Cu + 8\,HNO_3 \longrightarrow 3\,Cu(NO_3)_2 + 4\,H_2O + 2\,NO$$

NO は，水に難溶なので，水上置換法で捕集する。また，NO は空気中の O_2 と反応して NO_2 となるので，上方置換や下方置換では捕集できない。

$$2\,NO + O_2 \longrightarrow 2\,NO_2$$

Ⅱ　問1〜5

解答への道しるべ

GR 3 リンの単体と化合物

1. 単体には同素体として，赤リンと黄リンがある。
   赤リン P（組成式）　赤色粉末　毒性は少ない
   黄リン P_4（分子式）　淡黄色ロウ状　有毒，自然発火する。
   リンの燃焼　　$4\,P + 5\,O_2 \longrightarrow P_4O_{10}$
   黄リンのとき　$P_4 + 5\,O_2 \longrightarrow P_4O_{10}$
2. 十酸化四リン P_4O_{10}　白色，乾燥剤
   P_4O_{10} に水を加えて加熱すると H_3PO_4 が生成する。
   $$P_4O_{10} + 6\,H_2O \longrightarrow 4\,H_3PO_4$$
3. リン酸 H_3PO_4
   分類は弱酸（酸の強さは中程度）

> NaOH との反応
>
> $H_3PO_4 + NaOH \longrightarrow H_2O + NaH_2PO_4$(リン酸二水素ナトリウム, 酸性)
>
> $NaH_2PO_4 + NaOH \longrightarrow H_2O + Na_2HPO_4$(リン酸水素二ナトリウム, 塩基性)
>
> $Na_2HPO_4 + NaOH \longrightarrow H_2O + Na_3PO_4$(リン酸ナトリウム, 塩基性)
>
> 4. リン酸のカルシウム塩
>
> $Ca_3(PO_4)_2$ $CaHPO_4$ $Ca(H_2PO_4)_2$ のうち, 水に溶けるのは,
> $Ca(H_2PO_4)_2$ のみ。

リン鉱石 $Ca_3(PO_4)_2$, ケイ砂 SiO_2, コークス C を電気炉中で反応させると, 次の反応が起こる。

$$2\,Ca_3(PO_4)_2 + 6\,SiO_2 + 10\,C \longrightarrow P_4 + 6\,CaSiO_3 + 10\,CO$$

この反応によって得られたリンの蒸気を水中で固化させると, ①淡黄色で ィろう状の ァ黄リン P_4 が得られる。黄リンは毒性が A 高い, 黄リンは空気中で自然発火するので, ゥ水中で保存する。黄リンを空気を断って 250℃ で熱すると同素体の ェ赤リンが得られる。赤リンは②赤褐色の粉末で, 毒性は B 低い。

リン (組成式 P)を空気中で燃焼させたときの反応は次式で表される。

$$\text{(a)}\,4\,P + 5\,O_2 \longrightarrow P_4O_{10}$$

P_4O_{10} は吸湿性の強い③白色の粉末であり, ォ乾燥剤に用いられる。

P_4O_{10} に水を加えて加熱すると, リン酸 H_3PO_4 が得られる。

$$\text{(b)}\,P_4O_{10} + 6\,H_2O \longrightarrow 4\,H_3PO_4$$

H_3PO_4 は ヵ潮解性のある④無色の結晶であり, その水溶液は中程度の酸の強さである。

問6

求める P_4O_{10}(分子量284)の質量は, $0.050 \times 1.0 \times \dfrac{1}{4} \times 284 = 3.55 \fallingdotseq 3.6\,\text{g}$

問7

リン酸二水素イオン $H_2PO_4^-$ と Ca^{2+} からなる塩なので, リン酸二水素カルシウムの化学式は, $Ca(H_2PO_4)_2$ となる。

問8

核酸には, DNA(デオキシリボ核酸)や RNA(リボ核酸)がある。これらの構成単位をヌクレオチドといい, リン酸, 五炭糖, 有機塩基(核酸塩基)からなる。

DNA，RNA は核酸であり，核酸は五炭糖と窒素を含む有機塩基とリン酸からなるヌクレオチドを構成単位とするポリヌクレオチドである。

---

48 | 14族

答

問1　A　酸素　　B　オキソ　　C　水ガラス
　　　D　シリカゲル　　E　非晶質（アモルファス）

問2　（ア）　$SiO_2 + 6HF \longrightarrow H_2SiF_6 + 2H_2O$
　　　（イ）　$SiO_2 + Na_2CO_3 \longrightarrow Na_2SiO_3 + CO_2$

問3　（i）　面心立方格子　　（ii）　$D_{Si} = \dfrac{Z \times M}{N_A \times a^3}$〔$g/cm^3$〕

　　　（iii）　$\dfrac{D_C}{D_{Si}} = 1.5$

解説

問1

解答への道しるべ

GR ❶ ケイ酸塩工業

$SiO_2 \longrightarrow Na_2SiO_3 \longrightarrow$　水ガラス　$\longrightarrow$　ケイ酸　$\longrightarrow$　シリカゲル

1. SiO_2 に NaOH を加えると，Na_2SiO_3 が生成する。
　　　$SiO_2 + 2NaOH \longrightarrow Na_2SiO_3 + H_2O$
2. Na_2SiO_3 に水を加えて熱すると，粘性の大きな水ガラスが生成する。
3. 水ガラスに塩酸を加えるとケイ酸が遊離する。
　　　$Na_2SiO_3 + 2HCl \longrightarrow H_2SiO_3 + 2NaCl$
4. ケイ酸を適度に脱水するとシリカゲルが生成する。
　　　シリカゲルは多孔質で表面積が大きく，また多数の−OH 基が存在しているので，乾燥剤として用いられる。

地殻中の元素は，存在割合の多い順から A 酸素，ケイ素，アルミニウム，鉄，

……となる。

　酸性酸化物とは，塩基と反応して塩を生じたり，水と反応して$_B$オキソ酸を生じる酸化物である。

　たとえば，CO_2 は酸性酸化物であり，NaOH とは次式のように反応する。

$$CO_2 + 2\,NaOH \longrightarrow Na_2CO_3 + H_2O$$

また，CO_2 は水に溶けるとオキソ酸である炭酸 H_2CO_3 が生じる。

　ケイ酸ナトリウム Na_2SiO_3 に水を加えて加熱すると，$_C$水ガラスと呼ばれる粘性の大きな液体が生じる。

　水ガラスに塩酸などの酸を加えるとケイ酸 H_2SiO_3($SiO_2 \cdot H_2O$ 書くこともある)が生じ，ケイ酸を加熱して脱水すると$_D$シリカゲル $SiO_2 \cdot nH_2O$($0 < n < 1$)が得られる。**シリカゲルは，多孔質であり，ヒドロキシ基をもつので，乾燥剤などに用いられる。**

　ガラス中では，ケイ素や酸素が不規則な配列となっており，ガラスは$_E$非晶質に分類される。

問2

（ア）　SiO_2 とフッ化水素酸(HF の水溶液)の反応は次式で表される。

$$SiO_2 + 6\,HF \longrightarrow H_2SiF_6 + 2\,H_2O$$

　なので，フッ化水素酸はガラスと反応するので，ポリ容器で保存する。

（イ）　SiO_2 は，Na_2CO_3 と反応すると Na_2SiO_3 を生じる。

$$SiO_2 + Na_2CO_3 \longrightarrow Na_2SiO_3 + CO_2$$

問3

解答への道しるべ

GR 2 ケイ素，ダイヤモンドの結晶

　ケイ素，ダイヤモンドは同じ結晶構造で，単位格子内に 8 個の原子が含まれている。

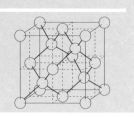

(i)　黒色の原子のみでは，頂点と面の中心に原子があるので，金属の面心立方格子と同じである。

(ii)　ケイ素の単位格子には，Z〔個〕の Si が含まれていることより，密度 D_{Si} は，

$$D_{Si} = \frac{\dfrac{M}{N_A} \times Z}{a^3} = \frac{Z \times M}{N_A \times a^3} \ (cm^3)$$

(iii) ダイヤモンド C とケイ素 Si では，N_A，Z は等しいので，

$$\frac{D_C}{D_{Si}} = \frac{\dfrac{12Z}{N_A(0.363)^3}}{\dfrac{28Z}{N_A(0.552)^3}} = \frac{12 \times 0.168}{0.048 \times 28} = 1.5$$

---

49 アルカリ金属

答

問1 (1) $2\,Na + 2\,H_2O \longrightarrow 2\,NaOH + H_2$
  (2) $4\,Na + O_2 \longrightarrow 2\,Na_2O$ (3) 石油中で保存する。

問2 ナトリウムのイオン化傾向が非常に大きいから。

問3 (1) Na^+
  (2) 陽イオン交換膜は塩化物イオンを通過させないから。
  (3) $1.1\,L$

問4 (1) 水溶液がアンモニアで塩基性となり，中和によって
    二酸化炭素の溶解量が増加するから。
  (2) (d) $CaCO_3 \longrightarrow CaO + CO_2$
    (e) $2\,NH_4Cl + Ca(OH)_2$
              $\longrightarrow CaCl_2 + 2\,H_2O + 2\,NH_3$
  (3) $2\,NaCl + CaCO_3 \longrightarrow CaCl_2 + Na_2CO_3$
  (4) $8.3 \times 10^2\,kg$

解説

問1

解答への道しるべ

GR 1 Na の性質

1. Na は，常温の水と反応して H_2 発生するので石油中で保存。

135

2.　Na は空気中の O_2 と反応する。

(1)　アルカリ金属の単体は，常温の水と反応して H_2 を発生する。

$$2\,Na + 2\,H_2O \longrightarrow 2\,NaOH + H_2$$

(2)　乾燥空気中でも，Na は O_2 によって酸化される。

$$4\,Na + O_2 \longrightarrow 2\,Na_2O$$

(3)　(1)，(2)のように，Na は空気中の H_2O や O_2 と反応するので，石油（灯油）中で保存する。

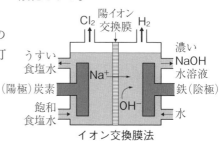

イオン交換膜法

問 2

解答への道しるべ

ⓖⓡ ② NaCl 水溶液の電気分解（陰極）

　Na のイオン化傾向が非常に大きいので，陰極では Na^+ が還元されず，H_2O が次式のように還元される。

$$2\,H_2O + 2\,e^- \longrightarrow H_2 + 2\,OH^-$$

NaCl 水溶液を電気分解するとき，陰極，陽極での反応は次式で表される。

　　（陰極）　$2\,H_2O + 2\,e^- \longrightarrow H_2 + 2\,OH^-$

　　（陽極）　$2\,Cl^- \longrightarrow Cl_2 + 2\,e^-$

　このとき，**Na のイオン化傾向は非常に大きいので**，Na^+ が電子を受け取って Na に還元される反応（$Na^+ + e^- \longrightarrow Na$）は起こりにくく，代わりに陰極では，上式のように H_2O が電子を受け取る反応が起こる。

問 3

(1)　イオン交換膜法で NaOH を製造するとき，陰極と陽極で起こる反応は，次式で表される。

　　（陰極）　$2\,H_2O + 2\,e^- \longrightarrow H_2 + 2\,OH^-$

　　（陽極）　$2\,Cl^- \longrightarrow Cl_2 + 2\,e^-$

　陽極側の水溶液は Cl^- が陽極で消費されるので，陽イオン Na^+ が過剰に，陰

極側の水溶液は陰極で H_2O が反応して OH^- が生じるので，陰イオン OH^- が過剰になっている。水溶液中では電気的に中性なので，陽極側から陰極側に Na^+ が陽イオン交換膜を通過して，両極の電解液は電気的中性が保たれている。

(2) イオン交換膜法では，陰極側の水溶液を濃縮すると $NaOH$ を取り出すことができるが，陽イオン交換膜を用いることで，**陽極側の $NaCl$ 水溶液の Cl^- が陰極側の溶液に混入することがないので**，高純度の $NaOH$ を製造することができる。

(3) 流れた電子 e^- の物質量は，$\dfrac{9.65 \times 10^3}{9.65 \times 10^4} = 0.10$ mol であり，陰極で発生した H_2 は，$22.4 \times 0.10 \times \dfrac{1}{2} = 1.12 ≒ 1.1$ L

問4

> **解答への道しるべ**
>
> (GR) ❸ アンモニアソーダ法（ソルベー法）
>
> 1. $NaCl$ の飽和食塩水に NH_3 と CO_2 を通じて，$NaHCO_3$ を析出させる。
> $$NaCl + H_2O + NH_3 + CO_2 \longrightarrow NaHCO_3 + NH_4Cl$$
> 2. $NaHCO_3$ を熱分解する。 $2\,NaHCO_3 \longrightarrow Na_2CO_3 + H_2O + CO_2$
> 3. 石灰石 $CaCO_3$ を熱分解する。 $CaCO_3 \longrightarrow CaO + CO_2$
> 4. CaO を水と反応させる。 $CaO + H_2O \longrightarrow Ca(OH)_2$
> 5. NH_4Cl と $Ca(OH)_2$ を反応させる。
> $$2\,NH_4Cl + Ca(OH)_2 \longrightarrow CaCl_2 + 2\,H_2O + 2\,NH_3$$
>   全体の反応式は，$2\,NaCl + CaCO_3 \longrightarrow CaCl_2 + Na_2CO_3$

(1) 反応 II の目的は，$NaCl$ の飽和水溶液から $NaHCO_3$ を析出させるものであり，多量の CO_2 が水溶液に溶け込まれなければいけないので，まず，$NaCl$ の飽和水溶液に水によく溶ける NH_3 を通じて水溶液を塩基性にする。NH_3 で塩基性になった水溶液であれば，次式のように CO_2 は中和反応によって多量に溶解させることができる。
$$CO_2 + NH_3 + H_2O \longrightarrow NH_4^+ + HCO_3^-$$

(2) ソルベー法の反応は次式で表される。
反応 I：(d) 石灰石 $CaCO_3$ の熱分解
$$CaCO_3 \longrightarrow CaO + CO_2$$

反応Ⅱ：NaCl の飽和食塩水に NH_3 と CO_2 を通じて，$NaHCO_3$ を析出させる。

$$NaCl + H_2O + NH_3 + CO_2 \longrightarrow NaHCO_3 + NH_4Cl$$

反応Ⅲ：$NaHCO_3$ を熱分解する。

$$2\,NaHCO_3 \longrightarrow Na_2CO_3 + H_2O + CO_2$$

反応Ⅳ：CaO を水と反応させる。

$$CaO + H_2O \longrightarrow Ca(OH)_2$$

反応Ⅴ：(e) NH_4Cl と $Ca(OH)_2$ を反応させる。

$$2\,NH_4Cl + Ca(OH)_2 \longrightarrow CaCl_2 + 2\,H_2O + 2\,NH_3$$

ここで，反応Ⅴで発生した NH_3，反応Ⅰ，Ⅲで発生した CO_2 は反応系に戻して再利用する。

(3) 反応Ⅰ～反応Ⅴをまとめると次式で表される全体の反応式となる。

$$2\,NaCl + CaCO_3 \longrightarrow CaCl_2 + Na_2CO_3$$

この反応は，**イオンの組み換えの反応であり，左辺の $CaCO_3$ のみが難溶性の塩なので，反応が右に進みにくい**。したがって，ソルベー法では，反応Ⅰ～反応Ⅴを組み合わせいる。

(4) Na_2CO_3（式量 106）の物質量は，$\dfrac{750 \times 10^3}{106}$ mol

よって，求める NaCl（式量 58.5）の質量は(3)より，

$$\frac{750 \times 10^3}{106} \times 2 \times 58.5 \times 10^{-3} = 827 \fallingdotseq 8.3 \times 10^2 \text{ kg}$$

---

50 | アルカリ土類，2 族

問1 (i) $Ca + 2\,H_2O \longrightarrow Ca(OH)_2 + H_2$ (ii) (a), (c)

問2 $Ca(OH)_2 + Cl_2 \longrightarrow CaCl(ClO)\cdot H_2O$

問3 (i) $CaCO_3 + CO_2 + H_2O \longrightarrow Ca(HCO_3)_2$

(ii) 逆反応が起こり，炭酸カルシウムの沈殿が生じる。

問4 (a) ◯ (b) ◯ (c) D (d) × (e) A (f) ×

解説

問1

(i) 2族元素のうち, Ca, Sr, Ba, Ra は常温の水と反応して H_2 を発生するが, Mg は熱水と反応して H_2 を発生する。Ca と水との反応は, 次式で表される。
$$Ca + 2H_2O \longrightarrow Ca(OH)_2 + H_2$$

(ii) (a) H_2 は, 水に溶けにくい気体であり, 水上置換で捕集する。

(c) 炭素電極を用いて NaCl 水溶液を電気分解すると陰極から発生する。

(d) 同素体が紫外線を吸収するのは酸素の同素体であるオゾン O_3 である。

問2

解答への道しるべ

GR ❶ 反応の考え方

1. Cl_2 の水への溶解　$Cl_2 + H_2O \rightleftharpoons HCl + HClO$

2. HCl, HClO と OH^- の反応
$$HCl + OH^- \longrightarrow Cl^- + H_2O$$
$$HClO + OH^- \longrightarrow ClO^- + H_2O$$

3. 1. と 2. の反応式から,
$$Cl_2 + 2OH^- \longrightarrow Cl^- + ClO^- + H_2O$$

4. 両辺に Ca^{2+} を加える。
$$Cl_2 + Ca(OH)_2 \longrightarrow CaCl(ClO) \cdot H_2O$$

$Ca(OH)_2$ に Cl_2 を吸収させると, **さらし粉** が生成する。この反応は次式で表される。
$$Ca(OH)_2 + Cl_2 \longrightarrow \text{ₐ}CaCl(ClO) \cdot H_2O$$

問3

(i) 石灰水 $Ca(OH)_2$ に CO_2 を通じると $CaCO_3$ の白色沈殿が生じる。
$$Ca(OH)_2 + CO_2 \longrightarrow \text{ₑ}CaCO_3 + H_2O$$
さらに, CO_2 を通じると, 白色沈殿は溶解し無色の溶液になる。
$$CaCO_3 + H_2O + CO_2 \longrightarrow \text{c}Ca(HCO_3)_2$$

(ii) $Ca(HCO_3)_2$ の水溶液を加熱すると次式のように反応(i)の逆反応が起こる。

$$Ca(HCO_3)_2 \longrightarrow CaCO_3 + H_2O + CO_2$$

よって，再び $CaCO_3$ が生成して白色沈殿が生じる。

問4

解答への道しるべ

GR 2 イオンの反応

陰イオン 陽イオン	CO_3^{2-}	$C_2O_4^{2-}$	OH^-	SO_4^{2-}
Mg^{2+}	沈 殿 ↓	沈 殿 ↓	沈 殿 ↓	沈殿しない
Ca^{2+}	沈 殿 ↓	沈 殿 ↓	沈殿しない*	沈 殿 ↓
Sr^{2+}	沈 殿 ↓	沈 殿 ↓	沈殿しない	沈 殿 ↓
Ba^{2+}	沈 殿 ↓	沈 殿 ↓	沈殿しない	沈 殿 ↓

2族のイオン　　　　　　　　　Mg^{2+} とそれ以外

＊　$Ca(OH)_2$ の溶解度は小さい

化合物 A は石灰水（$Ca(OH)_2$ 水溶液）に硫酸 H_2SO_4 水溶液を加えたときに生成する物質であり，$CaSO_4$ である。

$$Ca(OH)_2 + H_2SO_4 \longrightarrow {}_ACaSO_4 + 2H_2O$$

また，化合物 D は $Ba(OH)_2$ 水溶液に硫酸 H_2SO_4 水溶液を加えたときに生成する物質であり，$BaSO_4$ である。

$$Ba(OH)_2 + H_2SO_4 \longrightarrow {}_DBaSO_4 + 2H_2O$$

よって，A は $CaSO_4$，D は $BaSO_4$ となる。

(a)　○　$MgSO_4$ は水に可溶であるが，$CaSO_4$，$BaSO_4$ は水に難溶である。

(b)　○　$CaSO_4$，$BaSO_4$ はともに白色である。

(c)　D　X 線診断の造影剤に用いられるものは $BaSO_4$ である。

(d)　×　にがりの主成分は $MgCl_2$ である。

(e)　A　セッコウは $CaSO_4 \cdot 2H_2O$ であり，医療用ギプスなどに用いられている。

(f)　×　吸湿剤や融雪剤に用いられるものは $CaCl_2$ である。

51 | アルミニウム

答

問1　ア：面心立方　　イ：$2\sqrt{2}\,r$　　ウ：6

問2　アルミニウムは，表面に緻密な酸化被膜を形成し，
　　　内部を保護する不動態となるから。（39字）

問3　エ：81 mL　　　オ：41 mL

問4　$Al(OH)_3 + NaOH \longrightarrow Na[Al(OH)_4]$

問5　(1)　1.6×10^2 分　(2)　x：7.5×10 mol　　y：6.0×10^2 mol

解説

問1

　アルミニウム Al の結晶格子は$_\text{ア}$面心立方格子であり，面心立方格子において，原子の半径を r としたとき，1つの原子に注目して，最も近い距離にある原子との距離は $2r$ となり，2番目に近い距離にある原子との距離は単位格子の一辺の長さと等しく，その長さを l とすると，$\sqrt{2}\,l = 4r$ より，$l = _\text{イ}2\sqrt{2}\,r$ となる。

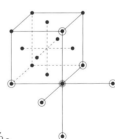

　また，2番目に近い距離にある原子の数は$_\text{ウ}$6個となる。

問2

　アルミニウムは，イオン化傾向が大きく，表面に緻密な酸化被膜を形成し，内部を保護する不動態となる。

問3

解答への道しるべ
GR① Al，Al_2O_3 の酸，強塩基との反応
1. Al 単体の反応

$$2\,\mathrm{Al} + 6\,\mathrm{HCl} \longrightarrow 2\,\mathrm{AlCl_3} + 3\,\mathrm{H_2}$$
$$2\,\mathrm{Al} + 2\,\mathrm{NaOH} + 6\,\mathrm{H_2O} \longrightarrow 2\,\mathrm{Na[Al(OH)_4]} + 3\,\mathrm{H_2}$$

2. $\mathrm{Al_2O_3}$ の反応

$$\mathrm{Al_2O_3} + 6\,\mathrm{HCl} \longrightarrow 2\,\mathrm{AlCl_3} + 3\,\mathrm{H_2O}$$
$$\mathrm{Al_2O_3} + 2\,\mathrm{NaOH} + 3\,\mathrm{H_2O} \longrightarrow 2\,\mathrm{Na[Al(OH)_4]}$$

(GR) 2 $\mathrm{Al^{3+}}$の反応

$$\mathrm{Al^{3+}} \longrightarrow \underset{\substack{\text{水酸化アルミニウム}\\(\text{白色沈殿})}}{\mathrm{Al(OH)_3}} \longrightarrow [\mathrm{Al(OH)_4}]^- \left(\begin{matrix}\text{テトラヒドロキシド}\\\text{アルミン酸イオン}\end{matrix}\right)$$

1. $\mathrm{Al^{3+}}$を含む水溶液に塩基を加えると，白色ゲル状の水酸化アルミニウム $\mathrm{Al(OH)_3}$ の沈殿が生じる。
2. $\mathrm{Al(OH)_3}$ にアンモニアを加えても変化しないが，NaOH などの強塩基を加えると，テトラヒドロキシドアルミン酸イオン $[\mathrm{Al(OH)_4}]^-$ となって溶解する。

エ：Al と塩酸の反応は，次式で表される。

$$2\,\mathrm{Al} + 6\,\mathrm{HCl} \longrightarrow 2\,\mathrm{AlCl_3} + 3\,\mathrm{H_2}$$

求める塩酸の体積を $v\,[\mathrm{mL}]$ とすると，発生した水素の物質量と塩酸の物質量には，次の関係式が成り立つ。

$$\frac{1.013 \times 10^5 \times \dfrac{100}{1000}}{8.3 \times 10^3 \times (27 + 273)} \times 2 = 0.10 \times \frac{v}{1000} \quad \therefore \quad v = 81.3 \fallingdotseq 81\ \mathrm{mL}$$

オ　Al と HCl の反応で生じた $\mathrm{AlCl_3}$ の物質量は，

$$0.10 \times \frac{81.3}{1000} \times \frac{2}{6} = 2.71 \times 10^{-3}\ \mathrm{mol}$$

また，$\mathrm{AlCl_3}$ と NaOH から $\mathrm{Al(OH)_3}$ の沈殿が生成する反応は次式で表される。

$$\mathrm{AlCl_3} + 3\,\mathrm{NaOH} \longrightarrow \mathrm{Al(OH)_3} + 3\,\mathrm{NaCl}$$

よって，加えた沈殿の体積を $v\,[\mathrm{mL}]$ とすると，

$$2.71 \times 10^{-3} \times 3 = 0.20 \times \frac{v}{1000} \quad \therefore \quad v = 40.6 \fallingdotseq 41\ \mathrm{mL}$$

問 4

Al(OH)$_3$ は両性水酸化物なので，NaOH を加えると次の反応が起こる。

$$Al(OH)_3 + NaOH \longrightarrow Na[Al(OH)_4]$$

問 5

解答への道しるべ

(GR) (3) Al$_2$O$_3$ の溶融塩電解

1000℃くらいで融解した**氷晶石** Na$_3$AlF$_6$ に Al$_2$O$_3$ を溶かし，炭素を電極として，電気分解する。

陰極と陽極では，それぞれ次の反応が起こる。

（陰極）　$Al^{3+} + 3e^- \longrightarrow Al$

（陽極）　$C + O^{2-} \longrightarrow CO + 2e^-$

　　　　または　$C + 2O^{2-} \longrightarrow CO_2 + 4e^-$

---

(1) 式①より，この溶融塩電解で流れた電子の物質量は，

$$\frac{13.5 \times 10^3}{27} \times 3 = 1.50 \times 10^3 \, \text{mol}$$

よって，溶融塩電解に必要な時間を x〔分〕とすると，

$$1.50 \times 10^3 = \frac{1.50 \times 10^4 \times x \times 60}{9.65 \times 10^4} \qquad \therefore \quad x = 160 \fallingdotseq 1.6 \times 10^2 \, \text{分}$$

(2) 式②，③より，炭素原子の物質量と，流れた電子の物質量は，x, y を用いてそれぞれ次式で表される。

炭素原子の物質量：$x + y = \dfrac{8.10 \times 10^3}{12} = 6.75 \times 10^2 \, \text{mol}$

流れた電子の物質量：$4x + 2y = 1.50 \times 10^3 \, \text{mol}$

よって，$x = 75 \, \text{mol}$，$y = 6.0 \times 10^2 \, \text{mol}$

52 | 遷移元素

答

問1　ア　大き　　イ　高　　ウ　黄銅(真ちゅう)
　　　a　CuO　　b　Cu_2O　　c　NO_2　　d　$Fe(OH)_2$
　　　e　$K_4[Fe(CN)_6]$　　f　MnO_2　　g　MnS　　h　Ag_2S

問2　原子番号が変化しても，最外殻電子の数が1個または2個でほとんど変わらないため。

問3　②　$3\,Cu + 8\,HNO_3 \longrightarrow 3\,Cu(NO_3)_2 + 4\,H_2O + 2\,NO$

　　　③　$AgCl + 2\,NH_3 \longrightarrow [Ag(NH_3)_2]^+ + Cl^-$

解説

問1，3

解答への道しるべ

GR①　地殻中の元素の存在割合

　地球の表面を地殻といい，地殻中の元素な多い順に，O，Si，Al，Fe，Ca，Na，K，……となる。

　遷移元素は典型元素の金属と比べて密度が$_ア$大きく，融点が$_イ$高い。

　金管楽器や五円硬貨などに用いられる合金は$_ウ$黄銅と呼ばれ，$_A$銅と亜鉛からなる。

　$_A$銅は，空気中で加熱すると黒色の$_a$CuO を生じ，さらに高温に加熱すると赤色の$_b$$Cu_2O$ を生じる。

　銅と濃硝酸を反応させると，赤褐色の$_c$$NO_2$ を生じる。

　　　$Cu + 4\,HNO_3 \longrightarrow Cu(NO_3)_2 + 2\,H_2O + 2\,NO_2$

　また，銅と希硝酸を反応させると無色の NO を生じる。

　　　$_②3\,Cu + 8\,HNO_3 \longrightarrow 3\,Cu(NO_3)_2 + 4\,H_2O + 2\,NO$

　地殻中の元素の存在割合は，O，Si，Al，Fe，…となるので，金属 B は Fe である。

Fe の酸化数＋2のイオンは Fe^{2+} であり，NaOH 水溶液を加えると，緑白色の ${}_d Fe(OH)_2$ の沈殿を生じる。

$$Fe^{2+} + 2\,OH^- \longrightarrow Fe(OH)_2$$

また，Fe の酸化数＋3のイオンは Fe^{3+} であり，ヘキサシアニド鉄(II)酸カリウム ${}_e K_4[Fe(CN)_6]$ の黄色の水溶液を加えると，濃青色の沈殿を生じる。

金属 C の酸化数が＋2のイオンを含む塩基性の水溶液に H_2S を通じると淡桃色〜淡赤色の沈殿を生じることより，沈殿は ${}_g MnS$ となる。よって，酸化数が＋4の酸化物は ${}_f MnO_2$ であり，過酸化水素水に加えると酸素が発生するときには触媒としてはたらいている。

$$2\,H_2O_2 \longrightarrow 2\,H_2O + O_2$$

金属 D は，金属の中で，熱や電気の伝導性が最大なので，銀 Ag となる。Ag は，湿った空気中で H_2S と反応して黒色の ${}_h Ag_2S$ を生じる。

Ag^+ を含む溶液に Cl^- を加えると，AgCl の白色沈殿を生じ，この沈殿に過剰の NH_3 水を加えると，ジアンミン銀(I)イオンを形成して溶解する。

$${}_{\scriptsize ③}AgCl + 2\,NH_3 \longrightarrow [Ag(NH_3)_2]^+ + Cl^-$$

問2

解答への道しるべ

GR 2　遷移元素の性質

　周期表で3族〜11族の元素を遷移元素という。原子の最外殻電子の数は2個または1個なので，隣り合う元素の性質も似ている。

　最外殻電子の数が等しいものは，似た性質を示す。遷移元素の原子は，最外殻電子の数が2個または1個なので，となり合う原子の性質も似ている。

53 鉄

答

問1　ア：銑鉄　イ：スラグ　　問2　A：FeO　B：CaO

問3　(ⅰ)　第一段階…$3\,Fe_2O_3 + CO \longrightarrow 2\,Fe_3O_4 + CO_2$
第二段階…$Fe_3O_4 + CO \longrightarrow 3\,FeO + CO_2$
第三段階…$FeO + CO \longrightarrow Fe + CO_2$
　　　(ⅱ)　(a)　24 kg　　(b)　80%　　(c)　$1.5 \times 10^4\,mol$

問4　(ⅰ)　一酸化炭素：$2\,C + O_2 \longrightarrow 2\,CO$
二酸化炭素：$C + O_2 \longrightarrow CO_2$
　　　(ⅱ)　$1.67 \times 10^3\,mol$　　(ⅲ)　$5.05 \times 10^5\,kJ$

解説

問1

解答への道しるべ

GR①　鉄の製錬

溶鉱炉：鉄鉱石，石灰石，コークスの混合物を溶鉱炉に入れ，1200℃の熱風を送って燃焼させる。

- CO の生成（石灰石の熱分解およびコークスの燃焼によって生じた CO_2 が，高温のコークスにより CO に変化する。）

$$\begin{cases} CaCO_3 \longrightarrow CaO + CO_2 \\ C + O_2 \longrightarrow CO_2 \\ CO_2 + C \longrightarrow 2\,CO \end{cases}$$

- CO による鉄鉱石の還元
$$Fe_2O_3 + 3\,CO \longrightarrow 2\,Fe + 3\,CO_2$$

- 不純物の除去（SiO_2 の除去）
$$SiO_2 + CaO \longrightarrow CaSiO_3$$

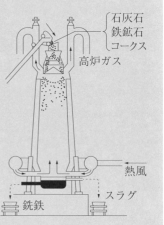

石灰石
鉄鉱石
コークス
高炉ガス
熱風
スラグ
銑鉄

ケイ酸カルシウムなどを含むスラグは, 銑鉄上に浮き, Fe の酸化を防ぐ働きもある。

鉄の製錬では, 溶鉱炉に鉄鉱石 (主成分 Fe_2O_3), コークス C, 石灰石 $CaCO_3$ を入れて, 溶鉱炉下部より熱風を吹き込んで, 鉄を精製している。

このとき得られる鉄は$_ア$銑鉄といい, 不純物として炭素を 4% 程度含んでいる。また, 溶鉱炉内では, $_イ$スラグ (主成分 $CaSiO_3$) と呼ばれる物質が銑鉄の上に浮いており, 鉄の酸化を防ぐ働きをしている。

問 2

溶鉱炉内で, 鉄は CO により, 段階的に還元されていく。

$$Fe_2O_3(Fe^{3+}) \longrightarrow Fe_3O_4(Fe^{3+} : Fe^{2+} = 2 : 1) \longrightarrow A(Fe^{2+}) \longrightarrow Fe$$

よって, A の酸化物は FeO となる。

また, 石灰石 $CaCO_3$ の熱分解は次のようになる。

$$CaCO_3 \longrightarrow CaO + CO_2$$

得られた CaO が SiO_2 と反応して, スラグが生成する。

$$CaO + SiO_2 \longrightarrow CaSiO_3$$

問 3

解答への道しるべ

GR2 **鉄鋼石中の Fe_2O_3 の含有率の計算**

鉄鉱石に含まれる Fe の質量と銑鉄中に含まれる Fe の質量が等しいことに注目する。

(i) Fe_2O_3 が CO によって, 段階的に還元される反応は次のようになる。

$$3 Fe_2O_3 + CO \longrightarrow 2 Fe_3O_4 + CO_2$$

$$Fe_3O_4 + CO \longrightarrow 3 FeO + CO_2$$

$$FeO + CO \longrightarrow Fe + CO_2$$

以上の反応をまとめると, $Fe_2O_3 + 3 CO \longrightarrow 2 Fe + 3 CO_2$ となる。

なお, Fe_2O_3 の還元に使われる CO は次の反応で得られる。

1. コークス C と酸素 O_2 が反応する。　$C + O_2 \longrightarrow CO_2$

2. 石灰石 $CaCO_3$ が熱分解する。　$CaCO_3 \longrightarrow CaO + CO_2$

3. 1, 2 などによって生成した CO_2 がさらにコークスと反応する。
$$C + CO_2 \longrightarrow 2CO$$

(ii) (a) 得られた鉄(銑鉄)584 kg に含まれる炭素は 4.1% なので，求める炭素の質量は，

$$584 \times \frac{4.1}{100} = 23.9 \fallingdotseq 24 \text{ kg}$$

(b) 鉄鉱石中の Fe_2O_3 の含有率を x 〔%〕とすると，

$$1000 \times \frac{x}{100} \times \frac{112}{160} = 584 - 23.9 = 560.1 \text{ kg} \qquad \therefore \quad x = 80.0 \fallingdotseq 80\%$$

(c) 溶鉱炉内で起こる Fe_2O_3 還元反応をまとめた次式より，

$$Fe_2O_3 + 3\,CO \longrightarrow 2\,Fe + 3\,CO_2$$

反応に用いた CO の物質量は得られた Fe の物質量の $\frac{3}{2}$ 倍なので，

$$\frac{560.1}{56.0} \times 10^3 \times \frac{3}{2} = 1.5 \times 10^4 \text{ mol}$$

問4

(i) CO の生成：$2\,C + O_2 \longrightarrow 2\,CO$
CO_2 の生成：$C + O_2 \longrightarrow CO_2$

(ii) 鉄に含まれる炭素の物質量は，

$$1000 \times 10^3 \times \frac{3.00}{100} \times \frac{1}{12} = 2.5 \times 10^3 \text{ mol}$$

また，生成した CO と CO_2 の体積比が 2：1 であることより，CO_2 の物質量を x 〔mol〕とすると，CO の物質量は $2x$ 〔mol〕となる。よって，(i)より，求める酸素 O_2 の物質量を y 〔mol〕とすると，反応した C 原子の物質量と O 原子の物質量の関係はそれぞれ次のようになる。

C 原子：$2.5 \times 10^3 = 2x + x = 3x$
O 原子：$2y = 2x + x \times 2 = 4x \qquad y = 2x$

よって，$y = 2 \times \dfrac{2.5 \times 10^3}{3} = \dfrac{5.0}{3} \times 10^3 = 1.666 \times 10^3 \fallingdotseq 1.67 \times 10^3 \text{ mol}$

また，$x = \dfrac{1}{2} \times \dfrac{5.0}{3} \times 10^3 \text{ mol}$ である。

(iii) 黒鉛の燃焼熱を 390 kJ/mol，CO の燃焼熱を 282 kJ/mol とすると，CO の生成熱は，390 − 282 = 108 kJ/mol となる。

よって，反応によって得られる熱量は，

$$390 \times \frac{1}{2} \times \frac{5.0}{3} \times 10^3 + 108 \times \frac{5.0}{3} \times 10^3 = 303 \times \frac{5.0}{3} \times 10^3$$

$$= 5.050 \times 10^5 \fallingdotseq 5.05 \times 10^5 \text{ kJ}$$

---

54 錯塩

答

問1　A：$[Co(NH_3)_6]Cl_3$　　B：$[CoCl(NH_3)_5]Cl_2$
　　　C：$[CoCl_2(NH_3)_4]Cl$

問2　b

解説

問1

解答への道しるべ

GR ① Co^{3+} に配位結合した Cl^- と錯イオンにイオン結合した Cl^- の違い。

　錯塩の化学式を $[CoCl_a(NH_3)_n]Cl_{(3-a)}$ とすると，[　] の外に書いている $3-a$〔個〕の Cl^- は錯イオンとイオン結合したものであり，Ag^+ を含む水溶液を加えることで $AgCl$ の白色沈殿を生成することができる。

　$A \sim C$ の錯塩の化学式は $CoCl_3 \cdot nNH_3$ で表されるが，$[CoCl_a(NH_3)_n]Cl_{(3-a)}$ と表すこともできる。ここで，問2の図1から Co^{3+} は配位数6の錯イオンを形成することがわかるので，
$n = 4$ のときは，$[CoCl_2(NH_3)_4]Cl$，$n = 5$ のときは，$[CoCl(NH_3)_5]Cl_2$，
$n = 6$ のときは，$[Co(NH_3)_6]Cl_3$ となる。

　よって，0.1 mol の錯塩を水に溶かした水溶液では，イオン結合した Cl^- が Ag^+ と反応して $AgCl$ の沈殿を生成する。

　$n = 4$ のときは，Cl^- が 0.1 mol 生成するので，$AgCl$ は 0.1 mol，$n = 5$ のときは，Cl^- が 0.2 mol 生成するので，$AgCl$ は 0.2 mol，$n = 6$ のときは，Cl^- が 0.3 mol 生成するので，$AgCl$ は 0.3 mol となる。以上から A は $[Co(NH_3)_6]Cl_3$，

B は [CoCl(NH₃)₅]Cl₂，C は [CoCl₂(NH₃)₄]Cl と決まる。

問2

解答への道しるべ

GR 2 (i) 配位子の名称

配位子	名称	配位子	名称
NH_3	アンミン	$S_2O_3^{2-}$	チオスルファト
H_2O	アクア	F^-	フルオリド
OH^-	ヒドロキシド	Cl^-	クロリド
CN^-	シアニド	Br^-	ブロミド

★ OH^- はヒドロキソ，CN^- はシアノ，F^- はフルオロ，Cl^- はクロロ，Br^- はブロモともいう。

GR 2 (ii) 主な錯イオン

名称	化学式	配位数	形	水溶液の色
ジアンミン銀(Ⅰ)イオン	$[Ag(NH_3)_2]^+$	2	直線	無色
テトラアンミン亜鉛(Ⅱ)イオン	$[Zn(NH_3)_4]^{2+}$	4	正四面体	無色
テトラアンミン銅(Ⅱ)イオン	$[Cu(NH_3)_4]^{2+}$	4	正方形	深青色
ヘキサシアニド鉄(Ⅱ)酸イオン	$[Fe(CN)_6]^{4-}$	6	正八面体	淡黄色
ヘキサシアニド鉄(Ⅲ)酸イオン	$[Fe(CN)_6]^{3-}$	6	正八面体	黄色

★ 錯イオンが陰イオンの場合，「～酸イオン」となる。

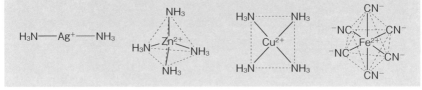

それぞれの錯イオンの形状を考えるとき，Cl^- の位置を決めれば，その他は NH_3 の位置となる。

もう1つの Cl^- の位置は次の①～⑨となる。

正三角柱では，①～④の4種類考えられる(③と④は鏡像異性体)。

正八面体では，⑤，⑥の2種類考えられる。

正六角形では，⑦～⑨の3種類考えられる。

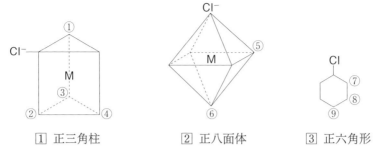

① 正三角柱　　　　② 正八面体　　　　③ 正六角形

よって，2種類の構造だけが考えられるのは，b 正八面体である。

55 気体の発生

答

問1　a：①　　b：⑧　　c：③　　d：⑦　　e：⑥　　f：⑤

問2　8.3 L

問3　(iii)，理由…二酸化炭素は空気よりも重く，水に少し溶けるため。

問4　(iv)，理由…塩化水素は酸性の気体であり，(v)(vi)(vii)のような
　　　塩基性の物質を用いると中和反応が起こり，乾燥剤に吸収
　　　されてしまうため。

問5　AgCl

解説

問1

　a～fの気体について，それぞれ次のことがわかっている。

　(キ)より，N_2 と気体 a を鉄を成分とする触媒を用いて反応させると気体 f
が生成することより，a は H_2，f は NH_3 と決まり，反応は次式で表される。

$$N_2 + 3H_2 \rightleftharpoons 2NH_3$$

　(カ)より，気体 a H_2 と気体 e を反応させて気体 c が生成し，気体 c は
$AgNO_3$ を加えて白色沈殿 AgCl を生成するので，e は Cl_2，c は HCl と決まる。

（オ）より，気体 d を硫酸酸性の KMnO₄ 水溶液に通すと，KMnO₄ 水溶液の赤紫色が消えるので，気体 d は還元剤としてはたらく気体である。また，反応後に溶液が白濁するので，気体 d は H_2S と決まり，その変化は次のようになる。

$$H_2S \longrightarrow S + 2H^+ + 2e^-$$

（ア）より，気体 e は有色の気体なので NO_2 と決まる。

（イ）より，気体 b は無臭で，水に溶ける気体なので，CO_2 と決まる。

問 2

H_2 の求める体積を V〔L〕とすると，

$$1.8 \times 10^5 \times V = \frac{1.2}{2.0} \times 8.3 \times 10^3 \times 300 \qquad V = 8.3 \, \text{L}$$

問 3

解答への道しるべ

GR ❶ 気体の捕集法

水溶性の気体
- 空気より重い──**下方置換**……Cl_2, NO_2（酸性の気体）など（空気の平均分子量 29 より分子量が大）
- 空気より軽い──**上方置換**……NH_3（塩基性の気体）など（空気の平均分子量 29 より分子量が小）

水に難溶の気体──────────**水上置換**……H_2, O_2, NO など

気体(b)の CO_2 は，水に溶け空気より重いので，下方置換で捕集する。

問4

GR2 気体の乾燥

ある気体 X の乾燥剤として用いることができないもの

	乾燥剤	気体 X	理由（反応）
酸性	十酸化四リン	NH_3	中和
	濃硫酸	NH_3	中和
		H_2S	酸化還元反応
中性	塩化カルシウム	NH_3	化合物をつくる
塩基性	ソーダ石灰 （NaOH と CaO の混合物）	Cl_2, NO_2, SO_2, HCl など 酸性の気体	中和

乾燥したい気体と反応するものは乾燥剤に使えない。

気体 c の HCl は酸性の気体なので，NaOH，K_2CO_3，CaO の塩基性の乾燥剤では，中和によって吸収されてしまう。よって，HCl の乾燥には酸性の乾燥剤である濃硫酸を用いる。

問5

気体 e は Cl_2 であり，水に溶かすと次の反応が起こる。

$$Cl_2 + H_2O \rightleftharpoons HCl + HClO$$

よって，生じた Cl^- と Ag^+ から白色の AgCl が沈殿する。

56 | 金属イオンの沈殿

問1 A：AgCl　　B：CuS　　C：Fe(OH)$_3$　　D：ZnS
　　 E：CaCO$_3$

問2 B：(ク)　　C：(カ)　　D：(エ)

問3 $2\,AgCl \longrightarrow 2\,Ag + Cl_2$
　　 塩化銀は感光性があるので，光によって銀が遊離し，紫黒色に変化する。

問4 $AgCl + 2\,NH_3 \longrightarrow [Ag(NH_3)_2]^+ + Cl^-$

問5 下線②：$Cu(OH)_2$　　下線③：$[Cu(NH_3)_4]^{2+}$

問6 硫化水素によって Fe^{3+} が Fe^{2+} に還元されたので，濃硝酸によって，Fe^{2+} を Fe^{3+} に酸化するため。

問7 $CaCO_3 \longrightarrow CaO + CO_2$　　問8 黄色

解説

解答への道しるべ

(GR)❶ (i) 金属イオンの沈殿

1. 塩基を加えたとき，
   沈殿しない…Li^+, K^+, Ca^{2+}, Na^+
   水酸化物が沈殿…
   　　　Mg^{2+}, Al^{3+}, Zn^{2+}, Fe^{3+}, (Fe^{2+}), Ni^{2+}, Sn^{2+}, Pb^{2+}, Cu^{2+}
   酸化物が沈殿…Hg^{2+}, Ag^+
2. 過剰の強塩基(NaOH など)を加えて，沈殿が溶解する。
   両性水酸化物
   （例）$Al(OH)_3 \longrightarrow [Al(OH)_4]^-$
   　　　　　　　　　（テトラヒドロキシドアルミン酸イオン）

$$Zn(OH)_2 \longrightarrow [Zn(OH)_4]^{2-}$$
（テトラヒドロキシド亜鉛（Ⅱ）酸イオン）

3. 過剰の NH_3 を加えて，沈殿が溶解する。Ag^+，Cu^{2+}，Zn^{2+} など

（例）　$\underset{\text{褐色}}{Ag_2O} \longrightarrow [Ag(NH_3)_2]^+$
（ジアンミン銀（Ⅰ）イオン，無色，直線）

$\underset{\text{青白色}}{Cu(OH)_2} \longrightarrow [Cu(NH_3)_4]^{2+}$
（テトラアンミン銅（Ⅱ）イオン，深青色，正方形）

$\underset{\text{白色}}{Zn(OH)_2} \longrightarrow [Zn(NH_3)_4]^{2+}$
（テトラアンミン亜鉛（Ⅱ）イオン，無色, 正四面体）

----

⑧⓵ (ii)　金属イオンの沈殿

（イオン化列で，イオンを並べて考える）

硫化水素 H_2S を加えたとき，硫化物の沈殿が生成するかどうか。

1. 沈殿しない…K^+〜Al^{3+}
2. 水溶液が酸性条件では沈殿しない（中性，塩基性なら沈殿）
　…Zn^{2+}，Fe^{3+}，（Fe^{2+}），Ni^{2+}
3. 水溶液が何性でも沈殿する。
　…Sn^{2+}〜Ag^+

硫化物の沈殿は黒色のものがほとんどであるが，ZnS（白色），MnS（淡赤色），CdS（黄色）などもある。

----

⑧⓶　金属イオンの沈殿（陰イオンを加えたとき）

（　）内は沈殿の化学式，白色沈殿でないものは色を記した。

1. Cl^- を加えて沈殿…Ag^+（$AgCl$），Pb^{2+}（$PbCl_2$，熱湯で溶ける）
2. SO_4^{2-} を加えて沈殿…Ba^{2+}（$BaSO_4$），Ca^{2+}（$CaSO_4$），Pb^{2+}（$PbSO_4$）
3. CO_3^{2-} を加えて沈殿
　…Ca^{2+}（$CaCO_3$），Ba^{2+}（$BaCO_3$）など2価の陽イオン
4. CrO_4^{2-} を加えて沈殿
　…Ag^+（Ag_2CrO_4，暗赤色），Ba^{2+}（$BaCrO_4$，黄色），Pb^{2+}（$PbCrO_4$，黄色）

問1，2

塩酸を加えて生じた沈殿 A は，AgCl である。

沈殿 B は，酸性条件で H_2S を通じたときに生じた沈殿なので，(ク)黒色の CuS である。

残るイオンのうち，NH_3 を加えて沈殿を生じるものは Fe^{3+} であり，沈殿 C は(カ)赤褐色の $Fe(OH)_3$ である。

沈殿 D は NH_3 を加えたのちの塩基性条件で H_2S を通じているので，(エ)白色の ZnS である。

残る Ca^{2+} と Na^+ を含む水溶液に $CO_3{}^{2-}$ を加えて生じた沈殿 E は白色の $CaCO_3$ である。よって，ろ液 F には Na^+ が残る。

問3

沈殿 A は AgCl であり，銀の化合物は光により分解する性質(**感光性**)をもつ。よって，AgCl に光を当てると，次の反応が起こる。

$$2\,AgCl \longrightarrow 2\,Ag + Cl_2$$

この反応によって，銀の微粒子が遊離して紫黒色となる。

問4

AgCl は NH_3 水に溶けて無色のジアンミン銀(Ⅰ)イオンを生成する。

$$AgCl + 2\,NH_3 \longrightarrow [Ag(NH_3)_2]^+ + Cl^-$$

問5

CuS の黒色沈殿に硝酸を加えて熱すると，CuS は溶解して Cu^{2+} が生成する。この溶液に NH_3 を加えると，$Cu(OH)_2$ の青白色の沈殿が生じる。

$$Cu^{2+} + 2\,OH^- \longrightarrow Cu(OH)_2$$

$Cu(OH)_2$ の青白色の沈殿を含む溶液にさらに NH_3 を通じると，沈殿は溶解して，テトラアンミン銅(Ⅱ)イオンの深青色の溶液となる。

$$Cu(OH)_2 + 4\,NH_3 \longrightarrow [Cu(NH_3)_4]^{2+} + 2\,OH^-$$

問6

Fe^{3+} を含む水溶液に還元剤である H_2S を通じると，Fe^{3+} は還元されて Fe^{2+} に変化する。このまま NH_3 を通じると生じる沈殿は $Fe(OH)_2$ となるが，

$Fe(OH)_2$ の溶解度は $Fe(OH)_3$ と比べて大きいので，Fe^{2+} はろ液中にも残り，鉄のイオンをどちらか一方に分離することができない。よって，酸化剤である硝酸を加えて Fe^{2+} を Fe^{3+} に酸化したのちに NH_3 を加えて，$Fe(OH)_3$ の沈殿としてろ液から分離している。

問7

沈殿 E は $CaCO_3$ であり，強熱する次の反応が起こる。

$$CaCO_3 \longrightarrow CaO + CO_2$$

CaO は生石灰と呼ばれ，乾燥剤などに用いられている。

問8

解答への道しるべ

GR ③ 炎色反応

Li：赤色　　Na：黄色　　K：赤紫色　　Cu：青緑色　　Ca：赤橙色
Sr：深赤色(紅色)　　Ba：黄緑色

ろ液 F には Na^+ が存在し，炎色反応では黄色を呈する。

金属イオンの沈殿

57 │ 炭化水素

答

問1　A　$CH_2=CH-CH=CH_2$　　B　$CH_3-C\equiv C-CH_3$

　　　C　$CH_3-CH_2-C\equiv CH$

問2　3　　　問3　$\underset{\underset{Cl}{|}}{CH_2=C}-CH=CH_2$

問4　B から

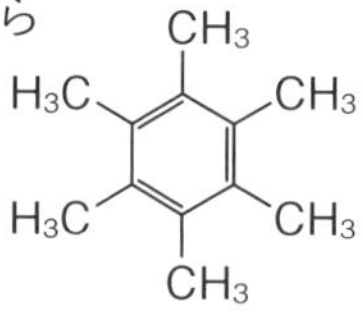

　　　C から

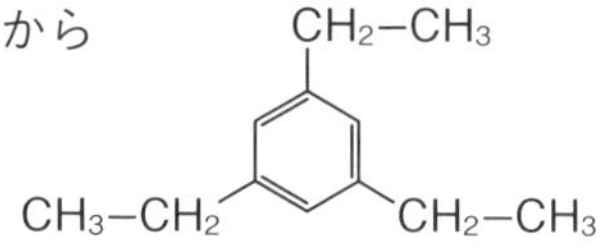

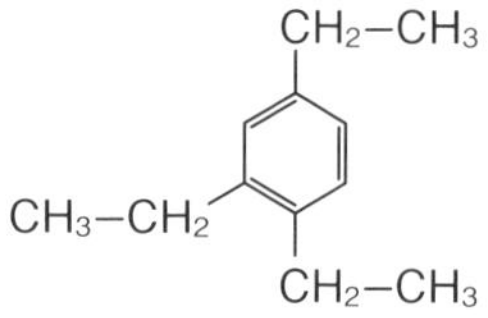

問5　D　$CH_3-CH_2-CH_2-CH_3$

　　　I　$\underset{\underset{O}{||}}{CH_3-C}-CH_2-CH_3$　　　J　$\underset{\underset{O}{||}}{CH_3-CH_2-CH_2-C}-H$

問6　K：I　　L：J

解説

問1

解答への道しるべ

GR ① （ⅰ）　**異性体の考え方**

1.　炭素骨格を長いほうから順に書き出していく。

2. 不飽和結合($C=C$，$C\equiv C$）などの位置を考える。

3. $-Cl$，$-Br$ などの置換基，$-OH$，$-NH_2$ などの官能基の位置を考える。

> **(GR) 2 (i) アルケン，アルキンの反応**
>
> アルケン C_nH_{2n}（$C=C$ 結合を1つもつ）やアルキン C_nH_{2n-2}（$C\equiv C$ を1つもつ）は，**付加反応**しやすい。
>
> $$CH_2=CH_2 + H-X \longrightarrow CH_3-CH_2-X$$

分子式が C_4H_6 で，鎖状の炭化水素だから，$C\equiv C$ 1個か，$C=C$ 2個がある。

(1)より，A～C は同じ炭素骨格であり，直鎖であり，次の3つのうちどれか。

$$C=C-C=C \qquad C-C\equiv C-C \qquad C-C-C\equiv C$$

D は，ブタン $CH_3-CH_2-CH_2-CH_3$

(2)より，A からは，不斉炭素原子を2個もつ化合物が得られたので，A は，$CH_2=CH-CH=CH_2$ となる。

$$A \quad CH_2=CH-CH=CH_2 \xrightarrow[Br_2 \text{付加}]{} E \quad CH_2-\overset{*}{C}H-\overset{*}{C}H-CH_2$$
$$\qquad\qquad\qquad\qquad\qquad\qquad\quad |\quad\ |\quad\ |\quad\ |$$
$$\qquad\qquad\qquad\qquad\qquad\qquad\ Br\ Br\ Br\ Br$$

B，C からは，不斉炭素原子をもたない F，G が得られた。

$$CH_3-CH_2-C\equiv CH \xrightarrow[Br_2 \text{付加}]{} CH_3-CH_2-CBr_2-CHBr_2$$

$$CH_3-C\equiv C-CH_3 \xrightarrow[Br_2 \text{付加}]{} CH_3-CBr_2-CBr_2-CH_3$$

(4)より，B が $CH_3-C\equiv C-CH_3$，C は $CH_3-CH_2-C\equiv CH$

問2，3

A の H 原子1個を Cl 原子で置き換えた化合物は，シス-トランス異性体を含めると次の3つ。

これらのうち，$CH_2=\underset{|}{C}-CH=CH_2$ は，クロロプレンであり，合成ゴムの
$\qquad\qquad\qquad\qquad\quad Cl$

単量体である。

問4

解答への道しるべ

GR 2 (ii)　アルキンの3分子重合

アルキン $R_1-C\equiv C-R_2$ の3分子重合では，赤熱した鉄を触媒として反応させると，芳香族化合物が生成する。

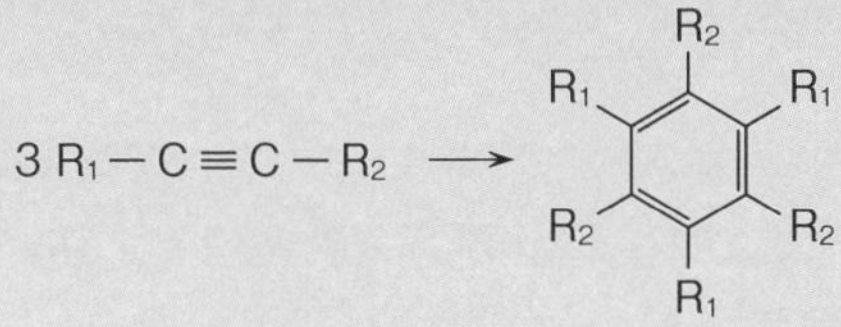

$$3\ R_1-C\equiv C-R_2\ \longrightarrow$$

B から

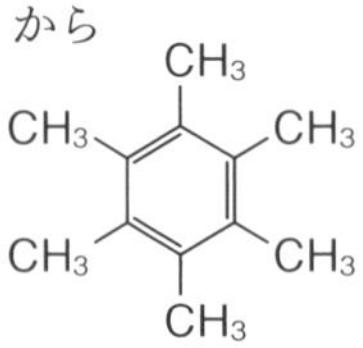

C から

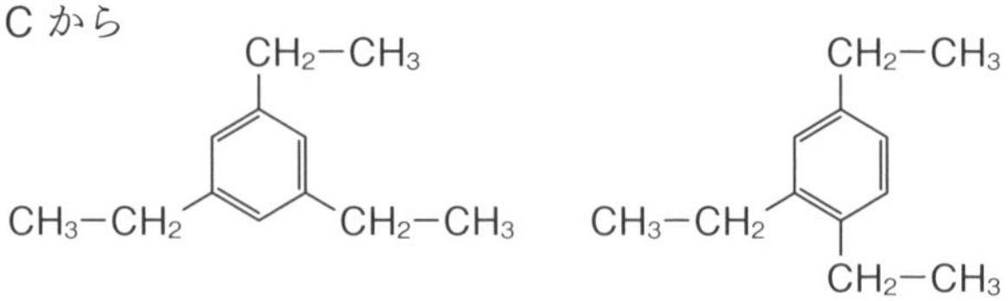

問5

解答への道しるべ

GR 2 (iii)　アルキンへの水付加

アルキン $R_1-C\equiv C-R_2$ に水を付加すると次の化合物が生成する。このとき，不安定な**エノール**形を経て，安定な**ケト**形に変化する。

$$R_1-C\equiv C-R_2\ \longrightarrow\ R_1-CH=\underset{OH}{C}-R_2\ \longrightarrow\ R_1-CH_2-\underset{O}{\overset{\|}{C}}-R_2$$

エノール形（不安定）　　　　　　ケト形

··

GR 2 (iv)　マルコフニコフ則

$C=C$ （または $C\equiv C$）結合を含む化合物に $H-X$ が付加するとき，
$C=C$ （または $C\equiv C$）の炭素原子につく H 原子の多い方に H 原子が，H 原子の少ない方に X が付加しやすい。

(5)より，B，C に水を付加すると，B からはI のみが，C からは，I とJ が得られる。

B　CH₃−C≡C−CH₃ $\xrightarrow[\text{H₂O 付加}]{}$ I　CH₃−CH₂−C−CH₃
$\qquad\qquad\qquad\qquad\qquad\qquad\qquad\quad \overset{\|}{O}$

C　CH₃−CH₂−C≡CH $\xrightarrow[\text{H₂O 付加}]{}$ I　CH₃−CH₂−C−CH₃　（主生成物）
$\qquad\qquad\qquad\qquad\qquad\qquad\qquad\qquad \overset{\|}{O}$

$\qquad\qquad\qquad\qquad\qquad\qquad$ J　CH₃−CH₂−CH₂−C−H　（副生成物）
$\qquad\qquad\qquad\qquad\qquad\qquad\qquad\qquad\qquad\qquad\quad \overset{\|}{O}$

問6

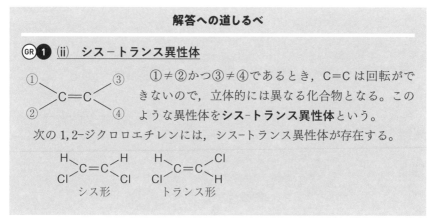

解答への道しるべ

GR 1 (ii) シス−トランス異性体

①≠②かつ③≠④であるとき，C=C は回転ができないので，立体的には異なる化合物となる。このような異性体を**シス−トランス異性体**という。

次の 1,2−ジクロロエチレンには，シス−トランス異性体が存在する。

シス形　　　　トランス形

B　CH₃−C≡C−CH₃ $\xrightarrow[\text{H₂ 付加}]{}$ CH₃−CH=CH−CH₃
$\qquad\qquad\qquad\qquad\qquad\qquad$（シス，トランス）

$\xrightarrow[\text{H₂O 付加}]{}$ K　CH₃−CH₂−CH−CH₃
$\qquad\qquad\qquad\qquad\qquad\qquad\qquad\quad \overset{|}{OH}$

C　CH₃−CH₂−C≡CH $\xrightarrow[\text{H₂ 付加}]{}$ CH₃−CH₂−CH=CH₂

$\xrightarrow[\text{H₂O 付加}]{}$ K　CH₃−CH₂−*CH−CH₃
$\qquad\qquad\qquad\qquad\qquad\qquad\qquad\qquad \overset{|}{OH}$

$\qquad\qquad\qquad\qquad\qquad$ L　CH₃−CH₂−CH₂−CH₂
$\qquad\qquad\qquad\qquad\qquad\qquad\qquad\qquad\qquad\qquad \overset{|}{OH}$

K CH₃−CH₂−*CH−CH₂ $\xrightarrow[\text{酸化}]{}$ I CH₃−CH₂−C−CH₃
                | ‖
                OH   O

L CH₃−CH₂−CH₂−CH₂ $\xrightarrow[\text{酸化}]{}$ J CH₃−CH₂−CH₂−C−H
                  | ‖
                  OH   O

58 | 脂肪族アルコール

答

問1　B, C　　　　問2　　　　　　　　　　問3　3 mol

$$\underset{\underset{OH}{|}}{CH_3-\overset{\overset{CH_3}{|}}{C}-CH_2-CH_3}$$

問4　CH₃−CH₂−CH₂−CH=CH₂　　問5　CH₃−CH−CH−CH₃
                                              | |
                                              OH CH₃

解説

問1

解答への道しるべ

GR① アルコールの酸化

1. 第一級アルコール　　　アルデヒド　　　カルボン酸
   R−CH₂−OH　⟶　R−CHO　⟶　R−COOH

2. 第二級アルコール　　　ケトン
   R₁−CH−R₂　⟶　R₁−C−R₂
       | ‖
       OH   O

3. 第三級アルコール

   R₁−C−R₁　⟶　酸化されない
   （Rとともに上にR₁, 下にOH）
       $$\underset{\underset{OH}{|}}{R_1-\overset{\overset{R_1}{|}}{C}-R_1} \longrightarrow 酸化されない$$

A，B，C，D の分子式は $C_5H_{12}O$ であり，ヒドロキシ基をもつので，いずれもアルコールである。$K_2Cr_2O_7$ を加えて温めると，第一級アルコールは酸化されて還元性をもつアルデヒドに，第二級アルコールは酸化されてケトンになる。しかし，第三級アルコールは酸化されない。よって，A は酸化されないので第三級アルコール，酸化される B，C，D のうち D からの酸化生成物のみ銀鏡反応を示すので，D は第一級アルコール。B，C は第二級アルコールとわかる。

問2

A は第三級アルコールなので，次の構造が決まる。

$$
\begin{array}{c}
\quad\quad CH_3 \\
\quad\quad | \\
CH_3-C-CH_2-CH_3 \\
\quad\quad | \\
\quad\quad OH
\end{array}
$$

問3

B は第二級アルコールであり，炭化水素の部分を R_1，R_2 で表すと酸化されてケトンに変化するときは，次式で表される。

$$
\underset{\underset{OH}{|}}{R_1-CH-R_2} \longrightarrow \underset{\underset{O}{\parallel}}{R_1-C-R_2} + 2H^+ + 2e^-
$$

また，$K_2Cr_2O_7$ の酸化剤としてはたらくときの変化は次式で表される。

$$
Cr_2O_7{}^{2-} + 14H^+ + 6e^- \longrightarrow 2Cr^{3+} + 7H_2O
$$

よって，アルコールを a〔mol〕，$Cr_2O_7{}^{2-}$ を b〔mol〕とすると，電子の授受に注目すると，$2a = 6b$ が成り立つので，1 mol の $K_2Cr_2O_7$ あたり（$b = 1$），$a = 3$ となる。

問4

GR 2 (ii) ヨードホルム反応

ヨウ素と水酸化ナトリウム水溶液を加えて温めると，ヨードホルム CHI_3 の黄色沈殿が生じる。この反応は，下に示す部分構造をもつ化合物が示す。

$$CH_3-\underset{\underset{OH}{|}}{C}H-R \qquad または， \qquad CH_3-\underset{\underset{O}{\|}}{C}-R$$

（ただし，Rは H 原子または，C 原子から始まる構造）

B は第二級アルコールであり，次の①～③の構造が考えられ，さらに脱水生成物はそれぞれ次のようになる。

① $CH_3-\underset{\underset{OH}{|}}{C}H-CH_2-CH_2-CH_3 \longrightarrow$

    C

G $CH_2=CH-CH_2-CH_2-CH_3$

E, F $\underset{H}{CH_3}{\diagdown}C=C{\diagup}\underset{H}{CH_2-CH_3}$

E, F $\underset{H}{CH_3}{\diagdown}C=C{\diagup}\underset{CH_2-CH_3}{H}$

② $CH_3-\underset{\underset{OH}{|}}{C}H-\underset{\overset{CH_3}{|}}{C}H-CH_3 \longrightarrow$

$CH_2=CH-\underset{\overset{|}{CH_3}}{C}H-CH_3$

$CH_3-CH=\underset{\underset{CH_3}{|}}{C}-CH_3$

③ $CH_3-CH_2-\underset{\underset{OH}{|}}{C}H-CH_2-CH_3 \longrightarrow$

    B

E, F $\underset{H}{CH_3}{\diagdown}C=C{\diagup}\underset{H}{CH_2-CH_3}$

E, F $\underset{H}{CH_3}{\diagdown}C=C{\diagup}\underset{CH_2-CH_3}{H}$

B からの脱水生成物は E，F の 2 種類であり，C からの脱水生成物は E，F，G の 3 種類。また，C はヨードホルム反応を示すので，C は①と決まる。また，B はヨードホルム反応を示さないので③と決まる。①，③から得られたアルケ

ンから C のみから得られる G は $CH_2=CH-CH_2-CH_2-CH_3$ と決まる。

問5

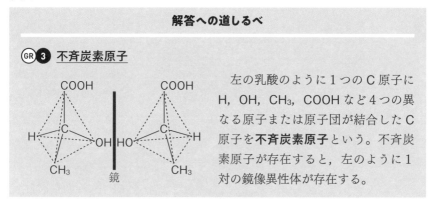

解答への道しるべ

(GR) 3 不斉炭素原子

左の乳酸のように1つの C 原子に H, OH, CH_3, COOH など4つの異なる原子または原子団が結合した C 原子を**不斉炭素原子**という。不斉炭素原子が存在すると，左のように1対の鏡像異性体が存在する。

D は第一級アルコールであり，酸化生成物のアルデヒドが不斉炭素原子をもつので，D も不斉炭素原子をもち，次の構造と決まる。

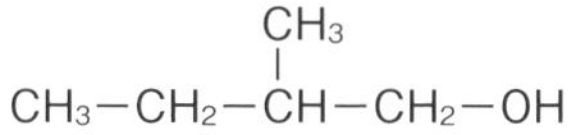

$$CH_3-CH_2-\overset{\overset{\displaystyle CH_3}{|}}{CH}-CH_2-OH$$

よって，A, B, C, D を除いて不斉炭素原子をもつ化合物は問4で考えた構造の②である。

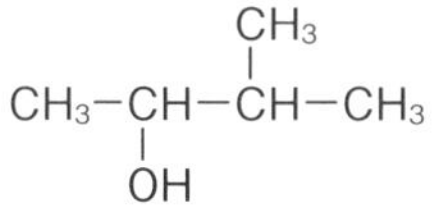

$$CH_3-\overset{\overset{\displaystyle CH_3}{|}}{CH}-\underset{\underset{\displaystyle OH}{|}}{CH}-CH_3$$

59 　アルデヒドとケトン

答

問1　6

問2

A
$$CH_3 \diagdown C=C \diagup H$$
$$CH_3 \diagup \qquad \diagdown CH_3$$

B
$$H \diagdown C=C \diagup H$$
$$H \diagup \qquad \diagdown CH-CH_3$$
$$\qquad\qquad\qquad | \atop CH_3$$

C
$$CH_3-C-H \atop \|\atop O$$

D
$$CH_3-C-CH_3 \atop \|\atop O$$

E
$$CH_3-C-OH \atop \|\atop O$$

F
$$\qquad OH \atop CH_3-C-CH_2-CH_3 \atop | \atop CH_3$$

G　$CH_3-CH-CH-CH_3 \atop \quad | \qquad | \atop \quad OH \quad CH_3$

H　$CH_3-C-CH-CH_3 \atop \qquad \| \quad | \atop \qquad O \quad CH_3$

解説

問1

分子式 C_5H_{10} で表されるアルケンは次の①～⑤の構造異性体がある。

① $CH_2=CH-CH_2-CH_2-CH_3$

② $CH_3-CH=CH-CH_2-CH_3$

③ $CH_2=\overset{\overset{\textstyle CH_3}{|}}{C}-CH_2-CH_3$

④ $CH_3-\overset{\overset{\textstyle CH_3}{|}}{C}=CH-CH_3$

⑤ $CH_3-\overset{\overset{\textstyle CH_3}{|}}{CH}-CH=CH_2$

ただし，②については，下に示すシス－トランス異性体が存在する。

② $CH_3-CH=CH-CH_2-CH_3 \longrightarrow$

$$CH_3 \diagdown C=C \diagup CH_2-CH_3 \qquad （シス形）$$
$$H \diagup \qquad \diagdown H$$

$$CH_3 \diagdown C=C \diagup H \qquad （トランス形）$$
$$H \diagup \qquad \diagdown CH_2-CH_3$$

問2

GR①　アルケンの酸化（O₃分解）

C=C をもつ化合物は O_3 によって，次のように酸化開裂される。

$$\begin{array}{c}R_1 \\ R_2\end{array}\!\!C=C\!\!\begin{array}{c}R_3 \\ R_4\end{array} \xrightarrow{\text{オゾン分解}} \begin{array}{c}R_1 \\ R_2\end{array}\!\!C=O \;+\; O=C\!\!\begin{array}{c}R_3 \\ R_4\end{array}$$

（$R_1 \sim R_4$ はアルキル基または水素）

得られた化合物は，アルデヒドまたはケトンとなる。

GR②　マルコフニコフ則

C=C（または C≡C）結合を含む化合物に H−X が付加するとき，C=C（または C≡C）の炭素原子につく H 原子の多いほうに H 原子が，H 原子の少ないほうに X が付加しやすい。

問1のアルケン①〜⑤をオゾン分解すると，それぞれ次のカルボニル化合物が生成する。

① $CH_2{=}CH{-}CH_2{-}CH_2{-}CH_3 \longrightarrow$ H−C−H と $CH_3{-}CH_2{-}CH_2{-}C{-}H$
　　　　　　　　　　　　　　　　　　　　　 ‖O 　　　　　　　　　　 ‖O

② $CH_3{-}CH{=}CH{-}CH_2{-}CH_3 \longrightarrow$ $CH_3{-}C{-}H$ と $CH_3{-}CH_2{-}C{-}H$
　　　　　　　　　　　　　　　　　　　　　 ‖O 　　　　　　　　　　 ‖O

③ $CH_2{=}\overset{\underset{\textstyle CH_3}{|}}{C}{-}CH_2{-}CH_3 \longrightarrow$ H−C−H と $CH_3{-}CH_2{-}C{-}CH_3$
　　　　　　　　　　　　　　　　　　　　　 ‖O 　　　　　　　　　　 ‖O

④ $CH_3{-}\overset{\underset{\textstyle CH_3}{|}}{C}{=}CH{-}CH_3 \longrightarrow$ $CH_3{-}C{-}CH_3$ と $CH_3{-}C{-}H$
　　　　　　　　　　　　　　　　　　　　　 ‖O 　　　　　　　　　　 ‖O

⑤ $CH_3{-}\overset{\underset{\textstyle CH_3}{|}}{CH}{-}CH{=}CH_2 \longrightarrow$ $CH_3{-}\overset{\underset{\textstyle CH_3}{|}}{CH}{-}C{-}H$ と H−C−H
　　　　　　　　　　　　　　　　　　　　　　　　　　　 ‖O 　　　　 ‖O

Aをオゾン分解するとCとDが生成し，CとDはいずれもヨードホルム反応（上の▢の部分構造をもつ）を示すので，Aは④と決まる。

　また，Cを酸化するとNaHCO₃と反応するEが生成したので，C，D，Eはそれぞれ次のように決まる。

D　$CH_3-\overset{\displaystyle O}{\underset{\|}{C}}-CH_3$　　C　$CH_3-\overset{\displaystyle O}{\underset{\|}{C}}-H$　⟶　E　$CH_3-\overset{\displaystyle O}{\underset{\|}{C}}-OH$

　Aに水を付加させると次の⑥，⑦の構造が考えられるが，マルコフニコフ則より，⑦の構造が主生成物となる。

A　$CH_3-\overset{\displaystyle CH_3}{\underset{}{C}}=CH-CH_3$　⟶

　　⑥　$CH_3-\overset{\displaystyle CH_3}{\underset{}{CH}}-\underset{OH}{CH}-CH_3$

　　⑦（F）　$CH_3-\overset{\displaystyle CH_3}{\underset{OH}{C}}-CH_2-CH_3$

　Bに水を付加させるとヨードホルム反応陽性のGが生成し，Gの分子内脱水でAとなるので，BとAは炭素骨格が同じであり，またAに水を付加させたときにGが生じることより，Gは上の⑥の構造と決まる。よって，Gの分子内脱水で生じるアルケンがAとBなので，次のように決まる。

G（⑥）　$CH_3-\overset{\displaystyle CH_3}{\underset{}{CH}}-\underset{OH}{CH}-CH_3$　⟶

A　$CH_3-\overset{\displaystyle CH_3}{\underset{}{C}}=CH-CH_3$

B　$CH_3-\overset{\displaystyle CH_3}{\underset{}{CH}}-CH=CH_2$

　また，Bを酸素で酸化するとヨードホルム反応を示すHが生成する。

B　$CH_3-\overset{\displaystyle CH_3}{\underset{}{CH}}-CH=CH_2$　⟶　H　$CH_3-\overset{\displaystyle CH_3}{\underset{}{CH}}-\overset{\displaystyle O}{\underset{\|}{C}}-CH_3$

答

問1　ア：シス-トランス　　イ：鏡像　　ウ：マレイン

問2

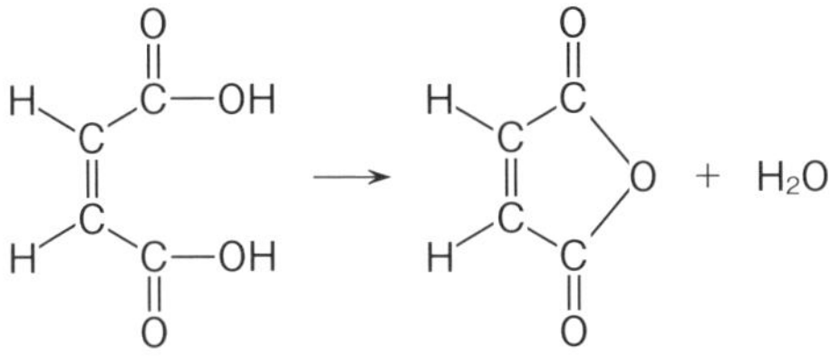

問3　A：

B：

C：

D：

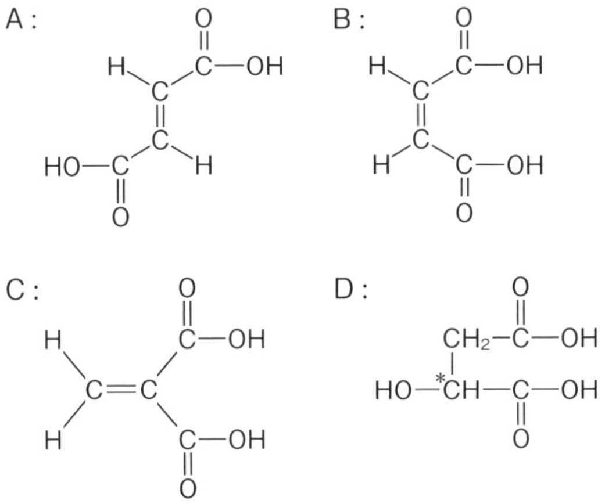

問4　2つのカルボキシ基が近づくことができるので，反応は起こる。(29字)

解説

問1，3

解答への道しるべ

⒢❶ マレイン酸とフマル酸

マレイン酸とフマル酸の構造式は HOOCCH＝CHCOOH で表される。

	水素結合	融点	反応
マレイン酸 （シス形）	分子間と分子内	低い	分子内で脱水する。
フマル酸 （トランス形）	すべて分子間	高い	分子内で脱水しにくい。

A，B，C は，分子式 $C_4H_4O_4$ で表されるジカルボン酸なので，示性式は $C_2H_2(COOH)_2$ で表され，C＝C をもち，カルボキシ基を 2 つもつ化合物は，次の①～③の 3 種類考えられ，さらに水素付加をすると，それぞれ次の化合物がそれぞれ生成する。

AとBに水素付加するとコハク酸が得られたことより，③のメチレンマロン酸がCと決まる。また，①のマレイン酸と②のフマル酸は互いに_ァシス−ト**ランス異性体の関係にあり，マレイン酸はシス形なので，加熱すると2つのカルボキシ基がC＝Cの同じ側にあるので分子内脱水して無水マレイン酸が生成する。**しかし，②のフマル酸はトランス形であり，カルボキシ基が離れているので，分子内で脱水反応は容易におこらないので，マレイン酸と同じ条件で加熱しても分子内脱水は起こらない。よって，Bが①の_ゥマレイン酸，Aが②のフマル酸と決まる。

マレイン酸の脱水反応と，フマル酸の水の付加反応では，それぞれ次の生成物が得られる。

B（マレイン酸）

D（リンゴ酸）

A（フマル酸）

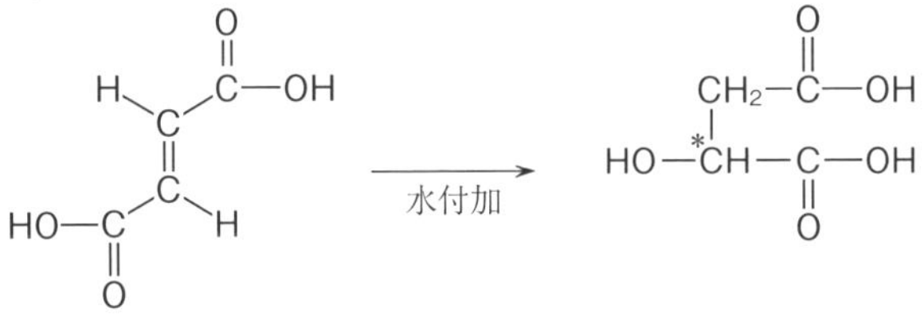

Dのリンゴ酸は不斉炭素原子をもつので，1対の_ィ鏡像異性体が存在するが酵素による反応で得られる生成物は，鏡像異性体のどちらか一方のみが得られる。

問2

解答への道しるべ

GR 2 酸無水物

カルボン酸などの酸としてはたらく官能基（−COOH）2つからH₂Oが取れた構造の化合物を酸無水物という。

（例）　酢酸 2 分子から H_2O が取ると無水酢酸を生じる。

　B のマレイン酸を入れた試験管を加熱すると，水滴が生じたことから，脱水が起こり，無水マレイン酸が得られたことがわかる。よって，反応は次式で表される。

問 4

解答への道しるべ

GR 1 カルボン酸

　RCOOH で表される化合物をカルボン酸といい，代表的な化合物に酢酸 CH_3COOH がある。カルボン酸の性質には次のようなものがある。
1.　分子間で水素結合を形成して二量体となるので，炭素数が同じアルコールより沸点が高い。
2.　炭酸より強い酸なので，炭酸水素ナトリウム $NaHCO_3$ と反応して二酸化炭素を発生させる。

$$RCOOH + NaHCO_3 \longrightarrow RCOONa + H_2O + CO_2$$

　コハク酸は C−C の単結合が自由に回転できるので，2 つのカルボキシ基が近い位置にあり，分子内で脱水することができる。

61 エステルの構造決定

答

問1 　ア：異性体　　イ：官能基　　ウ：フェーリング

問2 　A $CH_3-\overset{\underset{\|}{O}}{C}-O-CH_2-CH_2-CH_3$　B $CH_3-\overset{\underset{\|}{O}}{C}-O-\overset{\underset{|}{CH_3}}{CH}-CH_3$

　　　C $CH_3-\overset{\underset{|}{CH_3}}{CH}-\overset{\underset{\|}{O}}{C}-O-CH_3$　D $CH_3-CH_2-O-CH_3$

　　　E $CH_3-CH_2-CH_2-OH$　F $CH_3-\overset{\underset{|}{OH}}{CH}-CH_3$

　　　H $CH_3-CH_2-\overset{\underset{\|}{O}}{C}-H$　I $CH_3-\overset{\underset{\|}{O}}{C}-CH_3$

　　　J $CH_3-CH=CH_2$　L $CH_3-\overset{\underset{|}{CH_3}}{CH}-O-\overset{\underset{|}{CH_3}}{CH}-CH_3$

問3 　(a) ⑤　　(b) ③　　(c) ⑦　　(d) ⑥

問4 　エーテル（化合物 D）は，アルコール（化合物 E と F）のよう
　　　に分子間に水素結合が存在しないため。

解説

問1

解答への道しるべ

 エステルの加水分解

　　$R_1COOR_2 + H_2O \longrightarrow R_1COOH + R_2OH$
　エステルを加水分解すると，カルボン酸とアルコールが生じる。

　同じ分子式で，構造が異なるものを互いに$_{ア}$異性体という。たとえば，分子
式 C_2H_6O で表される化合物には，次の 2 つの異性体がある。

CH₃−CH₂−OH（エタノール）と CH₃−O−CH₃（ジメチルエーテル）

また，エタノールのヒドロキシ基−OH 基のように性質を示す原子団を$_イ$官能基という。

（ウ）　ホルミル基—CHO をもつ化合物は還元性（相手を還元して自身は酸化される性質）をもち，$_{(1)}$アンモニア性硝酸銀水溶液を加えて温めると銀 Ag が析出する反応（銀鏡反応）や，フェーリング液を加えて温めると，酸化銅（Ⅰ）の赤色沈殿が生じる。

問2

解答への道しるべ

GR 2 （i）アルコールの反応（金属 Na との反応）

アルコール R−OH は金属 Na と反応して水素 H₂ を発生させる。

$$2R-OH + 2Na \longrightarrow 2R-ONa + H_2$$

この反応は主にアルコールの検出反応として用いられるが，カルボン酸 R−COOH なども反応する。

GR 2 （ii）アルコールの脱水

1. **分子間脱水**（縮合）…エーテルが生成　　$2R-OH \rightarrow R-O-R + H_2O$
2. **分子内脱水**（脱離）…アルケンが生成
　$R_1-CH-CH(OH)-R_2 \rightarrow R_1-CH=CH-R_2 + H_2O$

エステル R₁COOR₂ の加水分解反応は次式で表される。

$$R_1COOR_2 + H_2O \longrightarrow R_1COOH + R_2OH$$

化合物 A 51.0 mg を加水分解すると，酢酸 CH₃COOH 30.0 mg と化合物 E（1価のアルコール）30.0 mg が生じたことから，A，E の分子量を M_A，M_E とすると，次の関係が成り立つ。

$$化合物 A + H_2O \longrightarrow CH_3COOH + 化合物 E$$

$$\frac{51.0 \times 10^{-3}}{M_A} = \frac{(30.0 + 30.0 - 51.0) \times 10^{-3}}{18} = \frac{30.0 \times 10^{-3}}{60} = \frac{30.0 \times 10^{-3}}{M_E}$$

よって，$M_A = 102$，$M_E = 60$

E は，〔4〕より，金属 Na と反応するので−OH 基をもち，〔5〕より，E を酸化した化合物 H が還元性を示すことより，E は第一級アルコール，H はアル

174

デヒドであることがわかる。よって，E，H，A の構造式は次のようになる。

E　$CH_3-CH_2-CH_2-OH$ ⟶ H　$CH_3-CH_2-\underset{\underset{O}{\|}}{C}-H$

↓ + CH₃COOH

A　$CH_3-\underset{\underset{O}{\|}}{C}-O-CH_2-CH_2-CH_3$

さらに，E，化合物 F に濃硫酸を加えて分子内脱水すると，ともに化合物 J が生じたことから，F は 2-プロパノールと決まる。さらに，D は E，F と分子式が同じ C_3H_8O で，Na と反応しないので，D はエーテルと決まる。

K　$CH_3-CH_2-CH_2-O-CH_2-CH_2-CH_3$

E　$CH_3-CH_2-CH_2-OH$ —分子間脱水→

J　$CH_3-CH=CH_2$

F　$CH_3-\underset{\underset{OH}{|}}{CH}-CH_3$ —酸化→

I　$CH_3-\underset{\underset{O}{\|}}{C}-CH_3$

↓ + CH₃COOH

B　$CH_3-\underset{\underset{O}{\|}}{C}-O-\underset{\underset{CH_3}{|}}{CH}-CH_3$

L　$CH_3-\underset{\underset{CH_3}{|}}{CH}-O-\underset{\underset{CH_3}{|}}{CH}-CH_3$

D　$CH_3-CH_2-O-CH_3$

また，化合物 C は A，B と同じ分子式が $C_5H_{10}O_2$ であり，C を加水分解すると，カルボン酸である化合物 G とメタノールが生じたことから，G は炭素数 4 のカルボン酸と決まり，分子式は $C_4H_8O_2$ となる。
ここで，G としては次の 2 つカルボン酸(①，②)の異性体が考えられる。

①　$CH_3-CH_2-CH_2-\underset{\underset{O}{\|}}{C}-OH$　　②　$CH_3-\underset{\underset{CH_3}{|}}{CH}-\underset{\underset{O}{\|}}{C}-OH$

G が炭素鎖に枝分かれをもつので，②の構造と決まり，C の構造式は次のように決まる。

G　$CH_3-\underset{\underset{CH_3}{|}}{CH}-\underset{\underset{O}{\|}}{C}-OH$ —+ CH₃OH→ C　$CH_3-\underset{\underset{CH_3}{|}}{CH}-\underset{\underset{O}{\|}}{C}-O-CH_3$

問3

(a)は銀鏡反応である。(b)はヨードホルム反応である。(c)は分子内脱水であり，

脱離反応の一つである。(d)は分子間脱水であり，縮合反応の一つである。

問4

解答への道しるべ

GR 3 水素結合による沸点の違い

分子式が同じアルコールとエーテルの沸点を比較すると，アルコールのほうが沸点は高い。これは，アルコールは分子間で水素結合を形成するのに対して，エーテルは水素結合を形成せず弱いファンデルワールス力しか分子間にはたらかないためである。

E，F はアルコールでありヒドロキシ基—OH 基をもつ化合物であり，D はエーテルである。**ヒドロキシ基をもつアルコールは分子間で水素結合を形成するために沸点は高くなるが，エーテルは水素結合を形成しない**ので，沸点は分子量が同程度のアルカンとほぼ等しい。

CHAPTER 3 有機化学

62 油脂

答

問1 ア グリセリン イ ヒドロキシ ウ 飽和脂肪酸 エ 不飽和脂肪酸

問2 エステル結合 問3 $CH_3-(CH_2)_{16}COOH$

問4 $CH_3-(CH_2)_4-CH=CH-CH_2-CH=CH-(CH_2)_7-COOH$

$CH_3-(CH_2)_4-CH=CH-(CH_2)_7-CH=CH-CH_2-COOH$

問5 B 1 C 3 問6 190 問7 115

問8
$$\begin{array}{l} CH_2-OCOC_{17}H_{33} \\ | \\ CH-OCOC_{17}H_{33} \\ | \\ CH_2-OCOC_{17}H_{31} \end{array}$$

解説

問1

解答への道しるべ

GR **1** (i)脂肪酸

　飽和脂肪酸の示性式は $C_nH_{2n+1}COOH$ で表される。

　不飽和脂肪酸では，C＝C 1個につき H 原子が2個減少するので，C＝C の数を x 〔個〕とすると，脂肪酸の示性式は，$C_nH_{(2n+1-2x)}COOH$

　油脂は_ア_**グリセリン** $C_3H_5(OH)_3$ と高級脂肪酸 RCOOH からなるエステル（トリグリセリド）である。グリセリンの_イ_**ヒドロキシ**基 OH の H 原子とカルボキシ基 COOH の OH が取れて水が生成するのと同時にエステル結合が形成される。

　油脂を構成する脂肪酸には，炭素間の結合がすべて単結合の_ウ_**飽和脂肪酸**と二重結合を含む_エ_**不飽和脂肪酸**がある。油脂には，**飽和脂肪酸を多く含む油脂を脂肪といい，常温で固体**である。また，**不飽和脂肪酸を多く含む油脂を脂肪油といい，常温で液体**である。脂肪油に触媒を用いて水素を付加すると，不飽和脂肪酸の一部が飽和脂肪酸になり，固体となる。得られた油脂を硬化油といい，マーガリンの原料に用いられている。油脂を構成するほとんどの不飽和脂肪酸の二重結合はシス形であり，トランス形の構造をもつ脂肪酸をトランス脂肪酸という。

問2

解答への道しるべ

GR **1** (ii)油脂のけん化

　油脂はエステル結合を3個もつので，けん化に必要な NaOH の物質量は，油脂の3倍になる。

$$C_3H_5(OCOR)_3 + 3\,NaOH \longrightarrow C_3H_5(OH)_3 + 3\,RCOONa$$

油脂に NaOH を加えて加熱すると，次のように**エステル結合**がけん化される。

$$
\begin{array}{l}
\mathrm{CH_2-O-\underset{\displaystyle O}{C}-R_1} \\
\mathrm{CH-O-\underset{\displaystyle O}{C}-R_2} \quad + \quad 3\,\mathrm{NaOH} \quad \xrightarrow{\text{けん化}} \quad
\mathrm{CH_2-OH} \quad \mathrm{R_1-\underset{\displaystyle O}{C}-ONa} \\
\mathrm{CH_2-O-\underset{\displaystyle O}{C}-R_3} \hphantom{ + 3NaOH} \mathrm{CH-OH} \quad + \quad \mathrm{R_2-\underset{\displaystyle O}{C}-ONa} \\
\hphantom{xxxxxxxxxxxxxxxxxxxxxxxx} \mathrm{CH_2-OH} \quad \mathrm{R_3-\underset{\displaystyle O}{C}-ONa}
\end{array}
$$

問3

　脂肪酸 B，脂肪酸 C の $KMnO_4$ を用いた二重結合の酸化で，B からは $C_9H_{16}O_4$ と $C_9H_{18}O_2$，C からは $C_3H_4O_4$ と $C_6H_{12}O_2$ と $C_9H_{16}O_4$ が得られたので，B の炭素数は $9 + 9 = 18$ 個，C の炭素数は $3 + 6 + 9 = 18$ 個と等しく，問題から油脂 A に水素を付加させると油脂 D となり，A を加水分解するとグリセリンと B と C，D を加水分解すると E が得られたことから，B，C に水素を付加させると E となることがわかる。よって，E は炭素数 18 の飽和脂肪酸なので，示性式は $C_{17}H_{35}COOH$

問4

　C からは $C_3H_4O_4$ と $C_6H_{12}O_2$ と $C_9H_{16}O_4$ が得られたので，これらの構造式はそれぞれ次のようになる。

$$\mathrm{HO-\underset{\displaystyle O}{C}-CH_2-\underset{\displaystyle O}{C}-OH}, \quad \mathrm{CH_3\!\!\left(\!CH_2\!\right)_{\!4}\!C-OH}, \quad \mathrm{HO-\underset{\displaystyle O}{C}\!\!\left(\!CH_2\!\right)_{\!7}\!\underset{\displaystyle O}{C}-OH}$$

　ここで，脂肪酸を $KMnO_4$ で酸化して二重結合を開裂するとき，二重結合が 1 か所であれば，次のように変化する。

　　　$\mathrm{R_1-CH=CH-R_2-COOH} \longrightarrow \mathrm{R_1-COOH} + \mathrm{HOOC-R_2-COOH}$

また，二重結合を 2 か所であれば，次のように変化する。

　　　$\mathrm{R_1-CH=CH-R_2-CH=CH-R_3-COOH}$

　　　$\longrightarrow \mathrm{R_1-COOH} + \mathrm{HOOC-R_2-COOH} + \mathrm{HOOC-R_3-COOH}$

よって，C を $KMnO_4$ 酸化して得られた化合物 3 種類なので，C は二重結合を 2 つもつことがわかり，考えられる構造は次の 2 つである。

$$CH_3 \!-\!\!\left(CH_2\right)_{\!4}\!CH\!=\!CH\!-\!CH_2\!-\!CH\!=\!CH\!\!\left(CH_2\right)_{\!7}\!\underset{\underset{O}{\|}}{C}\!-\!OH$$

$$CH_3 \!-\!\!\left(CH_2\right)_{\!4}\!CH\!=\!CH\!\!\left(CH_2\right)_{\!7}\!CH\!=\!CH\!-\!CH_2\!-\!\underset{\underset{O}{\|}}{C}\!-\!OH$$

また，化合物 B を $KMnO_4$ で酸化して得られた化合物は $C_9H_{16}O_4$ と $C_9H_{18}O_2$ なので，B の構造は次のようになる。

$$CH_3 \!-\! (CH_2)_7\!-\!COOH \underset{\underline{\underline{\hspace{2cm}}}}{} HOOC\!-\!(CH_2)_7\!-\!\underset{\underset{O}{\|}}{C}\!-\!OH$$

$$\Downarrow$$

$$CH_3 \!-\!\!\left(CH_2\right)_{\!7}\!CH\!=\!CH\!\!\left(CH_2\right)_{\!7}\!\underset{\underset{O}{\|}}{C}\!-\!OH$$

問 5

脂肪酸 B は二重結合を 1 つもつ脂肪酸なので，トランス脂肪酸は 1 つ。また，脂肪酸 C は二重結合を 2 つもつ脂肪酸なので，次のように C=C の部分を a，b と区別すると，

$$CH_3 \!-\!\!\left(CH_2\right)_{\!4}\!\underset{a}{CH\!=\!CH}\!-\!CH_2\!-\!\underset{b}{CH\!=\!CH}\!\!\left(CH_2\right)_{\!7}\!\underset{\underset{O}{\|}}{C}\!-\!OH$$

a，b について，(a, b)＝(シス，シス)，(シス，トランス)，(トランス，シス)，(トランス，トランス)が考えられ，トランス形を含む構造は 3 つ。

問 6

解答への道しるべ

ⓖⓡ❶ (iii)けん化価

油脂 1 g をけん化するときに必要な KOH の mg 数をけん化価という。けん化価が大きい油脂ほど，分子量は小さい。

油脂 1 分子中にエステル結合を 3 個もつので，油脂 1 mol をけん化するために必要な KOH は 3 mol となる。よって，油脂 A(分子量 882)のけん化価は，

$$\frac{1}{882} \times 3 \times 56 \times 10^3 = 190.4 \fallingdotseq 190$$

問7

油脂 B はグリセリン $(C_3H_5(OH))_3$ と脂肪酸 E $(C_{17}H_{35}COOH)$ からなるので，その示性式は，$C_3H_5(OCOC_{17}H_{35})_3$ となり，分子量は 890 である。油脂 A（分子量 882）に水素を付加させて油脂 B（分子量 890）が得られるので，油脂 A 1分子に付加する H_2 は4個であるので，油脂 A 1分子には4個の $C=C$ が存在する。よって，ヨウ素価は，

$$\frac{100}{882} \times 4 \times 254 = 115.1 \fallingdotseq 115$$

問8

問7より，油脂 A 1分子には4個の $C=C$ をもつので，A を構成する脂肪酸は B が2個，C が1個と決まる。よって，油脂 A の構造は次の①，②の2つである。

問4より，B は $C_{17}H_{33}COOH$, C は $C_{17}H_{31}COOH$ の示性式であることがわかる。

①
$$\begin{array}{l} CH_2-OCOC_{17}H_{33} \\ \text{不斉炭素原子} \longrightarrow CH-OCOC_{17}H_{33} \\ CH_2-OCOC_{17}H_{31} \end{array}$$

②
$$\begin{array}{l} CH_2-OCOC_{17}H_{33} \\ CH-OCOC_{17}H_{31} \\ CH_2-OCOC_{17}H_{33} \end{array}$$

A は不斉炭素原子をもつので，①の構造と決まる。

答

63 | **芳香族炭化水素**

問1　5種類　CH₃　　4種類　CH₃　　3種類　CH₃

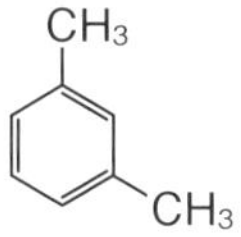

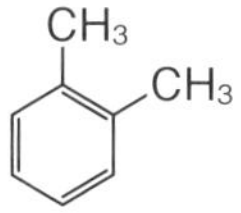

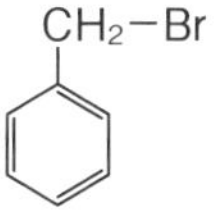

CH₃　　　　CH₃　　　　　CH₃

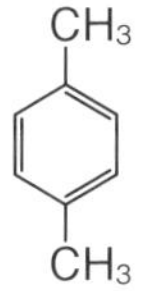

問2　H　CH₂−Br　　I　CH₃

Br

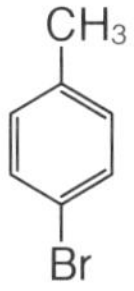

解説

問1

解答への道しるべ

GR 1

　環境の異なる C 原子(または H 原子)の数を求めるときは，対称になる面(または点)があるかないかを確認する。

　エチルベンゼンの構造異性体である 3 つの芳香族化合物は，次の m-キシレン，o-キシレン，p-キシレンであり，これらの化合物それぞれについて，物理的・化学的性質の異なる炭素原子を確認した。

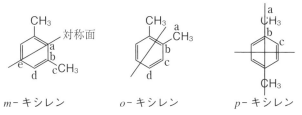

m-キシレン　　　o-キシレン　　　p-キシレン

　それぞれについて，分子内に対称面があるので，対称面の一方のみを考えると，考えやすい。m-キシレンでは a ～ e の 5 種類，o-キシレンでは a ～ d の

4種類，*p*-キシレンでは a ～ c の 3 種類の性質の異なる炭素原子が存在する。

問2

解答への道しるべ

(GR) 2 (i)　置換反応

メタン CH_4 とハロゲン X_2 の混合物に光を照射すると，次のように置換反応が起こる。

$$CH_4 + X_2 \longrightarrow CH_3X + HX$$

この反応は炭化水素基の H 原子とハロゲン原子の置換反応である。

‥‥‥‥‥‥‥‥‥‥‥‥‥‥‥‥‥‥‥‥‥‥‥‥‥‥‥‥‥‥‥‥‥‥‥

(GR) 2 (ii)　ベンゼン環への置換反応

ベンゼンとハロゲン X_2 の混合物に鉄を触媒として反応させると，ベンゼン環の H 原子がハロゲン原子と置換される。

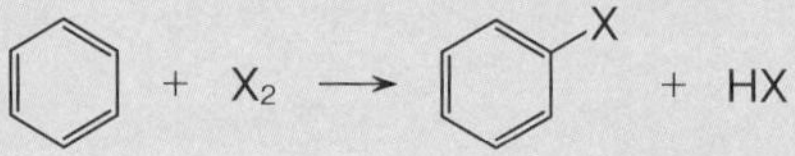

芳香族炭化水素とハロゲンとの反応では，条件によって，生成物が異なり，**光を照射すると，側鎖の置換反応が起こり，鉄を触媒に用いるとベンゼン環への置換反応**が起こる。よって，トルエンと臭素 Br_2 との反応では，それぞれ次のような生成物が生じる。

(1)　光を照射した場合

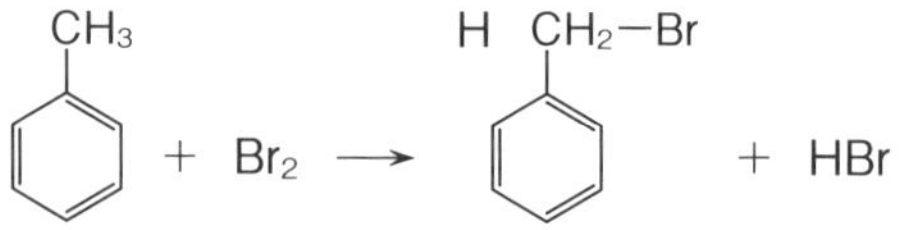

(2)　鉄を触媒に用いた場合

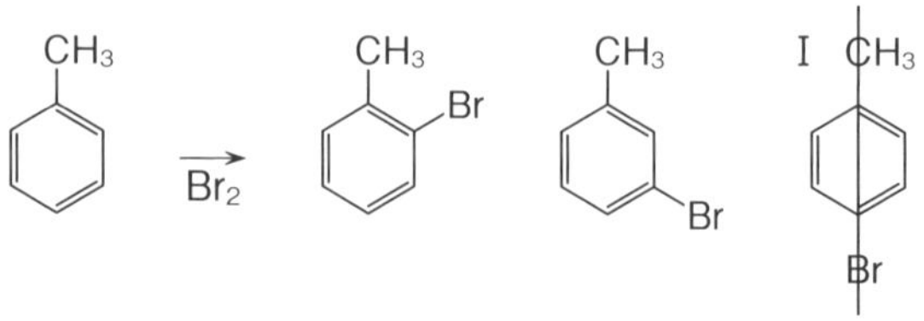

7種類　　　7種類　　　5種類

よって，性質の異なる炭素原子は H で 5 種類なので，化合物 I は上のようになる。

64 | フェノール類

答

問1

A ベンゼン環–CH$_2$–CH$_2$–OH

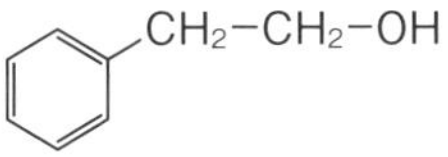

B ベンゼン環–CH–CH$_3$ / OH

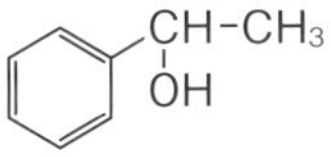

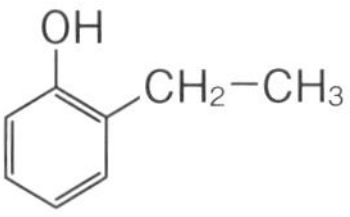

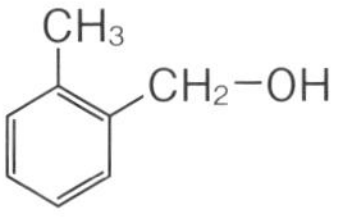

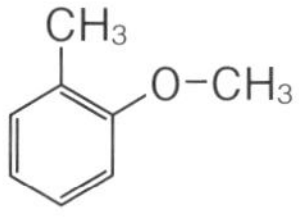

C ベンゼン環（OH）–CH$_2$–CH$_3$

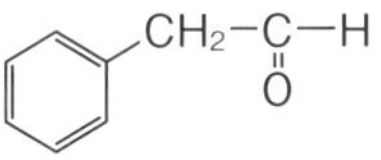

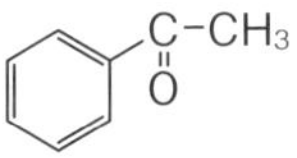

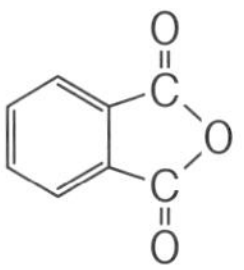

D ベンゼン環（CH$_3$）–CH$_2$–OH

E ベンゼン環（CH$_3$）–O–CH$_3$

F ベンゼン環–CH$_2$–C–H / ‖O

G ベンゼン環–C–CH$_3$ / ‖O

H （無水フタル酸構造）

問2 ベンゼン環–O–CH$_2$–CH$_3$ ，ベンゼン環–CH$_2$–O–CH$_3$

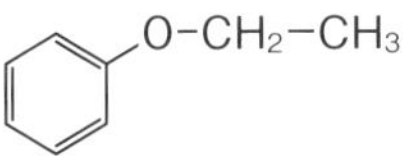

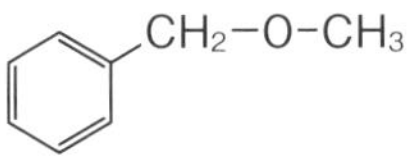

問3 B，G

解説

問1，2

解答への道しるべ

⓰❶ 芳香族化合物の側鎖の酸化

KMnO$_4$で酸化すると，ベンゼン環に直接結合したC原子が酸化されて，カルボキシ基に変化する。

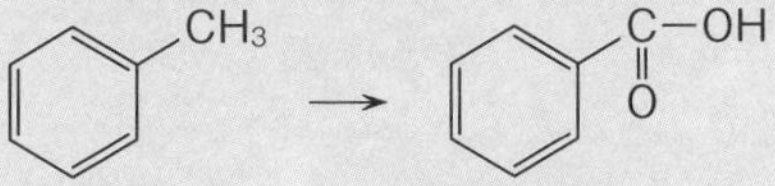

ベンゼン環–CH$_3$ （トルエン） → ベンゼン環–C–OH / ‖O （安息香酸）

> 塩化鉄(Ⅲ)FeCl$_3$ 水溶液を加えると，青紫～赤紫色を呈する。

分子式 C$_8$H$_{10}$O で表される芳香族化合物の異性体のうち，ベンゼンの一置換体は，次のように考えられる。

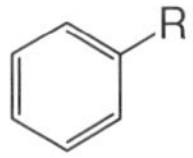

R   R＝C$_2$H$_5$O（＝C$_8$H$_{10}$O−C$_6$H$_5$）となるので，考えられる一置換体は，

① CH$_2$−CH$_2$ OH

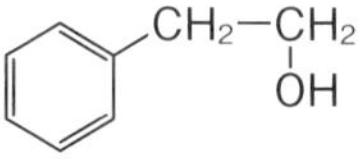

② *CH−CH$_3$ OH

③ CH$_2$−O−CH$_3$

④ O−CH$_2$−CH$_3$

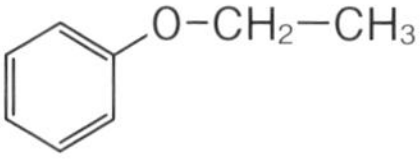

また，C～E はベンゼンのオルト二置換体であり，考えられる構造は次のようになる。

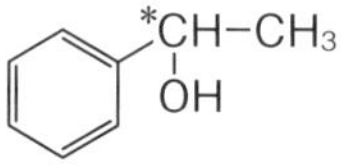

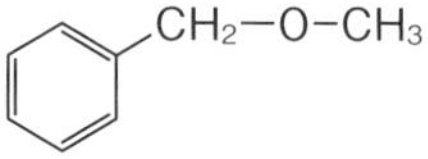

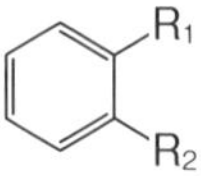

R$_1$ R$_1$＋R$_2$＝C$_2$H$_6$O（＝C$_8$H$_{10}$O−C$_6$H$_4$）となるので，R$_2$

⑤ CH$_2$−CH$_3$ OH

⑥ CH$_2$−OH CH$_3$

⑦ O−CH$_3$ CH$_3$

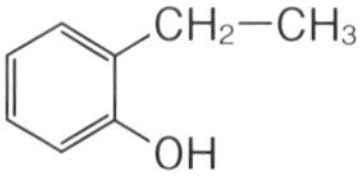

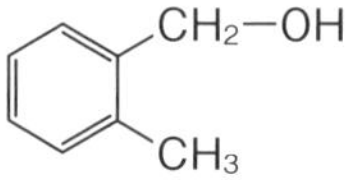

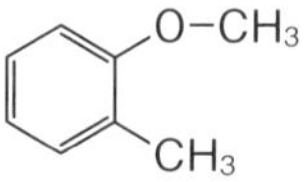

①～⑦の構造と(a)～(e)の実験から A～E の構造を決定する。

(a) E は二置換体であり，Na と反応しないので−OH をもたない化合物であり，⑦と決まる。

(b) 一置換体の A は酸化すると，フェーリング液を還元する F が生成したので，A は第一級アルコールの①と決まる。よって，F の構造式は次のようになる。

A CH$_2$−CH$_2$ OH ⟶ F CH$_2$−C−H O

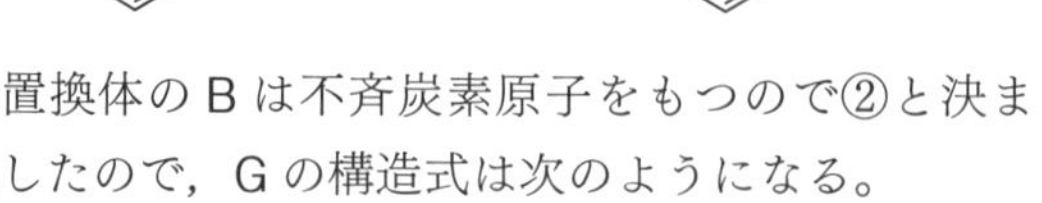

(c) 一置換体の B は不斉炭素原子をもつので②と決まり，B を酸化すると G が生成したので，G の構造式は次のようになる。

B *CH−CH$_3$ OH ⟶ G C−CH$_3$ O

(d) FeCl₃水溶液を加えて呈色する化合物はフェノール性ヒドロキシ基をもつ。①〜⑦のうちでフェノール性ヒドロキシ基(ベンゼン環に直接結合した－OH基)をもつものは，⑤であり，Cと決まる。

(e) KMnO₄を酸化剤として用いた酸化では，ベンゼン環に直接結合した炭素原子が酸化されてカルボキシ基－COOH基に変化する。よって，2価のカルボン酸となるDは，ベンゼンの二置換体でともにC原子が直接ベンゼン環に結合しているものである。よって，Dは⑥と決まり，Hは次のようになる。

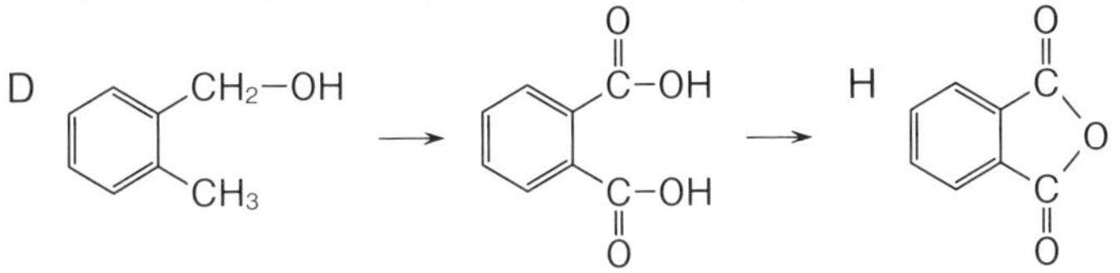

さらに，一置換体でA，B以外の構造は，③，④である

問3

ヨードホルム反応を示すものは，

CH₃－CH－R　または　CH₃－C－R
　　　|　　　　　　　　　　‖
　　　OH　　　　　　　　　O

の構造をもつ化合物なので，BとGが該当する。

65 | サリチル酸誘導体

答

問1

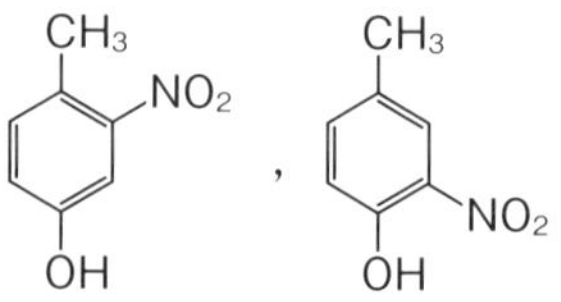

,

問2　$C_7H_8O_2$

問3

C 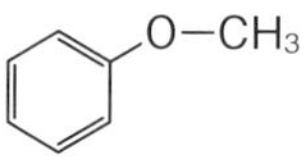 　　D 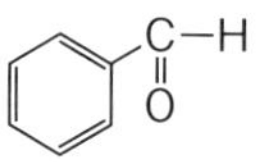 　　E

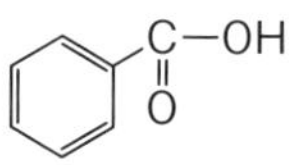

F 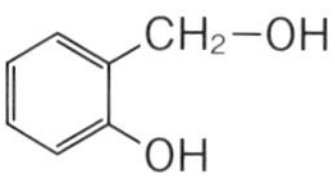 　　G 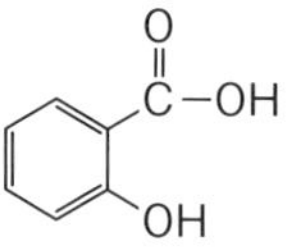 　　H

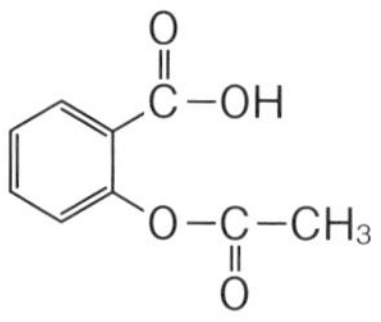

問4　A, F, G

解説

問1

　化合物 A は分子量 108 の芳香族化合物であり，Na を加えると H_2 を発生させるのでヒドロキシ基−OH 基をもつ。また，ニトロ化したときに 2 種類の生成物が考えられるので，ベンゼンの二置換体であることがわかる。よって，A は R−C_6H_4−OH であり，R の部分の式量は，

R = 108 − 12 × 6 + 1 × 4 − 16 − 1 = 15 であり，−CH_3 と決まる。よって，A として考えられる構造は次の①〜③である。

① 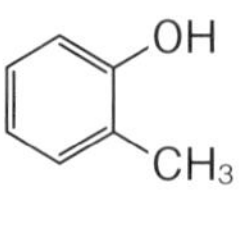 　　② 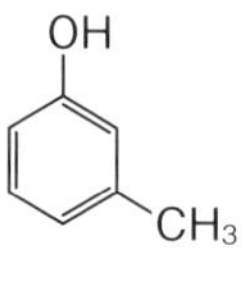 　　③

①〜③構造それぞれをニトロ化して得られる化合物は，①，②では，ともに

4種類，③では−を引いた部分で対称な構造なので2種類の構造が考えられる。よって，Aは③の構造となり，ニトロ化合物は，次の2つである。

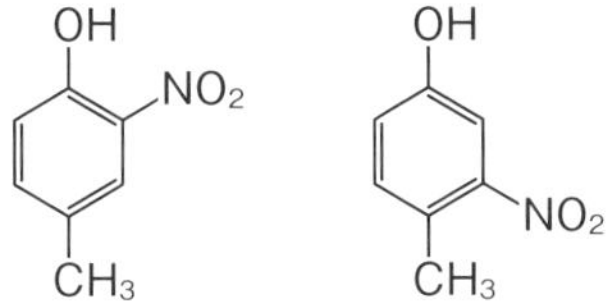

なお，B，Cは，Aの構造異性体であり，一置換体であるものには，次の④と⑤がある。BはNaと反応してH_2を発生させるので④と決まり，CはNaと反応しないので，⑤と決まる。

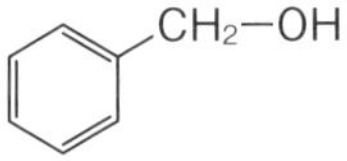

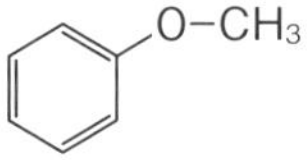

問2

F 31 mg に含まれるC，H，Oの質量は，

$$C：77 \times \frac{12}{44} = 21 \text{ mg} \quad H：18 \times \frac{2}{18} = 2.0 \text{ mg} \quad O：31 - (21 + 2.0) = 8.0 \text{ mg}$$

よって，原子数の比は，

$$C：H：O = \frac{21}{12} : \frac{2.0}{1.0} : \frac{8.0}{16} = 1.75 : 2 : 0.5 = 7 : 8 : 2$$

求める組成式は，$C_7H_8O_2$

問3

解答への道しるべ

GR① サリチル酸の合成

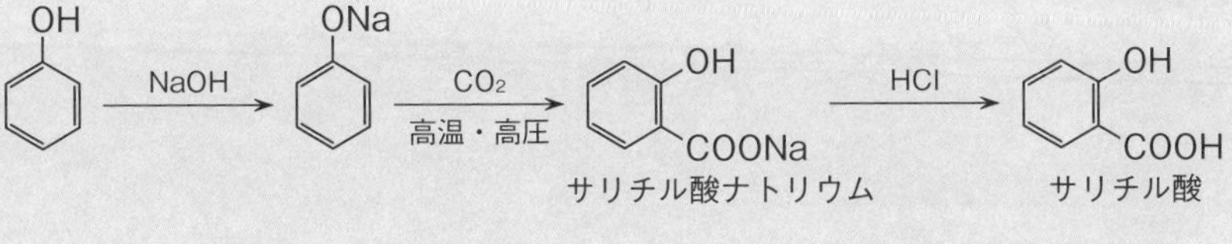

問1よりCの構造式は，

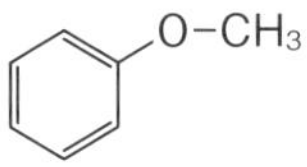

Bを酸化するとDが生じ，さらに酸化するとEが生じるので，D，Eの構造は次のようになる。

Gは，ナトリウムフェノキシドをCO_2と高温・高圧条件で反応させ，希硫酸で処理すると得られる。この変化は次のようになる。

よって，Gはサリチル酸である。

F（組成式$C_7H_8O_2$）を酸化すると，G（サリチル酸$C_7H_6O_3$）が得られるので，Fの分子式は組成式と同じ$C_7H_8O_2$と考えられ，さらにベンゼンのオルト二置換体である。よって，Fの構造式は次のように推定される。

また，Gに無水酢酸を加えてアセチル化させると，H（アセチルサリチル酸）が生じる。

問4

$FeCl_3$水溶液を加えて呈色する化合物は，フェノール性ヒドロキシ基をもつ化合物であり，A，F，Gである。

66 芳香族窒素

答

問1

固体成分…$O_2N-\!\!\!\bigcirc\!\!\!-CH_3$　　　液体成分…$\bigcirc\!\!\!-CH_3$（NO_2）

問2

B　$O_2N-\!\!\!\bigcirc\!\!\!-\overset{\displaystyle O}{\underset{}{C}}-OH$　　C　$O_2N-\!\!\!\bigcirc\!\!\!-\overset{\displaystyle O}{\underset{}{C}}-O-C_2H_5$

D　$H_2N-\!\!\!\bigcirc\!\!\!-\overset{\displaystyle O}{\underset{}{C}}-O-C_2H_5$

問3

$O_2N-\!\!\!\bigcirc\!\!\!-COOH \ + \ NaHCO_3$

$\longrightarrow \ O_2N-\!\!\!\bigcirc\!\!\!-COONa \ + \ H_2O \ + \ CO_2 \ , \ オ$

問4

$O_2N-\!\!\!\bigcirc\!\!\!-COOC_2H_5 \ + \ 3H_2$

$\longrightarrow \ H_2N-\!\!\!\bigcirc\!\!\!-COOC_2H_5 \ + \ 2H_2O$

問5

$H_2N-\!\!\!\bigcirc\!\!\!-COOC_2H_5 \ + \ NaNO_2 \ + \ 2HCl$

$\longrightarrow \ ClN_2-\!\!\!\bigcirc\!\!\!-COOC_2H_5 \ + \ NaCl \ + \ 2H_2O \ ,$

$HO-\!\!\!\bigcirc\!\!\!-\overset{\displaystyle}{\underset{\displaystyle O}{C}}-O-C_2H_5$

問6

$H_2N-\!\!\!\bigcirc\!\!\!-COOC_2H_5 \ + \ CH_3COOH$

$\longrightarrow \ CH_3-CONH-\!\!\!\bigcirc\!\!\!-COOC_2H_5 \ + \ H_2O$

解説

問1

トルエンを o-位，p-位でニトロ化した化合物はそれぞれ次のようになる。

液体　　　　　固体

問2

化合物 A（p-ニトロトルエン）を $KMnO_4$ で酸化すると，$-CH_3$ が酸化されてカルボキシ基 $-COOH$ に変化した B が生じる。さらに，B にエタノールと反応させると，C が生じる。さらに，C を水素で還元すると $-NO_2$ が $-NH_2$ に還元された D が生じる。

D をジアゾ化すると，$-NH_2$ が $-N_2Cl$ に変化したジアゾニウム塩が生じ，これをナトリウムフェノキシドと反応させるとカップリング反応が起こり，化合物 E が生じる。

問3

B はカルボキシ基をもつので，$NaHCO_3$ と反応して CO_2 を発生する。

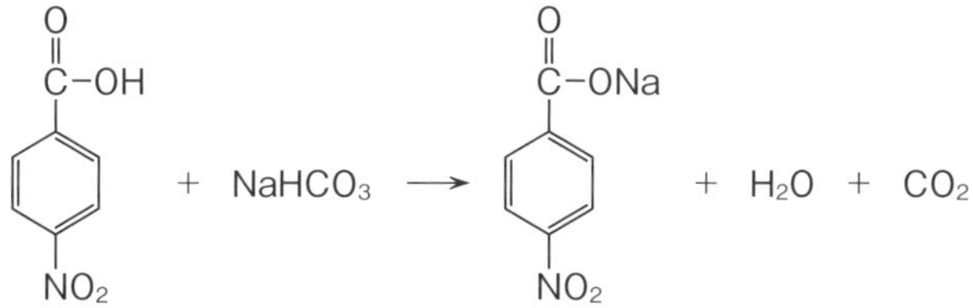

また，この溶液からBを取り出すためにはカルボン酸より強い酸である塩酸を加えるとBは遊離する。

$$RCOONa + HCl \longrightarrow RCOOH + NaCl$$

問4

解答への道しるべ

GR 1 ニトロベンゼンからアニリンを合成

1. **水素接触還元法**（触媒 Ni）

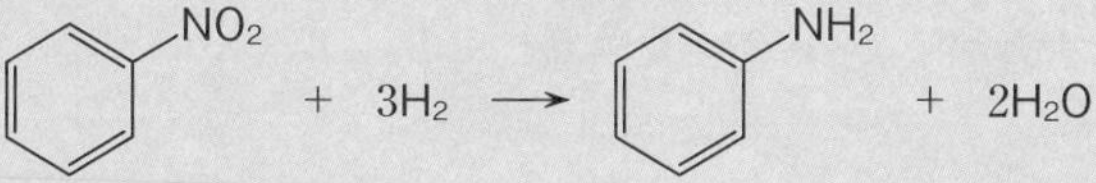

2. Sn による還元

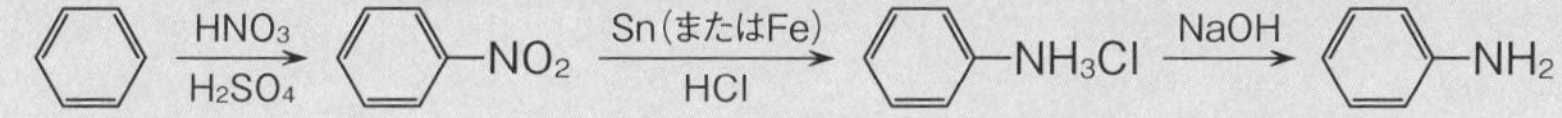

ベンゼン　ニトロベンゼン　アニリン塩酸塩　アニリン

下線部③の反応は，$-NO_2$ を $-NH_2$ に還元する水素接触還元という。この反応は次のようになる。

$$R-NO_2 + 3H_2 \longrightarrow R-NH_2 + 2H_2O$$

よって，求める化学反応式は，

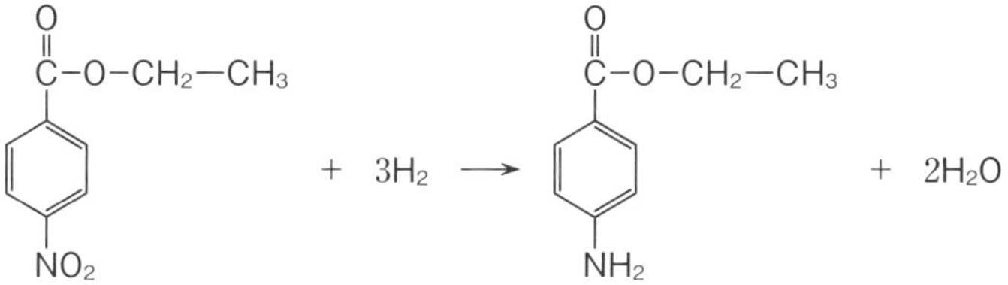

問5

GR 2 ジアゾ化，加水分解

1. アニリンに氷冷下で亜硝酸ナトリウムと塩酸を加えると，ジアゾニウム塩が生成する。

$$\text{⬡—NH}_2 + \text{NaNO}_2 + 2\text{HCl} \xrightarrow{\text{氷冷}} \text{⬡—N}_2\text{Cl} + \text{NaCl} + 2\text{H}_2\text{O}$$

塩化ベンゼンジアゾニウム

2. ジアゾニウム塩は温度に対して不安定なので，加温すると加水分解する。

$$\text{⬡—N}_2\text{Cl} + \text{H}_2\text{O} \xrightarrow{\text{加熱}} \text{⬡—OH} + \text{N}_2 + \text{HCl}$$

フェノール

　ジアゾニウム塩は温度に対して不安定なので，ジアゾニウム塩を含む水溶液を加熱すると，加水分解して N_2 が発生する。

　　$\text{R—N}_2\text{Cl} + \text{H}_2\text{O} \longrightarrow \text{R—OH} + \text{HCl} + \text{N}_2$

よって，D をジアゾ化して得られた化合物を温めると，次の反応が起こる。

問6

　アミン R—NH_2 を酢酸と反応させると，アミド結合をもつ化合物が生じる。

　　$\text{R—NH}_2 + \text{CH}_3\text{COOH} \longrightarrow \text{R—NHCOCH}_3 + \text{H}_2\text{O}$

よって，D と酢酸の反応は，次式で表される。

67 配向性

問1 （ア）ニトロ化　　（イ）臭素化　　（ウ）ニトロ基
（エ）スズ　　（オ）濃塩酸　　（カ）還元
（キ）水酸化ナトリウム水溶液　　（ク）ジアゾ化

問2

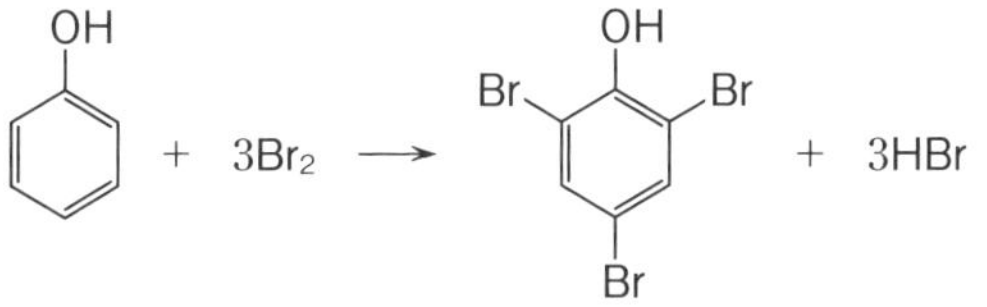

問3

A　　　　　　　B 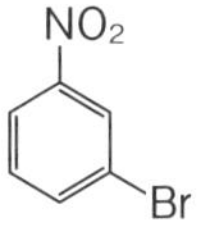　　　　　　　C

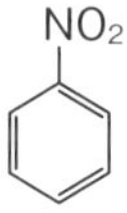

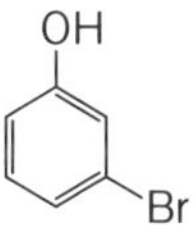

解説

問1，3

解答への道しるべ

GR①②　配向性

	オルト・パラ配向性	メタ配向性
ベンゼン環における電荷の偏り	Y：ベンゼン環に対して電子供与性を示す置換基 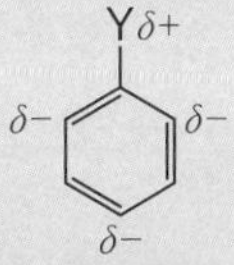	Z：ベンゼン環に対して電子求引性を示す置換基 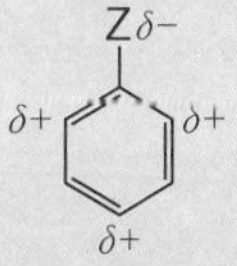
置換基の種類	−OH，−OCH₃ −NHCOCH₃，−NH₂ −CH₃ などのアルキル基 −X（ハロゲン）	−COOH，−COOR −CHO，−COR −NO₂，−CN −SO₃H（R：アルキル基）

	ベンゼン環に直接結合している原子が非共有電子対をもっている置換基が多い。ただし、アルキル基は非共有電子対をもっていない。	ベンゼン環に直接結合している原子が非共有電子対をもたず、しかも、電気陰性度の大きい原子と不飽和結合を形成している置換基が多い。
置換基の構造上の特徴		
反 応 性	ベンゼン環の電子密度がベンゼンに比べて増加するので、一般に置換反応は起こりやすい。	ベンゼン環の電子密度がベンゼンに比べて減少するので、一般に置換反応は起こりにくい。

ベンゼンから m-ブロモアニリンを合成するとき、ニトロ化と臭素の置換反応のどちらを先にするかが重要になる。

① 臭素化の後にニトロ化をするとき、

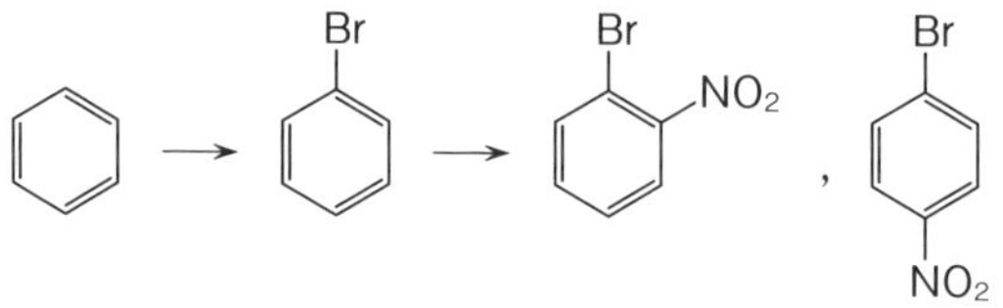

このときは、ベンゼンのオルト二置換体またはパラ二置換体が主に生成する。

② ニトロ化の後に臭素化をするとき、

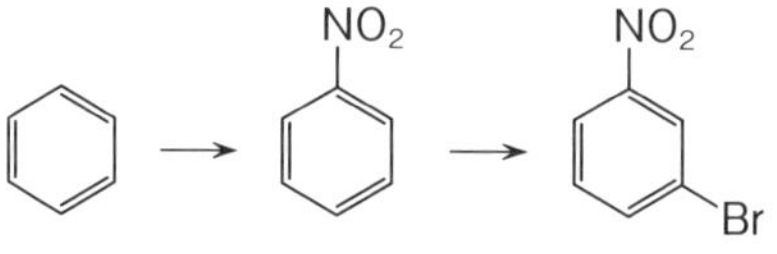

このときは、ベンゼンのメタ二置換体が生成する。

この問題では、m-ブロモアニリンを合成しているので、ベンゼンのメタ二置換体であることから②の方法が適している。

よって、ベンゼンをァ**ニトロ化**してAニトロベンゼンを合成した後、ィ**臭素化**して化合物 B とする。B のゥ**ニトロ基**を固体のェ**スズ（または鉄）**とォ**濃塩酸**でヵ**還元**した後、ォ**水酸化ナトリウム水溶液**を加えることで、m-ブロモアニリンを合成することができる。

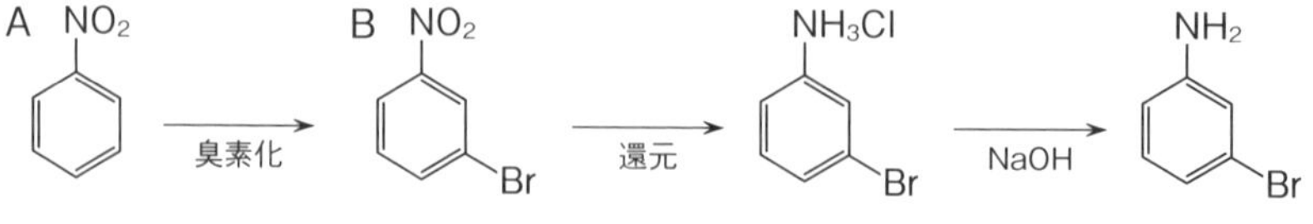

m-ブロモアニリンを冷やしながら，塩酸と亜硝酸ナトリウムを反応させると，$_{\text{ク}}$ジアゾ化が起こり，ジアゾニウム塩が生成する。**ジアゾニウム塩は温度に対して不安定**なので，水溶液を温めると加水分解が起こる。

$$\text{(NH}_2\text{, Br 構造)} \xrightarrow{\text{ジアゾ化}} \text{(N}_2\text{Cl, Br 構造)} \xrightarrow{\text{加水分解}} \text{(C OH, Br 構造)}$$

問2

フェノールはオルト・パラ配向性なので，臭素を加えると次の反応が起こり，2,4,6-トリブロモフェノールの白色沈殿が生じる。この反応はフェノールの検出反応に用いられる。

$$\text{(OH 構造)} + 3Br_2 \longrightarrow \text{(2,4,6-トリブロモフェノール構造)} + 3HBr$$

68　芳香族エステル

答

問1　$C_8H_6O_4$　　　問2　E（カ）　F（ウ）

問3　C　1-プロパノール　　D　2-プロパノール

問4　（シ）

問5

A　（フタル酸ジプロピル構造）
$$\begin{array}{l} \text{C-O-CH}_2\text{-CH}_2\text{-CH}_3 \\ \text{C-O-CH}_2\text{-CH}_2\text{-CH}_3 \end{array}$$

B　$CH_3\text{-CH-O-C}\overset{\displaystyle}{\underset{\displaystyle}{}}\text{-(ベンゼン環)-C-O-CH-CH}_3$
（テレフタル酸ジイソプロピル構造）

解説

問1

化合物 E の分子量は 166 であり，8.30 mg を完全燃焼したとき CO_2 が 17.6 mg，H_2O が 2.70 mg 生じたことから，分子式は次のように考えられる。

化合物 $E + x\,O_2 \longrightarrow y\,CO_2 + z\,H_2O$ より，

$$\text{化合物 } E : CO_2 : H_2O = 1 : y : z = \frac{8.30}{166} : \frac{17.6}{44} : \frac{2.70}{18} = 1 : 8 : 3$$

よって，E の酸素原子の数を a とすると，分子式は，$C_8H_6O_a$ となり，$12 \times 8 + 1.0 \times 6 + 16 \times a = 166$ より，$a = 4$ と決まる。

求める分子式は $C_8H_6O_4$ である。

問2

化合物 E，F について，分子式が $C_8H_6O_4$ で表される芳香族化合物であり，A と B を NaOH でけん化した水溶液中に存在し，HCl を加えて結晶として得られたので，ともに**炭酸より強い酸**(分子式からカルボン酸)と決まる。よって，E と F としては，次の①〜③の構造が考えられる。

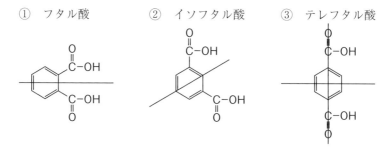

① フタル酸　　② イソフタル酸　　③ テレフタル酸

①〜③それぞれについて，ベンゼン環の H 原子 1 個を Br 原子で置換したときには，①では 2 種類，②では 3 種類，③では 1 種類の構造が考えられる。また，A は E と C が縮合したエステル，B は F と D が縮合したエステルであるが，①〜③それぞれ 2 つのカルボキシ基に異なるアルコールが縮合したり，1 つのカルボキシ基のみで縮合すると，①，②では対称ではなくなるので，臭素で置換した化合物は 4 種類，③では対称面が 1 つとなるので臭素で置換した化合物は 2 種類となり問題の条件に当てはまらなくなる。したがって，A が E（フタル酸）に 2 分子の C が縮合したエステル，B は F（テレフタル酸)に 2 分子の

D が縮合したエステルと決まる。

よって，E（フタル酸）に関する記述は，（カ）であり，次の反応が起こる。

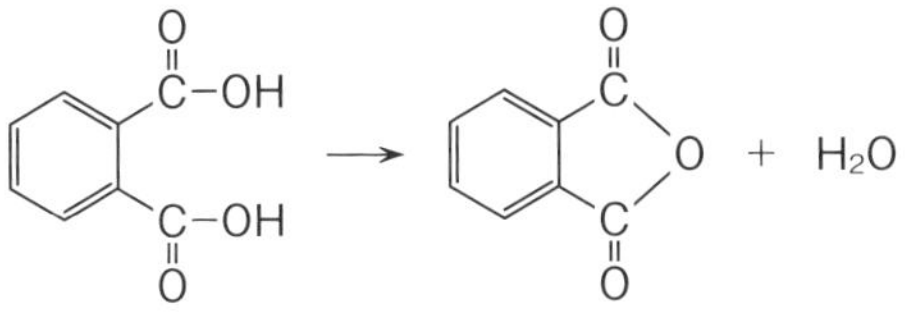

無水フタル酸

また，F（テレフタル酸）に関する記述は，（ウ）であり，次の反応が起こる。

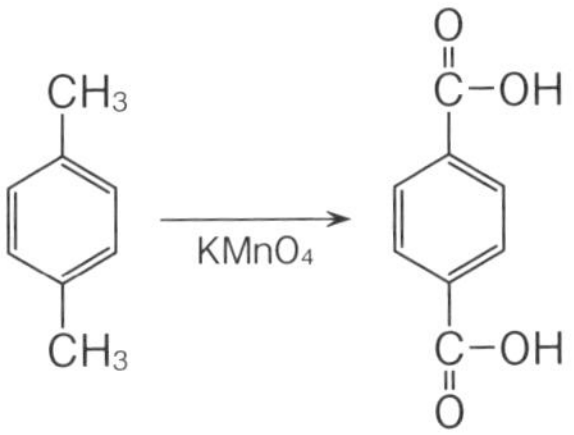

なお，（ア）は安息香酸，（イ）はフェノール，（エ）はサリチル酸，（オ）はフェノール類の性質である。

問3

解答への道しるべ

Ⓖⓡ❶ ホルミル基（アルデヒド基）の検出

下の2つの反応はいずれもホルミル基の還元性を利用した反応である。

1．銀鏡反応

アンモニア性硝酸銀（$[Ag(NH_3)_2]^+$）を加えて温めると，Ag が析出する。

2．フェーリング液の還元

フェーリング液を加えて温めると，酸化銅（Ⅰ）Cu_2O の赤色沈殿が生じる。

問1で考えたように，C，D の分子式はともに等しく，A の加水分解で E と 2分子の C が得られるので，

C の分子式×2 ＝ $C_{14}H_{18}O_4$ ＋ 2 H_2O － $C_8H_6O_4$ 　　　C：C_3H_8O

また，D の分子式も C_3H_8O である。

C_3H_8O のアルコールには，1-プロパノールと2-プロパノールの2つがあり，

それぞれを酸化すると 1-プロパノールからはプロピオンアルデヒド，2-プロパノールからはアセトンが得られる。プロピオンアルデヒドは還元性を示すのでHと決まり，Cは 1-プロパノールと決まる。また，アセトンはヨードホルム反応を示すのでIと決まり，Dは 2-プロパノールと決まる。

C　$CH_3-CH_2-CH_2-OH$　⟶　H　$CH_3-CH_2-\overset{\displaystyle C}{\underset{\displaystyle O}{\|}}-H$

D　$CH_3-\underset{\displaystyle OH}{\overset{\displaystyle CH}{|}}-CH_3$　⟶　I　$CH_3-\overset{\displaystyle C}{\underset{\displaystyle O}{\|}}-CH_3$

問4

解答への道しるべ

GR❷　ヨードホルム反応

ヨウ素と水酸化ナトリウム水溶液を加えて温めると，ヨードホルム CHI_3 の黄色沈殿が生じる。この反応は，下に示す部分構造をもつ化合物が示す。

$CH_3-\underset{\displaystyle OH}{\overset{\displaystyle CH}{|}}-R$, $CH_3-\overset{\displaystyle C}{\underset{\displaystyle O}{\|}}-R$ ⟶ $CI_3-\overset{\displaystyle C}{\underset{\displaystyle O}{\|}}-R$ ⟶ $\begin{cases} CHI_3 \\ R-\overset{\displaystyle C}{\underset{\displaystyle O}{\|}}-ONa \end{cases}$

（ただし，RはH原子または，C原子から始まる構造）

ヨードホルム反応を示す化合物は(シ)である。

問5

AはE（フタル酸）と 2 分子の C（1-プロパノール）からなるエステルなので，次の構造と決まる。

また，BはF（テレフタル酸）と 2 分子の D(2-プロパノール)からなるエステルなので，次の構造と決まる。

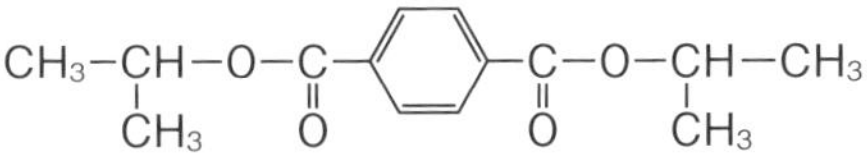

CH₃-CH-O-C〔benzene ring〕C-O-CH-CH₃
CH₃ ‖   ‖ CH₃
      O   O

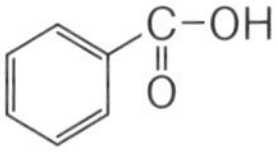

| **69** | **芳香族化合物の分離** |

答

問1　A：〔benzene ring〕NH₂　　B：〔benzene ring〕CH₃　　C：〔benzene ring〕C-OH ‖O

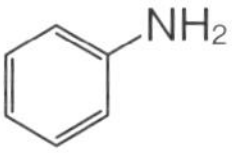

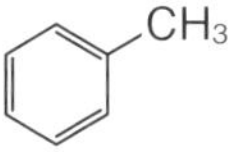

D：〔benzene ring〕OH

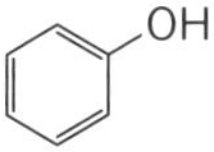

問2　水酸化ナトリウム水溶液を加え振り混ぜる。(20字)

問3　二酸化炭素を十分に吹き込み，エーテルを加えて振り混ぜる。(28字)

問4　E：CH₃-CH-CH₃ 〔benzene ring〕　　F：CH₃-C-CH₃ ‖O

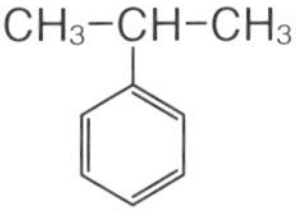

解説

問1，4

解答への道しるべ

GR 1 酸の強さ

塩酸，硫酸 > スルホン酸 > カルボン酸 > 炭酸 > フェノール

GR 2 抽出の考え方

抽出(溶媒抽出)は，有機層(エーテル層)に溶けるか，水層に溶けるかで分離していく操作。

化合物 A はニトロベンゼンを還元して得られるので，アニリンである。

化合物 B は芳香族炭化水素であり，含有率は，

$$C : H = \frac{91.3}{12} : \frac{8.7}{1.0} = 7.60 : 8.7 = 1 : 1.14 \fallingdotseq 7 : 8$$

よって，組成式は C_7H_8（式量 92）であり，分子量は 150 以下なので，分子式も C_7H_8 となる。よって，B はトルエンである。また，B を $KMnO_4$ で酸化すると C が得られるので C は安息香酸である。

B (トルエン CH_3) $\xrightarrow{KMnO_4}$ C (安息香酸 $C\overset{O}{-}OH$)

さらに，D は $FeCl_3$ で呈色するので，フェノール性ヒドロキシ基をもつ化合物であり，工業的にはベンゼンにプロペンを反応させて得られた化合物 E（クメン）を酸化したのち加水分解して化合物 F（アセトン）とともに得られる。この工業的製法はクメン法と呼ばれるフェノールの製法である。

ベンゼン $\xrightarrow[H_2SO_4]{CH_3-CH=CH_2}$ クメン E (CH_3-CH CH_3) $\xrightarrow{O_2}$ クメンヒドロペルオキシド ($CH_3-\overset{CH_3}{\underset{}{C}}-O-OH$) $\xrightarrow{H^+}$ フェノール D (OH) アセトン F ($+CH_3-\overset{O}{C}-CH_3$)

問 2

化合物 A（アニリン）は塩酸中ではアニリン塩酸塩となり，水溶性の物質になっている。

(NH_2) + HCl $\longrightarrow$ (NH_3Cl)

アニリン塩酸塩を水層中から遊離させるためには，強塩基である NaOH の水溶液を加えて，アニリンを遊離させる。

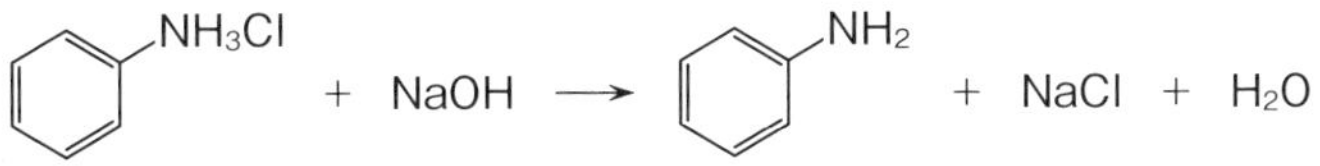

問3

NaOH 水溶液を加えると，C（安息香酸），D（フェノール）は次のように反応する。

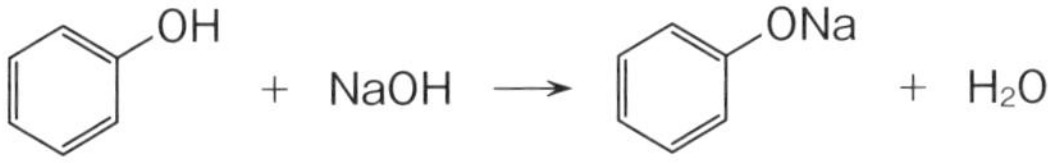

酸の強さは，安息香酸＞炭酸＞フェノールなので，塩に対しては，より強い酸を加えることで，弱い酸を遊離させることができる。

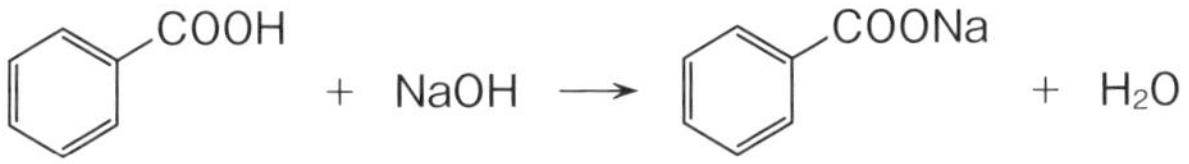

よって，水層に CO_2 を通じると炭酸より弱い酸であるフェノールが遊離する。

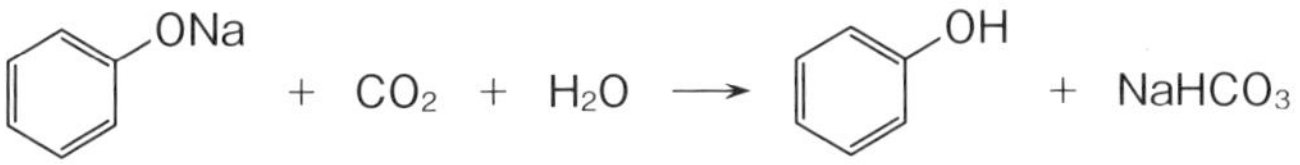

---

70 | 単糖，二糖

答

問1

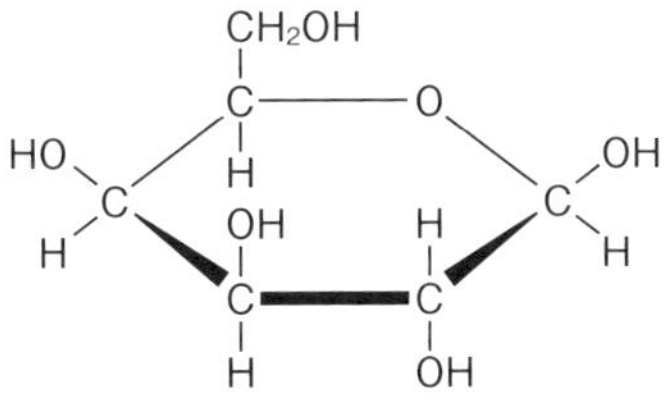

問2　(1)　A，B，D

(2)　いずれも，水溶液中で鎖状構造に変化してホルミル基を生じるので，還元性を示す。

問3　75%

解説

問1

解答への道しるべ

(GR) 2 グルコース

1. 分子式は $C_6H_{12}O_6$，分子量は 180
2. 鎖状構造になると，ホルミル基をもつので，還元性を示す。
3. 不斉炭素原子は，鎖状構造で 4 個，環状構造で 5 個であり，立体異性体は，鎖状構造で $2^4 = 16$ 個，環状構造で $2^5 = 32$ 個。
4. ガラクトースは，グルコースの 4 位の C 原子につく H と OH が入れ替わった構造をしている。

β-ガラクトースは，α-グルコース（単糖 X）の 1 位と 4 位の炭素原子につく H と OH を入れかえた構造であり，次のようになる。

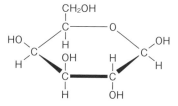

問2

解答への道しるべ

(GR) 2 二糖類

分子式は $C_{12}H_{22}O_{11}$，分子量は 342

・主な二糖類

名称	構成単糖	還元性	加水分解酵素
マルトース	α-グルコースとグルコース	有	マルターゼ
セロビオース	β-グルコースとグルコース	有	セロビアーゼ
スクロース	α-グルコースと β-フルクトース	無	インベルターゼ
ラクトース	β-ガラクトースとグルコース	有	ラクターゼ
トレハロース	α-グルコース 2 分子	無	トレハラーゼ

ヘミアセタール構造 $-O-C-OH$ をもつ単糖や二糖などは還元性をもつ。

(1) 二糖 A（マルトース），B（セロビオース），C（トレハロース），D（ラクトース），E（スクロース）の構造式はそれぞれ次のようになる。

A のマルトースは，α–グルコースと別のグルコースが縮合してできた二糖なので，構造式は次のようになる（　　　　はヘミアセタール構造）。

B のセロビオースは，β–グルコースと別のグルコースが縮合してできた二糖なので，構造式は次のようになる。

C のトレハロースは，2 分子の α–グルコースの 1 位の炭素原子のヒドロキシ基どうしが縮合してできた二糖なので，構造式は次のようになる。

D のラクトースは，β–ガラクトースとグルコースが縮合してできた二糖なので，構造式は次のようになる。

Eのスクロース（単糖E）は，α-グルコースと，β-フルクトース(五員環)が縮合してできた二糖なので，構造式は次のようになる。

A～Eのうち，還元性を示す構造はヘミアセタール構造をもつA，B，Dである。

(2) ヘミアセタール構造は，水溶液中で鎖状構造に変化してホルミル基を生じるので，還元性を示す。

問3

解答への道しるべ

GR❸ アルコール発酵

グルコースやフルクトースなど単糖類は，酵素群チマーゼのはたらきで，二酸化炭素とエタノールになる。

$$C_6H_{12}O_6 \longrightarrow 2\,CO_2 + 2\,CH_3CH_2OH$$

次式より，1 mol の単糖 X（グルコース）から，2 mol の CO_2 が生成する。

$$C_6H_{12}O_6 \longrightarrow 2\,C_2H_5OH + 2\,CO_2$$

また，1 mol のアミロース（分子式$(C_6H_{10}O_5)_n$：$162n$）から，n〔mol〕の単糖 X が生成するので，162 g のアミロースを加水分解して生じる単糖 X の物質量は，$\dfrac{162}{162n} \times n = 1.0$ mol

1 mol の単糖 X あたり，2 mol の CO_2 が生成するので，アルコール発酵で消費された単糖 X の物質量を x〔mol〕とすると，

$$x \times 2 = \frac{66}{44} = 1.5\ \text{mol} \qquad x = 0.75\ \text{mol}$$

よって，単糖 X の分解された割合は，$\dfrac{0.75}{1.0} = 75\%$

71	アミロペクチンのメチル化

答 問1 1500 問2 I 4 II 3 III 2

問3 20個

解説

問1

解答への道しるべ

GR ❶ 重合度

平均分子量＝繰り返し単位の式量×平均重合度

$$重合度\ n = \frac{2.43 \times 10^5}{162} = 1500\ (個)$$

問2

解答への道しるべ

GR ❷ 糖のメチル化（メトキシ化）

糖の−OH基を−OCH$_3$基に変換することをメチル化またはメトキシ化という。このとき，グルコースの1位のC原子につく−OH基をメトキシ化しても加水分解によって−OH基に戻るが，その他の−OCH$_3$基は−OH基に戻らない。よって，アミロペクチンの枝分かれ部分の数を推定するものに用いられている。

図のアミロペクチンの構造式より，A（非還元末端）では**2，3，4，6位のヒドロキシ基**が，Bでは**2，3，6位のヒドロキシ基**が，C（枝分かれ部）では**2，3位のヒドロキシ基**がメトキシ化される。D（還元末端）は，1，2，3，6位のヒドロキシ基がメトキシ化されるが，1位のメトキシ基も加水分解されるので，B由来の化合物と同一の構造となる。したがって，メトキシ基の数は，

化合物Ⅰ（分子量：236)が4個（A由来），化合物Ⅱ（分子量：222)が3個（B
とD由来），化合物Ⅲ（分子量：208)が2個（C由来)となる。

問3

2.43 g のアミロペクチンの物質量は，$\dfrac{2.43}{2.43 \times 10^5} = 1.0 \times 10^{-5}$ 〔mol〕

であり，0.156 g の化合物Ⅲ（分子量208）の物質量は，

$$\dfrac{0.156}{208} = 7.5 \times 10^{-4} \text{〔mol〕}$$

である。よって，アミロペクチン1分子あたりに含まれるCの数は，

$$\dfrac{7.5 \times 10^{-4}}{1.0 \times 10^{-5}} = 75(\text{個})$$

問1より，このアミロペクチンの重合度は1500なので，求める数は，

$$\dfrac{1500}{75} = 20(\text{個})$$

答	

72 | セルロース工業

問1　（ア）　ビスコース　（イ）　セロハン　（ウ）　アセテート

問2　(1)　酸化銅(Ⅰ)
　　　(2)　セルラーゼはセルロースを加水分解し，還元性を示すセロビオースを生じるから。

問3　デンプンは，α-グルコースが繰り返し結びついたらせん構造を示す。このらせん構造は，内部にヨウ素を取り込み，それが青紫色を呈する。

問4　セルロースは，β-グルコースが脱水縮合して直線状の構造となり，さらにこの分子が並行に並び，分子間の水素結合によって強固に結合しているから

問5　(1)　$[C_6H_7O_2(OH)_3]_n + 3n(CH_3CO)_2O$
　　　　　　$\longrightarrow [C_6H_7O_2(OCOCH_3)_3]_n + 3nCH_3COOH$

　　　(2)　セルロース：41 g　　無水酢酸；77 g　　(3)　12 mol

解説

問1

解答への道しるべ

GR 1　再生繊維

1.　ビスコースレーヨン

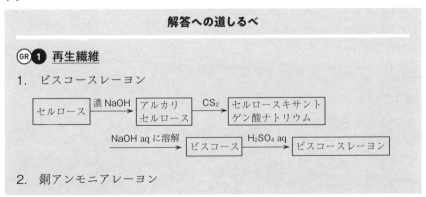

2.　銅アンモニアレーヨン

```
┌──────────┐ 銅アンモニア溶液 ┌──────────────┐ H₂SO₄ ┌──────────────────┐
│ セルロース │ ───────────→ │ セルロースの溶液 │ ────→ │ 銅アンモニアレーヨン │
└──────────┘              └──────────────┘       └──────────────────┘
```

GR 2　半合成繊維

セルロースの示性式を $[C_6H_7O_2(OH)_3]_n$ とする。

1. **トリニトロセルロース**…セルロースを混酸と反応させる。

   $[C_6H_7O_2(OH)_3]_n + 3nHNO_3 \rightarrow [C_6H_7O_2(ONO_2)_3]_n + 3nH_2O$

2. **アセテート**…セルロースを無水酢酸でアセチル化してトリアセチルセルロースをつくり，加水分解してジアセチルセルロースにする。

   $[C_6H_7O_2(OH)_3]_n + 3n(CH_3CO)_2O$
   $\longrightarrow [C_6H_7O_2(OCOCH_3)_3]_n + 3nCH_3COOH$

再生繊維に_ア_ビスコースレーヨンがある。セルロースを濃 NaOH 水溶液に加えてアルカリセルロースとし，さらに二硫化炭素 CS_2 と反応させ，続いて薄い NaOH 水溶液に溶かすと粘性のあるビスコースが生成する。これを繊維状にしたものがビスコースレーヨンであり，薄膜状にしたものを_イ_セロハンという。

半合成繊維に_ウ_アセテートがあるセルロースを無水酢酸でアセチル化して得られたトリアセチルセルロースを加水分解してアセトンに溶けるジアセチルセルロースとしたものがアセテートである。

問2

(1) セルロースに酵素セルラーゼを作用させると，二糖のセロビオースが生成する。セロビオースは　還元性をもつのでフェーリング液を加えて加熱すると，酸化銅(I)の赤色沈殿が生成する。

(2) セルラーゼは，セルロースを二糖のセロビオースまで加水分解する酵素であり，セロビオースは還元性を示すから。

問3

解答への道しるべ

GR 3　ヨウ素デンプン反応

デンプンのらせん構造にヨウ素が取り込まれることによって，呈色する。

　デンプンの分子は α-グルコースがらせん構造をつくり，そのらせん構造にヨウ素分子 I_2 が取り込まれることにより青紫色を呈する。

問4

　セルロースの分子は，β-グルコースが直鎖状につながった構造をしており，**セルロースの分子間はヒドロキシ基どうしが水素結合しているので，水分子が分子間に入りにくい構造であるため，熱水に溶けにくい。**

問5

(1)　無水酢酸との反応(アセチル化)はヒドロキシ基をもつ化合物の場合，次のようになる。

$$R-OH + (CH_3CO)_2O \longrightarrow R-OCOCH_3 + CH_3COOH$$

　よって，セルロースの示性式は $[C_6H_7O_2(OH)_3]_n$ で表され，セルロースからトリアセチルセルロースが生成するときの反応は，次式で表される。

$$[C_6H_7O_2(OH)_3]_n + 3n(CH_3CO)_2O$$
$$\longrightarrow [C_6H_7O_2(OCOCH_3)_3]_n + 3nCH_3COOH$$

(2)　トリアセチルセルロース（分子量 $288n$）72.0 g を得るために必要なセルロース（分子量 $162n$），無水酢酸（分子量 $102n$）の質量はそれぞれ，

$$セルロース：\frac{72.0}{288n} \times 162n = 40.5 \fallingdotseq 41 \text{ g}$$

$$無水酢酸：\frac{72.0}{288n} \times 3n \times 102 = 76.5 \fallingdotseq 77 \text{ g}$$

(3)　セルロース $(C_6H_{10}O_5)_n$ を完全燃焼するとき，セルロース中の炭素はすべて二酸化炭素になるので，セルロース 1 mol から生じる CO_2 は $6n$〔mol〕となる。よって，324 g のセルロースから得られる CO_2 の物質量は，

$$\frac{324}{162n} \times 6n = 12 \text{ mol}$$

73 | アミノ酸

答　問1　双性イオン　　問2　(a) A　(c) B　(e) C

　　問3　等電点　　問4　緩衝作用　　問5　pH = 6.0

解説

問1

解答への道しるべ

GR❶ 水溶液中のアミノ酸の構造

1. 中性付近の水溶液では，−COOH は −COO⁻ になっており，−NH₂ は −NH₃⁺ になっている。
2. 強酸性水溶液中では([H⁺] が大きいので)，−COO⁻ が −COOH になる。
3. 強塩基性水溶液中では([H⁺] が小さいので)，−NH₃⁺ が −NH₂ になる。

Bのように，−NH₂ が NH₃⁺に，−COOH が−COO⁻ となっているイオンを双性イオンという。

問2

(a)では，グリシンの陽イオン A となっている。この溶液に NaOH を加えていくと，(b)では，A と B が 1：1 の溶液となり，(c)で B の溶液となる。さらに NaOH を加えていくと，(d)で B と C が 1：1 の溶液となり，(e)で C の溶液となる。

問3

(c)では，主として存在するイオンが双性イオン B であり，また，[A] = [C] となり，溶液中のグリシンの電荷の総和が 0 となるので，電場中においてもグリシンは移動しない。この pH を等電点という。

問4

(b)では，A と B，(d)では B と C が，ともに存在しており，**少量の酸また**
は塩基を加えても pH の変化が小さい。このような作用を緩衝作用という。

問5

GR 2 等電点

　アミノ酸の電荷の総和が 0 になる pH を等電点といい，アミノ酸ごとに
等電点が決まっている。

(c)では，[A] = [C] が成り立つので，$K_1 \times K_2$ より，

$$K_1 \times K_2 = \frac{[B][H^+]}{[A]} \times \frac{[C][H^+]}{[B]} = [H^+]^2$$

$$[H^+] = \sqrt{K_1 K_2} = \sqrt{4.50 \times 10^{-3} \times 1.80 \times 10^{-10}} = 9.0 \times 10^{-7} \text{ mol/L}$$

$$\text{pH} = -\log_{10}(9 \times 10^{-7}) = 7 - 2 \times 0.48 = 6.04 \fallingdotseq 6.0$$

74	**ペプチドのアミノ酸配列**

答

問1　ビウレット反応　説明…呈色反応が観察されなかったの
　　　で，B，C，D はすべてジペプチドである。

問2　キサントプロテイン反応，フェニルアラニン

問3　システイン，PbS

問4　リシン　説明…pH = 7.4 の緩衝溶液では，リシンの総電
　　　荷が正になっているため。

問5　(ク)

解説

> **解答への道しるべ**
>
> ---
>
> **GR① タンパク質，アミノ酸の検出**
>
> 1. **ビウレット反応**…NaOH と $CuSO_4$ 水溶液を加えると赤紫色を呈する。トリペプチド以上(ペプチド結合 2 個以上)のペプチドの検出。
> 2. **キサントプロテイン反応**…濃硝酸を加えて黄色，冷却して NH_3 水を加えて橙黄色。ベンゼン環をもつアミノ酸(Phe，Tyr)の検出
> 3. 硫黄の検出…NaOH を加えて加熱した後，酢酸鉛(Ⅱ)水溶液を加えて PbS の黒色沈殿が生成。S を含むアミノ酸(Cys，Met)の検出
> 4. **ニンヒドリン反応**…ニンヒドリン溶液を噴霧して温めると，赤紫色を呈する。アミノ酸，タンパク質の検出

問1

ビウレット反応はトリペプチド以上のペプチドであれば反応するのでこの反応が起こらないペプチド B，C，D はいずれもジペプチドである。

問2

この反応はキサントプロテイン反応であり，ベンゼン環をもつアミノ酸であるフェニルアラニンが該当する。

問3

検出されるアミノ酸は硫黄を含むので，システイン Cys である。また黒色沈殿は PbS である。

問4

pH 7.4 の緩衝液中で電気泳動して陰極に移動したことから，アミノ酸の総電荷は正であり，等電点は pH 7.4 より大きい。よって，塩基性アミノ酸であるリシンが該当する。

問5

解答への道しるべ

GR❷ アミノ酸の水溶液での pH と電荷

アミノ酸は水溶液の pH によって様々な電荷をとる。

pH7 の水溶液中で電気泳動すると，
Gly，Ala などの中性アミノ酸では，ほぼ 0 となり移動しない。
Glu，Asp の酸性アミノ酸では，負となり陽極へ移動する。
Lys などの塩基性アミノ酸では，正となり陰極へ移動する。

テトラペプチド A を加水分解して得られたペプチド B，C，D はいずれもビウレット反応を示さないので，ジペプチドと決まる。

c)より，B，C はキサントプロテイン反応を示すので，B，C には Phe が含まれる。

d)より，C，D には，Cys が含まれる。

e)より，A を完全に加水分解して得られた α-アミノ酸の中に pH 7.4 の緩衝液中で電気泳動して陰極に移動するアミノ酸が含まれる。すなわち，pH 7.4 でアミノ酸の総電荷が正に帯電しているので，このアミノ酸は塩基性アミノ酸の Lys であることがわかる。

f)より，D を構成するアミノ酸をメチルエステル化したところ分子量 103 の化合物が得られたことより，このアミノ酸は Ala とわかる。

以上より，C が真ん中で，B−C−D または D−C−B である。

C については，Phe−Cys または Cys−Phe が考えられるが，選択肢としては，(ア)，(イ)，(ク)に Cys−Phe の入ったものがあるのみで，Phe−Cys の入ったものがない。したがって，該当するものは D−C−B であり，アミノ酸の配列順序は，Ala−Cys−Phe−Lys (ク)と決まる。

75 アミノ酸，タンパク質

答

問1　ア：必須　　イ：ポリペプチド　　ウ：複合　　エ：一次
　　　オ：α-ヘリックス　　カ：ニトロ　　キ：塩析

問2　ジスルフィド結合　　アミノ酸の名称：システイン

問3　タンパク質は，水溶液中でコロイドとして存在している。

問4　立体構造が変化して凝固してしまうから。（19字）

解説

問1

解答への道しるべ

GR① 単純タンパク質と複合タンパク質

単純タンパク質…加水分解したとき，α-アミノ酸のみを生じるタンパク質

複合タンパク質…加水分解したとき，α-アミノ酸以外にリン酸，糖，色素などを生じるタンパク質

GR② タンパク質の高次構造

一次構造…アミノ酸の配列順序

二次構造…α-ヘリックス（らせん構造），β-シート（波板状）の水素結合による構造

三次構造…ジスルフィド（-S-S-）結合などによる立体構造

天然のタンパク質を構成するアミノ酸は約20種類あり，動物の体内で合成することができず，食物から摂取しなければならないアミノ酸を$_ア$必須アミノ酸といい，ヒトの場合8種類ある。

アミノ酸のカルボキシ基とアミノ基で縮合するときできる結合をペプチド結合-NHCO-といい，多数のアミノ酸がペプチド結合でつながったものを，

ィポリペプチドという。タンパク質は，ポリペプチドが高次構造をとったものである。**タンパク質のうち加水分解してアミノ酸のみを生じるものを単純タンパク質，アミノ酸以外に糖，脂質などを生じるものを**ゥ**複合タンパク質**という。

タンパク質の高次構造は，まずアミノ酸がどの順番で並んでいるか（アミノ酸配列）をェ一次構造という。また，二次構造は，水素結合によって，らせん構造のォα−ヘリックスや波板状のβ−シートといわれる立体構造である。さらに，三次構造は，疎水性部分どうしの分子間力，イオンどうしのクーロン力，システインどうしからできるジスルフィド−S−S−結合などがある。

タンパク質の検出には，キサントプロテイン反応があり，ベンゼン環がヵニトロ化されるので，ベンゼン環をもつアミノ酸が含まれているかどうかが確認できる。また，タンパク質は親水コロイドであり，多量の電解質を加えると沈殿が生じる。この現象はォ塩析といわれる。

問2

次のようにシステイン−SH どうしから生じる−S−S−結合を**ジスルフィド結合**という。

$$HO-\underset{\underset{O}{\|}}{C}-\underset{\underset{NH_2}{|}}{CH}-CH_2-S-S-CH_2-\underset{\underset{NH_2}{|}}{CH}-\underset{\underset{O}{\|}}{C}-OH$$

問3

タンパク質は，水にはコロイドとして存在している（親水コロイド）。

問4

解答への道しるべ

GR③ タンパク質の変性

タンパク質に加熱したり，酸，塩基，重金属イオン，アルコールを加えることで，立体構造が変化して凝固して性質を失うこと。

タンパク質を加熱したり，酸，塩基，重金属イオン，アルコールを加えたりすると，タンパク質の立体構造が変化して凝固することで，タンパク質の機能が失われる。これを，変性という。

76 | 合成高分子(1)　合成繊維(ポリビニル)

答

問1　ア：けん化　　イ：ビニロン　　ウ：ナイロン6

問2　セルロース　　　問3　タンパク質

問4　(a) 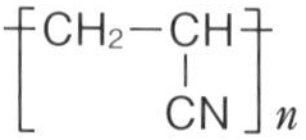 $\left[\begin{array}{c} CH_2-CH \\ | \\ CN \end{array}\right]_n$　(b) 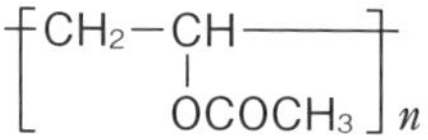 $\left[\begin{array}{c} CH_2-CH \\ | \\ OCOCH_3 \end{array}\right]_n$

問5　34%

問6　ヒドロキシ基は親水性が高く，ポリビニルアルコールは水に溶けてしまうので，適度な吸水性を残しつつ水溶性を下げるために一部だけアセタール化する。(70字)

問7　63.3 g

解説

問1

解答への道しるべ

GR 1 アセタール化

2個の$-OH$基とホルムアルデヒド HCHO が反応。

$-OH + HCHO + HO- \longrightarrow -O-CH_2-O- + H_2O$

酢酸ビニルを付加重合させるとポリ酢酸ビニルが生じ，ポリ酢酸ビニルを$_ア$けん化すると，ポリビニルアルコールが生成する。

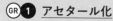

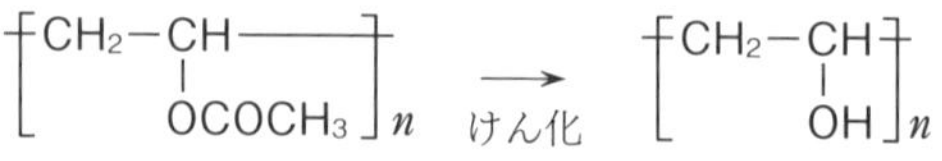

$\left[\begin{array}{c} CH_2-CH \\ | \\ OCOCH_3 \end{array}\right]_n \xrightarrow[\text{けん化}]{} \left[\begin{array}{c} CH_2-CH \\ | \\ OH \end{array}\right]_n$

ポリ酢酸ビニル　　　　　ポリビニルアルコール

ポリビニルアルコールは，分子中に占める親水基(ヒドロキシ基)の割合が大きいので，水に溶ける。したがって，ホルムアルデヒドを用いて，ヒドロキシ基をアセタール化することによって，水に溶けない$_カ$ビニロンを合成している。

$$-CH_2-CH-CH_2-CH- \qquad\qquad -CH_2-CH-CH_2-CH-$$
$$\quad\;\; | \qquad\qquad\; | \qquad\qquad\qquad\qquad | \qquad\qquad\qquad |$$
$$\quad\;\; OH \qquad\qquad OH \qquad\qquad\qquad\quad O-CH_2-O$$

アセタール化 ⟶

ビニロンの部分構造

ビニロンと同様に日本で開発された合成繊維に$_キ$ナイロン6がある。

問2

植物繊維は，β-グルコースが縮合重合したセルロースを主成分とする天然繊維であり，木綿や麻などがある。

問3

動物繊維は，アミノ酸が縮合重合したタンパク質を主成分とする天然繊維であり，絹や羊毛などがある。

問4

(a) ポリアクリロニトリルはアクリロニトリル $CH_2=CH-CN$ が付加重合した構造である。

$$\left[CH_2-CH \atop \qquad | \atop \qquad CN \right]_n$$

(b) ポリ酢酸ビニルは，次の構造である。

$$\left[CH_2-CH \atop \qquad\quad | \atop \qquad\quad OCOCH_3 \right]_n$$

問5

アクリロニトリル(分子量53)：酢酸ビニル(分子量86) $= x : y$ (物質量比)で共重合したアクリル系繊維の構造式は次のようになる。

$$\left[CH_2-CH \atop \qquad | \atop \qquad CN \right]_x \left[CH_2-CH \atop \qquad\quad | \atop \qquad\quad OCOCH_3 \right]_y$$

よって，アクリル系繊維に含まれる窒素の質量パーセントが9.0％なので，

$$\frac{14x}{53x+86y} \times 100 = 9.0 \qquad y = \frac{923}{774} \times x = 1.19x$$

したがって，アクリル系繊維中のアクリロニトリルの質量パーセントは，

$$\frac{53x}{53x+86\times1.19x} = 34.1 \fallingdotseq 34\%$$

問6

解答への道しるべ

GR❷ ポリビニルアルコール

ポリビニルアルコールは，分子中に占める親水基−OH 基の割合が大きいので，水に溶けてしまう。よって，アセタール化によって親水基の割合を減少させて水に溶けない繊維としたものがビニロンである。

親水基であるヒドロキシ基は水と水素結合を形成するために，ポリビニルアルコールは水に溶けてしまう。したがって，適度な吸水性を残しつつ水溶性を下げるために一部だけアセタール化する。

問7

ポリビニルアルコール 60 g に含まれるヒドロキシ基の物質量は，$\frac{60}{44}$ mol

問1の反応のように，アセタール化では，ホルムアルデヒド1分子がヒドロキシ基2個と反応する。このとき，**1分子のホルムアルデヒドが反応すると高分子の分子量は 12 増加する（炭素原子 1 個分）。**

よって，40%アセタール化するときに増加する質量は，

$$\frac{60}{44} \times \frac{1}{2} \times \frac{40}{100} \times 12 = 3.27 \text{ g}$$

よって，得られるビニロンの質量は，

$$60 + 3.27 = 63.27 \fallingdotseq 63.3 \text{ g}$$

77 　合成高分子（2）　ポリエステル，ポリアミド

答

問1　A：テレフタル酸　$HO-\overset{O}{\underset{}{C}}-\overset{}{\bigcirc}-\overset{O}{\underset{}{C}}-OH$

　　　B：エチレングリコール　$HO-CH_2-CH_2-OH$

　　　C：アジピン酸　$HO-\overset{O}{\underset{}{C}}+(CH_2)_4\overset{O}{\underset{}{C}}-OH$

　　　D：ヘキサメチレンジアミン：$H_2N-(CH_2)_6-NH_2$

問2

$CH_3-O-\overset{O}{\underset{}{C}}-\overset{}{\bigcirc}-\overset{O}{\underset{}{C}}-O-CH_3 \; + \; 2HO-CH_2-CH_2-OH$

$\longrightarrow \; HO-CH_2-CH_2-O-\overset{O}{\underset{}{C}}-\overset{}{\bigcirc}-\overset{O}{\underset{}{C}}-O-CH_2-CH_2-OH \; + \; 2CH_3-OH$

問3　反応で生成する塩化水素を中和するため。

問4　33.3 g　　　問5　15 g

解説

問1

解答への道しるべ

(GR) 1 (i)　ポリエステル

　エステル結合によって得られた高分子化合物をポリエステルという。ポリエステルには，ポリエチレンテレフタラートやポリ乳酸などがある。

(GR) 1 (ii)　ポリアミド

　アミド結合によって得られた高分子化合物をポリアミドという。ポリアミドには，ナイロン66やナイロン6などがある。

ポリエチレンテレフタラートは，ジカルボン酸である$_A$テレフタル酸と2価アルコールである$_B$エチレングリコールを縮合重合させて得られる。

$$n\,HO\text{-}CH_2\text{-}CH_2\text{-}OH \;+\; n\,HO\text{-}\underset{O}{C}\text{-}\!\!\!\!\!\!\!\!\bigcirc\!\!\!\!\!\!\!\!\text{-}\underset{O}{C}\text{-}OH$$

エチレングリコール　　　　　　　　テレフタル酸

$$\xrightarrow{\text{縮合重合}} \left[O\text{-}CH_2\text{-}CH_2\text{-}O\text{-}\underset{O}{C}\text{-}\!\!\!\!\!\!\!\!\bigcirc\!\!\!\!\!\!\!\!\text{-}\underset{O}{C}\right]_n \;+\; 2n\,H_2O$$

ポリエチレンテレフタラート

　また，ナイロン66はジカルボン酸の$_C$アジピン酸とジアミンの$_D$ヘキサメチレンジアミンを縮合重合させて得られる。

$$n\,HO\text{-}\underset{O}{C}\text{-}(CH_2)_4\text{-}\underset{O}{C}\text{-}OH \;+\; n\,H\text{-}\underset{H}{N}\text{-}(CH_2)_6\text{-}\underset{H}{N}\text{-}H$$

アジピン酸　　　　　　　　ヘキサメチレンジアミン

$$\xrightarrow{\text{縮合重合}} \left[\underset{O}{C}\text{-}(CH_2)_4\text{-}\underset{O}{C}\text{-}NH\text{-}(CH_2)_6\text{-}NH\right]_n \;+\; 2n\,H_2O$$

問2

　エステル交換反応は，次のように考えると反応式が作りやすい。

　はじめのエステルをR_1COOR_2とし，反応に用いるアルコールをR_3OHとする。

　まず，エステルの加水分解を考える。

$$R_1COOR_2 + H_2O \longrightarrow R_1COOH + R_2OH \quad \cdots\cdots ①$$

　次に，カルボン酸R_1COOHとR_3OHのエステル化を考える。

$$R_1COOH + R_3OH \longrightarrow R_1COOR_3 + H_2O \quad \cdots\cdots ②$$

　①式＋②式から，求める反応式が得られる。

$$R_1COOR_2 + R_3OH \longrightarrow R_1COOR_3 + R_2OH$$

　よって，テレフタル酸のジメチルエステル1分子とエチレングリコール2分子とのエステル交換反応は，

$$CH_3\text{-}O\text{-}\underset{O}{C}\text{-}\!\!\!\!\!\!\!\!\bigcirc\!\!\!\!\!\!\!\!\text{-}\underset{O}{C}\text{-}O\text{-}CH_3 \;+\; 2\,HO\text{-}CH_2\text{-}CH_2\text{-}OH$$

$$\longrightarrow HO\text{-}CH_2\text{-}CH_2\text{-}O\text{-}\underset{O}{C}\text{-}\!\!\!\!\!\!\!\!\bigcirc\!\!\!\!\!\!\!\!\text{-}\underset{O}{C}\text{-}O\text{-}CH_2\text{-}CH_2\text{-}OH \;+\; 2CH_3\text{-}OH$$

問3

　実験室ではアジピン酸の代わりに反応性の高いアジピン酸ジクロリドとヘキサメチレンジアミンを縮合重合させてナイロン66を合成する。

$$n\,Cl{-}\underset{O}{\overset{\parallel}{C}}{-}(CH_2)_4{-}\underset{O}{\overset{\parallel}{C}}{-}Cl \;+\; n\,H{-}\underset{H}{\overset{|}{N}}{-}(CH_2)_6{-}\underset{H}{\overset{|}{N}}{-}H$$

アジピン酸ジクロリド　　ヘキサメチレンジアミン

$$\xrightarrow{\text{縮合重合}} \left[\underset{O}{\overset{\parallel}{C}}{-}(CH_2)_4{-}\underset{O}{\overset{\parallel}{C}}{-}NH{-}(CH_2)_6{-}NH\right]_n \;+\; 2n\,HCl$$

NaOH は，この反応で生成した HCl を中和するために用いる。

問4

　テレフタル酸ジメチル（分子量194）とエチレングリコール（分子量62.0）から PET を合成する反応は次式で表される。

$$n\,CH_3{-}O{-}\underset{O}{\overset{\parallel}{C}}{-}\!\!\left\langle\!\!\bigcirc\!\!\right\rangle\!\!{-}\underset{O}{\overset{\parallel}{C}}{-}O{-}CH_3 \;+\; n\,HO{-}CH_2{-}CH_2{-}OH$$

$$\longrightarrow \left[O{-}CH_2{-}CH_2{-}O{-}\underset{O}{\overset{\parallel}{C}}{-}\!\!\left\langle\!\!\bigcirc\!\!\right\rangle\!\!{-}\underset{O}{\overset{\parallel}{C}}\right]_n \;+\; 2n\,CH_3{-}OH$$

ポリエチレンテレフタラート

よって，PET（分子量192n）100 g を合成する際に副生するメタノールの質量は，

$$\frac{100}{192n} \times 2n \times 32 = 33.33 \fallingdotseq 33.3\ \text{g}$$

問5

　アジピン酸（分子量146）10 g から得られるナイロン66（分子量226n）の質量は，

$$\frac{10}{146} \times \frac{1}{n} \times 226n = 15.4 \fallingdotseq 15\ \text{g}$$

78 | 合成樹脂

答

問1 ア：付加　　イ：ポリプロピレン　　ウ：ポリスチレン
エ：ポリ塩化ビニル　　オ：ポリ酢酸ビニル
カ：ポリアクリル酸ナトリウム

問2 (1) 成形時の加熱により立体網目状構造が構築されている
ため。(27字)

(2)

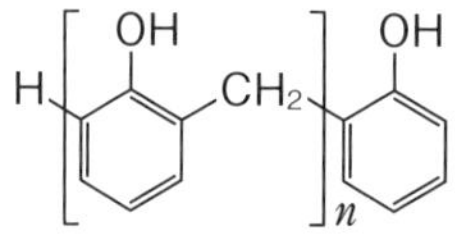

(3) メチロール基が別のフェノールと反応して，立体網目
形状を構築するため。(34字)

問3 450個

問4 水分子が COO^- や Na^+ に水和して，立体網目構造の隙間に
閉じ込められるから。(35字)

解説

問1

　ビニル化合物の_ア付加重合によって，得られる高分子化合物はポリビニル系
に分類される。

$$n \quad CH_2{=}CH \longrightarrow {\Big[}CH_2{-}CH{\Big]}_n$$
$$\qquad\quad | \qquad\qquad\qquad |$$
$$\qquad\quad X \qquad\qquad\quad X$$

　ここで，高分子化合物の名称は，X が H のときはポリエチレン，CH_3 のと
きは_イポリプロピレン，$C_6H_5{-}$ のときは_ウポリスチレン，Cl のときは_エポリ塩
化ビニル，$OCOCH_3$ のときは_オポリ酢酸ビニル，COONa のときは_カポリアク
リル酸ナトリウムとなる。

問2

解答への道しるべ

GR 1 熱可塑性樹脂と熱硬化性樹脂

1. **熱可塑性樹脂**…加熱すると軟らかくなり，冷えるとまた硬くなる樹脂。構造は一次元鎖状。PET，メタクリル樹脂など。

2. **熱硬化性樹脂**…加熱しても軟らかくならない樹脂。構造は三次元網目状。フェノール樹脂，尿素樹脂，メラミン樹脂など

(1) **熱硬化性樹脂の構造は立体網目状であり，加熱しても立体構造が変化しないために軟らかくならない。** しかし，**熱可塑性樹脂は鎖状構造なので，加熱をすると，熱運動によって鎖状分子の構造が変化するので，加熱によって形を変えることができる。**

(2) 酸を触媒に用いると，ノボラックとよばれる反応中間体が生成する。ノボラックの構造は，レゾールと異なり，メチロール基$-CH_2OH$基をもたない。よって，ノボラックの構造は，次のようになる。

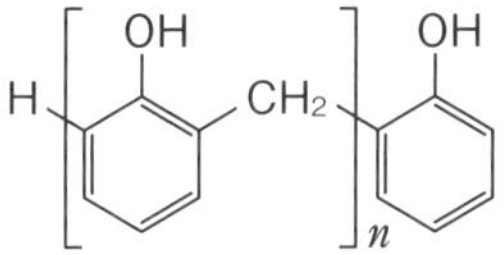

(3) フェノール樹脂の重合反応は付加縮合といい，(i)フェノールとホルムアルデヒドの反応（付加反応）と(ii)(i)で生成した化合物とフェノールの反応（縮合反応）が繰り返す反応である。

(i) 付加反応

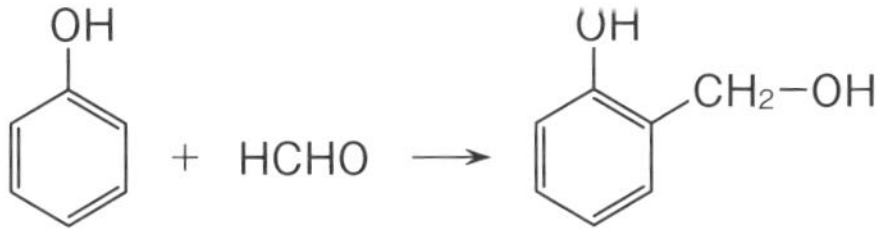

(ii) 縮合反応

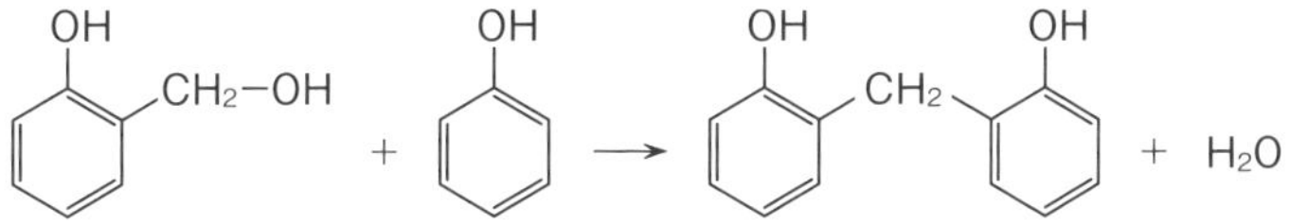

このとき，フェノールは，o, p 配向性なので，(i)の付加反応では o, p にホルムアルデヒドが反応しやすい。よって，レゾールではフェノールの o 位だけでなく，p 位にメチロール基をもつ化合物も多く生成するので，加熱することによって，立体網目状構造の高分子化合物が生成できる。

問3

単量体 A はスチレン（分子量 104）と単量体 B はブタジエン（分子量 54）からなる合成ゴムについて，A：B＝3：1（物質量比）で共重合させるとき，合成ゴム中の A と B の繰り返し単位の数はそれぞれ $3k, k$ とおける。よって，合成ゴムの分子量は，

$$5.49 \times 10^4 = 104 \times 3k + 54 \times k \qquad \therefore \quad k = 150$$

求めるフェニル基の数は，単量体 A の繰り返し単位の数と等しいので，

$$3 \times 150 = 450 \text{ 個}$$

問4

解答への道しるべ

GR❷ 高吸水性高分子（ポリアクリル酸ナトリウム）

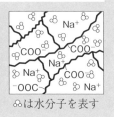

高吸水性高分子は水分を取り込むと，−COONa が −COO⁻ と Na⁺ に電離して，取り込んだ水分子と水和する。また，−COO⁻ どうしの反発により樹脂が広がりさらに多くの水分子を取り込むことができる。

🌀は水分子を表す

高吸水性高分子化合物のポリアクリル酸ナトリウムは次の構造式で表される。

$$\left[\begin{array}{c} CH_2-CH \\ | \\ COONa \end{array} \right]_n$$

この高分子化合物に取り込まれた水分子は，電離によって生じた −COO⁻ や Na⁺ に水和されることで，多くの水を取り込むことができる。また，取り込まれた水分子は −COO⁻ や Na⁺ と水和していることから，圧力を加えても樹脂の外には出にくい。

79	ゴム

答

問1　ア　付加　　イ　架橋　　ウ　加硫

問2　物質名：A　硫黄　　B　スチレン　　C　アクリロニトリル

　　　構造式：B　$CH_2=CH-$〈ベンゼン環〉　　C　$CH_2=CH-C\equiv N$

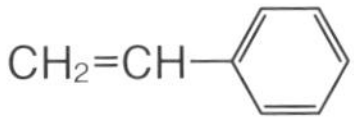

問3　天然ゴム　　　　　　　　　　グッタペルカ（グタペルカ）

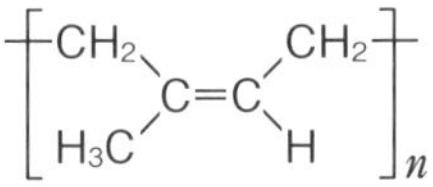

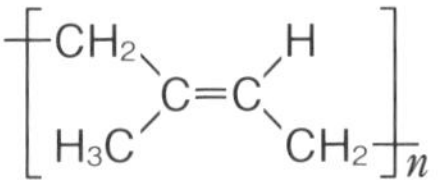

$$\begin{bmatrix} CH_2 & & CH_2 \\ & C=C & \\ H_3C & & H \end{bmatrix}_n \qquad \begin{bmatrix} CH_2 & & H \\ & C=C & \\ H_3C & & CH_2 \end{bmatrix}_n$$

問4　Bの分子数：400個，Cの分子数：101個

問5　加熱すると軟化して流動性を示し，自由に成形できるが，冷えると硬化する。（35字）

解説

問1，2

解答への道しるべ

GR ① 合成ゴムの計算

　SBR や NBR などの合成ゴムは，2種類の単量体を共重合して得られる。したがって，PET などのように単量体が交互に繰り返されるものではないので，高分子全体で，単量体の比を使って計算をする。

　天然ゴムは，イソプレンが ア 付加重合したポリイソプレンの構造をしている。生ゴムに数パーセントの A 硫黄を添加して加熱すると，分子鎖間で イ 架橋構造を形成してゴムの弾性が向上する。この操作を ウ 加硫という。

Bの分子式は C_8H_8 であり，ビニルモノマー$(-CH=CH_2)$なの　　　
で，示性式は，$C_6H_5CH=CH_2$ となりスチレンと決まる。スチレ
ンの構造式は，右のようになる。

Cは分子式が C_3H_3N であり，Bと同様にビニルモノマーなので，アクリロ
ニトリルであり，構造式は，$CH_2=CH≡CN$ と決まる。

問3

解答への道しるべ

GR 2 天然ゴム

1. 天然ゴムの構造は，イソプレンの重合体（ポリイソプレン）であり，**シス形**構造である。**トランス形**のものはグッタペルカといい硬い。

2. 硫黄を加えて加熱すると，分子間に硫黄の架橋構造ができ，弾性が強くなる。これを加硫という。

3. 加硫しすぎると硬くなり，エボナイトという。

天然ゴムもグッタペルカもともにポリイソプレンを基本構造とする高分子化合物であるが，**天然ゴムはシス形，グッタペルカはトランス形の構造**であり，ゴム弾性はグッタペルカより天然ゴムのほうが大きい。

$$\left[\begin{array}{c} CH_2 \quad\quad CH_2 \\ \quad C=C \\ H_3C \quad\quad H \end{array}\right]_n \quad\quad \left[\begin{array}{c} CH_2 \quad\quad H \\ \quad C=C \\ H_3C \quad\quad CH_2 \end{array}\right]_n$$

天然ゴム　　　　　　グッタペルカ

問4

共重合体に含まれるB（スチレン，分子量104)の数を x 〔個〕，C（アクリロニトリル，分子量53)の数を y 〔個〕とする。

共重合体の分子量：$104x + 53y = 46900$

窒素含量：$\dfrac{14y}{46900} \times 100 = 3.00\%$

以上より，$x = 400$ 個，$y = 101$ 個

問5

熱可塑性樹脂は，一次元鎖状構造の高分子化合物なので，加熱すると熱運動によって軟らかくなり，冷えるとまた硬くなる。

---

80 | イオン交換樹脂

答

問1　あ　陽　　い　陰

問2　(i)　75 g　　(ii)　pH = 2.7

　　　(iii)　十分な量の希塩酸をイオン交換樹脂に通した後，純水で洗う。

問3　(i)　9.0×10^2 個　　(ii)　Z

解説

問1

解答への道しるべ

GR 1　イオン交換樹脂の構造

1. スチレンと p–ジビニルベンゼンを共重合する。ここで，p–ジビニルベンゼンは，スチレンの分子鎖を架橋する目的である。
2. 1. で得られた共重合体を濃硫酸でスルホン化すると，**陽イオン交換樹脂**が得られる。
3. 1. で得られた共重合体に　CH_2　$N(CH_3)_3OH$ の構造を導入すると，**陰イオン交換樹脂**が得られる。

　スチレンと p–ジビルベンゼンの共重合体を濃硫酸でスルホン化すると，(あ)陽イオンを交換する性質を示し，陽イオン交換樹脂とよばれる。陽イオン交換樹脂を $R{-}SO_3H$ と表すと，ある陽イオン M^{n+} とのイオン交換のはたらきは，次式で表される。

$$nR{-}SO_3H + M^{n+} \longrightarrow (R{-}SO_3)_n M + nH^+$$

また，共重合体に $-N^+(CH_3)_3OH^-$ などの塩基性基を導入した樹脂は (い)陰イオン交換樹脂とよばれる。陰イオン交換樹脂を $R-N^+(CH_3)_3OH^-$ と表すと，ある陰イオン X^- とのイオン交換のはたらきは，次式で表される。

$$nR-N^+(CH_3)_3OH^- + X^- \longrightarrow R-N^+(CH_3)_3X + OH^-$$

問2

(i) 樹脂 A の合成に用いたスチレン（分子量 104）と p-ジビニルベンゼン（分子量 130）の物質量をそれぞれ x〔mol〕，$\dfrac{1}{40}x$〔mol〕とすると，樹脂 A の質量から，次式が得られる。

$$104 \times x + 130 \times \frac{1}{40}x = 42.9 \qquad x = 0.40\ \text{mol}$$

スチレンに基づくフェニル基に 1 つのスルホ基が導入されるので，導入されたスルホ基の物質量は，0.40 mol となる。

よって，得られたイオン交換樹脂の質量は，

$$42.9 + 80 \times 0.40 = 74.9 \fallingdotseq 75\ \text{g}$$

(ii) 陽イオン交換樹脂に $CaCl_2$ 水溶液を流すと，次の反応が起こる。

$$2\,R-SO_3H + Ca^{2+} \longrightarrow (R-SO_3)_2Ca + 2\,H^+$$

よって，流した Ca^{2+} の物質量は，

$$0.010 \times \frac{10}{1000} = 1.0 \times 10^{-4}\ \text{mol}$$

流出液の水素イオン濃度 $[H^+]$ は，

$$1.0 \times 10^{-4} \times 2 \times \frac{1000}{100} = 2.0 \times 10^{-3}\ \text{mol/L}$$

よって，$pH = -\log_{10}(2.0 \times 10^{-3}) = 3 - 0.30 = 2.70 \fallingdotseq 2.7$

(iii) 使用後の陽イオン交換樹脂は，(ii)の逆反応を起こすことで再生できる。

$$(R-SO_3)_2Ca + 2\,H^+ \longrightarrow 2\,R-SO_3H + Ca^{2+}$$

よって，カラムに十分な量の希塩酸を加えたのち，純水を流す。

問3

解答への道しるべ

GR 2 **イオン交換樹脂のはたらき**

1. 陽イオン交換樹脂は，陽イオンを H^+ と交換するはたらきがある。

陽イオン交換樹脂を R−SO₃H，陽イオンを M⁺ とすると，次の反応が起こる。

$$R-SO_3H + M^+ \longrightarrow R-SO_3M + H^+$$

2. 陰イオン交換樹脂は，陰イオンを OH⁻ と交換するはたらきがある。

陰イオン交換樹脂を R−CH₂−N(CH₃)₃OH，陰イオンを X⁻ とすると，次の反応が起こる。

$$R-CH_2-N(CH_3)_3OH + X^- \longrightarrow R-CH_2-N(CH_3)_3X + OH^-$$

(ⅰ) ジペプチド X は不斉炭素原子をもたないので，グリシン Gly のみからなるジペプチド(Gly−Gly)であることがわかる。よって，グリシン n〔個〕からなるポリペプチドの分子量は n を用いて，次のように表される。

$$(75 - 18) \times n + 18 = 57n + 18$$

いま，平均分子量 51300 のポリペプチドなので，

$$51300 = 57n + 18 \fallingdotseq 57n \qquad n = 9.0 \times 10^2$$

(ⅱ) ジペプチド X，Y，Z について，構成アミノ酸は，X については，不斉炭素原子をもたないことから Gly，Gly と決まり，Y，Z については，まずグルタミン酸 Glu とリシン Lys からなるジペプチドの分子量は 147 + 146 − 18 = 275 となり，分子量がいずれも 250 である条件を満たさない。また，pH6.0 の緩衝液中で電気泳動したとき，Y は陽極側に移動したことから pH6.0 では負に帯電していることがわかり，酸性アミノ酸を含むことがわかる。よって，Y については，Gly，Glu と決まる。さらに，pH6.0 の緩衝液中で電気泳動したとき，Z は陰極側に移動したことから pH6.0 では正に帯電していることがわかり，塩基性アミノ酸を含むことがわかる。よって，Z については，Gly，Lys と決まる。以上より，陽イオン交換樹脂に吸着させたアラニン Ala，ジペプチド X，Y，Z に緩衝液の pH を 2.0 から 12.0 まで順次大きくしながら流していくと，陽イオンであれば樹脂に吸着するが，双性イオンになると樹脂に吸着できず流出する。

よって，流出する順に，Y →(Ala，X)→ Z となる。

松原隆志

まつばら・たかし

　河合塾化学科講師。広島県出身。広島大学工学部では発酵工学を専攻する。大学院在学中より予備校講師として活躍。西日本を中心に講座を担当している。また、河合塾マナビスでは「化学ファイナルチェック」と「総合化学」を担当しているほか、「全統模試」の作問やテキストの作成に数多く参加している。化学の苦手な受験生がゼロになることを目指し、「難しい問題をかみくだいてわかりやすく」をモットーとした講義を心がけている。受験生がつまずきやすい急所を余すところなくフォローした講義と、すっきりとまとまった板書は受験生から好評である。著書に、本書の姉妹書である『大学入試問題集　ゴールデンルート　化学［化学基礎・化学］　基礎編』（KADOKAWA）などがある。

だいがくにゅうしもんだいしゅう
大学入試問題集　ゴールデンルート

か　がく　　　か　がく　き　そ　　　か　がく
化学［化学基礎・化学］
ひょう じゅん　へん
標準編

2021年5月14日　　　初版発行

著者　　　松原　隆志
発行者　　青柳　昌行
発行　　　株式会社KADOKAWA
　　　　　〒102-8177
　　　　　東京都千代田区富士見2-13-3
　　　　　電話0570-002-301（ナビダイヤル）
印刷所　　株式会社加藤文明社印刷所

アートディレクション　　北田　進吾
デザイン　　堀　由佳里、畠中　脩大（キタダデザイン）
校正　　　㈲マスターズ
DTP　　　㈱ニッタプリントサービス

●お問い合わせ
https://www.kadokawa.co.jp/　（「お問い合わせ」へお進みください）
※内容によっては、お答えできない場合があります。
※サポートは日本国内のみとさせていただきます。
※Japanese text only

定価はカバーに表示してあります。

★★

GR